建筑电气工程施工常见问题分析

（第二版）

北京双圆工程咨询监理有限公司　组织编写

周卫新　主编

中国建筑工业出版社

图书在版编目（CIP）数据

建筑电气工程施工常见问题分析/北京双圆工程咨询监理有限公司组织编写；周卫新主编 . —2 版 .—北京：中国建筑工业出版社，2024.2
ISBN 978-7-112-29676-7

Ⅰ. ①建…　Ⅱ.①北…②周…　Ⅲ.①房屋建筑设备—电气设备—建筑安装—工程施工　Ⅳ.①TU85

中国国家版本馆 CIP 数据核字（2024）第 057271 号

为解决建筑电气施工过程的一些常见疑难问题，本书从低压线路、电气设备材料、电气安装、电气消防、防雷接地及等电位、电动机、弱电系统、施工现场临时用电及建筑电气工程其他常见问题、电气材料、设备常用技术参数十个方面进行了分析和探讨。本书在编写过程中，查阅了大量设计标准、施工验收规范和规程、相关材料设备的制造标准和 IEC 标准，还参考了王厚余老先生的经典之作《低压电气装置的设计安装和检验》（第三版）和《建筑物电气装置 600 问》。本书可供建筑电气施工、监理技术人员在工作中参考和借鉴。

＊　　＊　　＊

责任编辑：曾　威　张　磊
责任校对：赵　力

建筑电气工程施工常见问题分析（第二版）
北京双圆工程咨询监理有限公司　组织编写
周卫新　主编

＊

中国建筑工业出版社出版、发行（北京海淀三里河路 9 号）
各地新华书店、建筑书店经销
北京龙达新润科技有限公司制版
北京云浩印刷有限责任公司印刷

＊

开本：787 毫米×960 毫米　1/16　印张：18　字数：350 千字
2024 年 6 月第二版　2024 年 6 月第一次印刷
定价：58.00 元
ISBN 978-7-112-29676-7
（42323）

本书编委会

编写组织单位：北京双圆工程咨询监理有限公司

主　　　　编：周卫新

副　主　　编：冀　超　王　涛　张文洋　李文鲁

第一章编写人员：梁　川　李永峰　焦振钟

第二章编写人员：周　涛　陈　明　高　瀚

第三章编写人员：李文利　张文洋　张　浩

第四章编写人员：马先跃　王　涛　周卫新

第五章编写人员：徐　昕　姚振水　肖飞飞

第六章编写人员：王建伟　李皖京　陈　震

第七章编写人员：李文鲁　尚少革　王　涛

第八章编写人员：冀　超　张文洋　周卫新

第九章编写人员：陈洪磊　李　伟　冀　超

第十章编写人员：李　乐　许　帆　刘元林

前　　言

　　《建筑电气工程施工常见问题分析》自 2013 年 5 月出版至今已逾 10 年。在这期间，建筑电气新技术不断在工程上应用，有关建筑电气的设计、施工及材料、设备规范、标准也在不断更新、修订，发布了新的规定。上一版的部分问题现在已经解决的，本次进行了删除；仍然具有保留价值的，进行了修改、完善；尤其是对近些年新出现的问题进行了系统梳理和总结，并进行深入分析，提出解决方案或思路。

　　建筑电气是建筑工程的一个重要组成部分，而建筑电气施工又是关系到电气系统及其他用电设备能否安全、稳定运行的关键方面。建筑电气施工周期比较长，从基础阶段的防雷接地、结构期间的预留预埋，到装修阶段的安装、调试、系统试运行，还包括系统（弱电）试运行后的检测等，在整个电气施工过程中，每一个环节都可能遇到各种各样的问题，如：材料设备、安装、测试问题，产品制造标准、设计标准问题等，如何处理和解决好这些问题，是我们电气技术人员需要深入思考和付出努力的。

　　本书总结了第一版出版后的建筑电气施工中经常遇到的一些常见疑难技术问题。为解决这些问题，查阅了大量有关标准，如：建筑电气及智能化设计标准、施工质量验收标准、施工工艺标准、电气材料设备制造标准、电气产品能效标准、国家标准图集、国际电工委员会标准（IEC）等，并参考了大量电气技术文献和出版物，如：电气泰斗王厚余老先生的著作《低压电气装置的设计安装和检验》（第三版）和《建筑物电气装置 600 问》，并对相关问题进行了较为系统和深入的分析。本书可供从事建筑电气施工、监理的人员参考。

　　由于本书涉及与电气施工有关的多方面内容，限于作者的水平，加之时间紧张，有的观点和分析不一定全面和正确，敬请电气专业的同行批评指正，并对引用到的标准和文献、出版物的参编人员和作者表示衷心的感谢。

目　　录

第一章 低压线路常见问题

1 电气导管采用的主要相关标准问题

电气导管在工程建设中作为电线、电缆保护的基本措施之一，得到了非常广泛的应用，而且由于制造材料和工艺的不同，又分为多个种类。目前电气导管采用的主要标准如下：

（1）《电缆管理用导管系统 第1部分：通用要求》GB/T 20041.1—2015。

本部分规定了电缆管理用导管系统（包括导管和导管配件）的分类、标志和文件、尺寸、结构、机械性能、电气性能、热性能等技术要求。本部分适用于金属、非金属和复合导管系统，包括端接这些系统的螺纹的和非螺纹的导管入口。这些导管系统是用以保护和管理交流1000V和/或直流1500V及以下的电气装置或通信系统里的绝缘导线和/或电缆的。

（2）《电缆管理用导管系统 第21部分：刚性导管系统的特殊要求》GB/T 20041.21—2017。

本部分规定了刚性导管系统的标志和文件、尺寸、结构、机械性能、电气性能、热性能等技术要求。本部分适用于刚性导管系统。

（3）《电缆管理用导管系统 第22部分：可弯曲导管系统的特殊要求》GB 20041.22—2009/IEC 61386-22：2002。本部分规定了可弯曲导管系统（包括自恢复导管系统）的要求。

（4）《电缆管理用导管系统 第23部分：柔性导管系统的特殊要求》GB 20041.23—2009/IEC 61386-23：2002。本部分规定了柔性导管系统的要求。

（5）《电缆管理用导管系统 第24部分：埋入地下的导管系统的特殊要求》GB/T 20041.24—2009/IEC 61386-24：2004。

本部分规定了对埋入地下的导管系统（包括导管和导管配件）的要求和试验，这些导管系统包括了用以保护和管理电气装置或通信系统里的绝缘导线和/或电缆的导管和导管配件。本标准适用于金属、非金属和复合材料导管系统，包括端接这些导管系统的螺纹的和非螺纹的导管接口。

（6）《低压流体输送用焊接钢管》GB/T 3091—2015，适用于水、空气、供暖蒸汽和燃气等低压流体输送用焊接钢管。

（7）《直缝电焊钢管》GB/T 13793—2016，适用于机械、建筑等结构用途，且外径不大于711mm的直缝电焊钢管，也可适用于一般流体输送用焊接钢管。

（8）《建筑电气用可弯曲金属导管》JG/T 526—2017，该标准代替了《可挠金属电线保护套管》JG/T 3053—1998，适用于民用及一般工业建筑电气用可弯曲金属导管。

（9）《建筑用绝缘电工套管及配件》JG 3050—1998，适用于以塑料绝缘材料制成的，用于建筑物或构筑物内保护并保障电线或电缆布线的圆形电工套管及配件。

（10）《套接紧定式钢导管电线管路施工及验收规程》T/CECS 120—2021，适用于室内交流1000V、直流1500V及以下电气系统及无特殊要求的场所。

（11）《钢管和管件标准》BS 1387—1985，适用于螺纹钢管和套节钢管及管件，也适用于焊接或按BS21车螺纹的平端管，管的公称尺寸从DN8～DN150，按3个厚度序列称之为薄壁管、普通管、加厚管（轻、中、重）。

（12）《线缆套管用焊接钢管》YB/T 5305—2020，适用于电气、电信、电力工程等领域电线电缆套管用焊接钢管。

应注意：中国工程建设标准化协会于2016年12月30日发布《关于发布协会标准2016年复审和清理结果的公告》（建标协字〔2016〕107号），废止了《套接扣压式薄壁钢导管电线管路施工及验收规程》CECS 100：98。所以，套接扣压式薄壁钢导管（KBG）不应再使用。

2 套接紧定式钢导管（JDG）的紧定方式问题

依据现行《套接紧定式钢导管电线管路施工及验收规程》T/CECS 120—2021，套接紧定式钢导管（JDG）的连接套管（连接件）要求采用旋压型。

旋压型连接件经国家相关机构检测，连接处的抗拉强度达到了6kN以上，有效地保证了连接部位的质量。

按第一版标准《套接紧定式钢导管电线管路施工及验收规程》CECS 120：2000的规定：有螺纹紧定型连接套管的壁厚为1.6mm，通过试验测得连接处的抗拉强度约1kN。按第二版《套接紧定式钢导管电线管路施工及验收规程》CECS 120：2007的规定：连接套管的壁厚为2.2mm，要求紧定螺钉孔的螺纹不少于4扣。CECS 120：2007第3.0.5条要求：电线管路连接处的抗拉强度不应小于1.5kN。由于套管壁厚的增加，抗拉强度有所增加。但由于成本也在增加，很多厂家不生产壁厚为2.2mm的连接套管，规程没有得到有效的执行，有的工程项目继续采用壁厚为1.6mm连接套管，导致连接质量无法得到有效保证。

有的工程项目要求比较严格，采用了无螺纹旋压型，取得了比较好的效果，连接的可靠性完全可以得到保证。

也正是出于以上原因，《套接紧定式钢导管电线管路施工及验收规程》T/CECS 120—2021取消了螺纹螺钉紧定型。因此，套接紧定式钢导管（JDG）的连接套管（连接件）只能采用旋压型，而不能再采用螺纹螺钉紧定型。

3 套接紧定式钢导管（JDG）的应用场所问题

近些年，在很多工程上都出现套接紧定式钢导管（JDG）的应用场所不当的问题，例如：有的在建筑物的屋面上敷设，有的沿建筑物的外墙敷设，有的在土壤内敷设，还有很多室外夜景照明的管路也采用JDG进行敷设。经常可以看到在室外敷设的JDG外壁锈蚀严重。造成这一严重的质量问题的原因，是没有按照当时的标准《套接紧定式钢导管电线管路施工及验收规程》CECS 120：2007的规定执行。在CECS 120：2007的适用范围中明确规定：本规程适用于无特殊规定的室内场所。首先，应该明确JDG只能在室内应用，不能应用在室外。其次，对室内有特殊要求的场所，如：易燃、易爆、可燃液、气体场所、腐蚀、潮湿严重场所，人防工程等均不适用，应执行相关标准的规定。JDG只能在室内应用、不能在室外应用的主要原因是：当时生产厂家生产的JDG均为冷镀锌（即电镀锌），镀锌层厚度比较薄，其防腐蚀的性能比较差。

现行标准《套接紧定式钢导管电线管路施工及验收规程》T/CECS 120—2021，于2021年10月1日实施。该标准已经将JDG由冷镀锌（即电镀锌）改为了热浸镀锌，并在条文说明中明确了采用直缝电焊钢管经热浸镀锌防腐工艺处理或采用连续式热浸镀锌钢板带在线高频焊接并于焊缝外表面处加以热喷锌制成两种防腐形式。应该说防腐性能有了较大的改善。

但对于应用场所，《套接紧定式钢导管电线管路施工及验收规程》T/CECS 120—2021第1.0.2条仍然规定不允许用在室外。具体如下：

1.0.2 本规程适用于室内交流1000V、直流1500V及以下电气系统及无特殊要求的场所，采用套接紧定式钢导管作为电线管路的钢导管敷设施工及验收。

在条文说明中特别明确了：对室内有特殊要求的场所是指易燃、易爆、可燃液、气体场所、腐蚀、潮湿严重场所，以及人防工程等。

4 套接紧定式钢导管（JDG）连接处的封堵问题

套接紧定式钢导管（JDG）按《套接紧定式钢导管电线管路施工及验收规程》（包括老标准CECS 120：2007及现行标准T/CECS 120—2021）的规定，是可以在现浇混凝土内暗敷设的，但由于其连接套管的特点，在连接处会产生相对较大的缝隙，在混凝土浇筑时，混凝土砂浆极易通过缝隙进入 JDG 内，从而可能造成管路堵塞。因此，暗敷的管路，尤其是在混凝土内暗敷的管路，做好套管连接处的封堵还是非常重要的。老标准 CECS 120：2007 及新标准 T/CECS 120—2021 均要求：管路连接处宜涂以电力复合脂等有效的封堵措施。在条文说明中提到：目前封堵措施之一是涂电力复合脂，对提高金属电线管路连接处电气性能是有利的。电力复合脂具有良好的附着力，具有耐高温、耐高湿和具有导电等性能，密封性好，应是首选的封堵措施。但关键是套管缝隙处要封堵严密，且套管两端固定牢固。现在，施工现场还出现了一种做法，即在套管的连接处用黏塑料带进行缠绕封堵，应该说还是起到了有效封堵的目的，但从结构专业角度来讲，这样的做法对结构强度是不利的。

5 套接紧定式钢导管（JDG）进配电箱（柜）应做跨接地线问题

套接紧定式钢导管（JDG）电线管路的管材、连接套管及附件一般均为镀锌，当管与管、管与盒连接，且采用专用附件时，连接处可不设置跨接地线。但有的技术人员在套接紧定式钢导管（JDG）进配电箱时，忽略了配电箱（柜）不是镀锌的情况，而按通常情况进行了处理。

套接紧定式钢导管（JDG）进配电箱不做跨接地线，不能保证接地的电气连续性，应在施工前进行识别。对金属配电箱（柜）体表面采用喷塑等进行防腐处理的情况下，在与电气管路连接时，因其附着力强，厚度较厚，JDG 配套的爪型螺母尚不适应，且当连接处的防腐层受损后，将影响箱体的整体防腐性能。因此，当遇到此种情况时，应考虑管路与箱（柜）体连接时的电气性能，在连接处应设跨接地线，可将所有管路采用专用接地卡通过截面不小于 $4mm^2$ 的软铜线进行跨接，并将软铜线接至配电箱（柜）内 PE 端子排，压接处均应涮锡。

6 钢导管跨接地线问题

钢导管跨接地线是为了保证管路的电气连续性。《建筑电气工程施工质量验收规范》GB 50303—2015 第 12.1.1 条规定：

12.1.1 金属导管应与保护导体可靠连接，并符合下列规定：

3 镀锌钢导管、可弯曲金属导管和金属柔性导管连接处的两端宜采用专用接地卡固定保护联结导体；

4 机械连接的金属导管，管与管、管与盒（箱）体的连接配件应选用配套部件，其连接应符合产品技术文件要求，当连接处的接触电阻值符合现行国家标准《电气安装用导管系统 第1部分：通用要求》GB/T 20041.1 的相关要求时，连接处可不设置保护联结导体，但导管不应作为保护导体的接续导体。

第3款的镀锌钢管通过管箍连接后，通常管箍两端要做跨接地线，但对于可弯曲金属导管通过专用配套附件连接后是否需要做跨接地线？

《建筑电气用可弯曲金属导管》JG/T 526—2017 第6.3.4条电气性能规定：

导管及连接附件应具有可靠的导电连续性。导管与相应附件连接，电阻不应超过0.05Ω；10节导管与相应附件连接，总电阻不应超过0.1Ω。每节导管长度为100mm～150mm。

这个规定与GB 50303—2015 第12.1.1条第4款提到的《电气安装用导管系统 第1部分：通用要求》GB/T 20041.1（该标准已更新为《电缆管理用导管系统 第1部分：通用要求》GB/T 20041.1—2015）的规定原则一致。

《电缆管理用导管系统 第1部分：通用要求》GB/T 20041.1—2015 第11.2条屏蔽接地试验规定如下：

按制造商的规定和图3（本书图1-1）所示，用导管配件将10节导管连接起来，装配成导管和导管配件组件。所用导管配件要求做到每种类型的配件数目大致相等。配件之间距离100mm～150mm。然后，向组件通以交流电流25A，（60±2）s，电流频率为50Hz～60Hz，电源的空载电压不超过12V，接着测出电压降，并从电流和电压降算出电阻。

电阻不得超过0.1Ω。

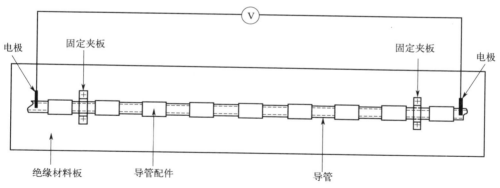

图1-1 导管和导管配件屏蔽接地试验组件
注：要去掉保护层，使电极与金属直接接触。

所以，能够通过国家认可的第三方检验机构依据《电缆管理用导管系统 第1部分：通用要求》GB/T 20041.1—2015 第11.2条屏蔽接地试验规定的要求，可弯曲金属导管通过专用配套附件连接后（包括管与管、管与盒）可不做跨接地线。

7 镀锌钢导管丝接处的过渡电阻问题

《建筑电气工程施工质量验收规范》GB 50303—2015 第 12.1.1 条第 3 款规定：镀锌钢导管、可弯曲金属导管和金属柔性导管连接处的两端宜采用专用接地卡固定保护联结导体。第 6 款还规定：以专用接地卡固定的保护联结导体应为铜芯软导线，截面积不应小于 $4mm^2$；……

在该规范的条文说明中并没有对为什么要做"跨接保护联结导体"作出进一步解释，通常的理解应是：镀锌钢导管丝扣连接后，其两端的电气连续性不能满足要求，所以需要跨接保护联结导体。在实际工程中，跨接保护联结导体虽然是做了，但是也出现了很多问题：首先，就是跨接保护联结导体松动问题。由于固定跨接保护联结导体的专用接地卡制造极不规范，既薄且窄，不宜压接牢固，再加上操作问题，导致跨接保护联结导体松动，形同虚设。其次，由于增加成本（每一个丝接处需两个接地卡和一段 $4mm^2$ 软铜线），经常出现以次充好，以便降低成本。以上问题，如果不能有效解决，会难以达到规范要求"跨接保护联结导体"的初衷。镀锌钢导管丝扣连接后，其两端的电气连续性究竟如何？经过多个项目的实际对比测试，得到的结果是：镀锌钢导管丝扣连接后，其两端跨接保护联结导体与不跨接保护联结导体过渡电阻没有差别，且能够满足《电缆管理用导管系统 第 1 部分：通用要求》GB/T 20041.1—2015 的规定。如能省去"跨接保护联结导体"的做法，那样将可节省一笔可观的费用，并大大提高施工效率。

8 绝缘导管壁厚、机械性能、温度等级等问题

（1）绝缘导管壁厚问题

关于绝缘导管壁厚，不同标准的规定是不一致的。《建筑用绝缘电工套管及配件》JG 3050—1998 规定的壁厚，如表 1-1 所示。

建筑用绝缘电工套管规格尺寸   表 1-1

公称尺寸 (mm)	外径 (mm)	极限偏差 (mm)	最小内径(mm)		硬质套管 最小壁厚 (mm)
			硬质套管	半硬质、波纹套管	
16	16	0 −0.3	12.2	10.7	1.0
20	20	0 −0.3	15.8	14.1	1.1
25	25	0 −0.4	20.6	18.3	1.3

公称尺寸 (mm)	外径 (mm)	极限偏差 (mm)	最小内径(mm)		硬质套管 最小壁厚 (mm)
			硬质套管	半硬质、波纹套管	
32	32	0 −0.4	26.6	24.3	1.5
40	40	0 −0.4	34.4	31.2	1.9
50	50	0 −0.5	43.2	39.6	2.2
63	63	0 −0.6	57.0	52.6	2.7

从表中可以看出，只有硬质套管对最小壁厚提出了要求，而对半硬质、波纹套管没有提出最小壁厚的要求。

在华北标办图集《建筑电气通用图集 09BD1 电气常用图形符号与技术资料》中规定的壁厚如表1-2所示。

塑料导管技术数据　　　　　　　　　　　　　　　　　表 1-2

导管类型 (图注代号)	公称直径 (mm)	外径 (mm)	壁厚 (mm)	参考内径 (mm)
聚氯乙烯硬质 电线导管(PC)	16	16	1.9	12.2
	20	20	2.1	15.8
	25	25	2.2	20.6
	32	32	2.7	26.6
	40	40	2.8	34.4
	50	50	3.2	43.2
	63	63	3.4	56.2
聚氯乙烯半硬质 电线导管(FPC)(PE)	16	16	2.0	12.0
	20	20	2.0	16.0
	25	25	2.5	20.0
	32	32	3.0	26.0
	40	40	3.0	34.0
	50	50	3.0	44.0
硬质难燃塑料导管	16	16	1.6	12.8
	20	20	1.8	16.4
	25	25	2.0	21.0
	32	32	2.5	27.0
	40	40	2.9	34.2
	50	50	3.0	44.0
	63	63	3.2	56.6

对照上面两个表可以看出，壁厚的差距是比较大的。在实际工程中应怎样执行呢？笔者认为，《建筑用绝缘电工套管及配件》JG 3050—1998 是制造标准，是必须执行的。而华北标办图集《建筑电气通用图集 09BD1 电气常用图形符号与技术资料》中的规定，应是参考标准，因为图集一般情况下是推荐性的，但当合同中明确采用图集标准时，应按图集标准执行。

另外，还应特别注意《民用建筑电气设计标准》GB 51348—2019 第 8.6.2 条对塑料导管壁厚的规定：暗敷于墙内或混凝土内的刚性塑料导管应采用燃烧性能等级 B_2 级、壁厚 1.8mm 及以上的导管。明敷设时应采用燃烧性能等级 B_1 级、壁厚 1.6mm 及以上的导管。

（2）绝缘导管的机械性能问题

在《建筑电气工程施工质量验收规范》GB 50303—2015 及《1kV 及以下配线工程施工与验收规范》GB 50575—2010 中均规定：埋设在墙内或混凝土内的绝缘导管，应采用中型及以上导管。中型及以上导管是什么概念呢？按《建筑用绝缘电工套管及配件》JG 3050—1998 规定，导管按机械性能可分为如下四类：

①低机械应力导管（简称轻型），代号为 2；

②中机械应力导管（简称中型），代号为 3；

③高机械应力导管（简称重型），代号为 4；

④超高机械应力导管（简称超重型），代号为 5。

在套管抗压性能试验中，30s 内均匀施加如表 1-3 所示的压力时，硬质套管的外径变化率应小于 25%，撤去荷载 1min 时，外径变化率应小于 10%；半硬质套管及波纹套管在施加荷载 30s 时，套管外径变化率在 30%～50% 范围内，1min 后撤去荷载，15min 内套管外径变化率应小于 10%。

套管抗压荷载值 表 1-3

套管类型	压力(N)	套管类型	压力(N)
轻型	320	重型	1250
中型	750	超重型	4000

（3）绝缘导管温度等级问题

在工程中有时出现现场采用的绝缘导管，忽略了温度等级的要求，如北京在冬季达到 −10℃ 以下的低温时，还在采用温度等级为 −5 型的导管，按规定此温度等级的导管应在环境温度 −5℃ 以上使用。关于绝缘导管的温度等级分类，《建筑用绝缘电工套管及配件》JG 3050—1998 有明确规定，如表 1-4 所示。

温度等级	环境温度不低于(℃)		长期使用温度范围(℃)
	运输及保存	使用及安装	
—25 型	—25	—15	—15～60
—15 型	—15	—15	—15～60
—5 型	—5	—5	—5～60
90 型	—5	—5	—5～60
90/—25 型	—25	—15	—15～60

因此，在绝缘导管运输、保存、使用和安装时，一定要重视相应期间的环境温度应满足表 1-4 规定的数值。

9 绝缘导管燃烧性能的问题

绝缘导管燃烧性能在《建筑材料及制品燃烧性能分级》GB 8624—2012 第 5.2.3 条有相应规定。

电线电缆套管、电器设备外壳及附件的燃烧性能等级和分级判据，如表 1-5 所示。

电线电缆套管、电器设备外壳及附件的燃烧性能等级和分级判据　　表 1-5

燃烧性能等级	制品	试验方法	分级判据
B₁	电线电缆套管	GB/T 2406.2 GB/T 2408 GB/T 8627	氧指数 OI≥32.0%； 垂直燃烧性能 V-0 级； 烟密度等级 SDR≤75
	电器设备外壳及附件	GB/T 5169.16	垂直燃烧性能 V-0 级
B₂	电线电缆套管	GB/T 2406.2 GB/T 2408	氧指数 OI≥26.0%； 垂直燃烧性能 V-1 级
	电器设备外壳及附件	GB/T 5169.16	垂直燃烧性能 V-1 级
B₃	无性能要求		

《建筑用绝缘电工套管及配件》JG 3050—1998 第 5.2 条对阻燃性能有一些规定，如表 1-6 所示。

绝缘电工套管及配件阻燃性能　　　　　　　　　　表 1-6

项目		硬质套管	半硬质、波纹套管	配件
阻燃性能	自熄时间	t_e≤30s	t_e≤30s	t_e≤30s
	氧指数	OI≥32	OI≥27	OI≥32

《民用建筑电气设计标准》GB 51348—2019 第8.6.2条对采用刚性塑料导管布线时，其燃烧性能也提出了相应规定：

暗敷于墙内或混凝土内的刚性塑料导管应采用燃烧性能等级 B_2 级、壁厚 1.8mm 及以上的导管。明敷时应采用燃烧性能等级 B_1 级、壁厚 1.6mm 及以上的导管。

基于以上标准的规定，将绝缘导管暗敷于墙内或混凝土内时，燃烧性能等级不得低于 B_2 级；绝缘导管明敷设时，燃烧性能等级应为 B_1 级。燃烧性能为 B_1 级的绝缘导管应满足三个指标要求：氧指数 OI≥32.0%；垂直燃烧性能 V-0 级；烟密度等级 SDR≤75。燃烧性能为 B_1 级的绝缘导管应满足两个指标要求：氧指数 OI≥26.0%；垂直燃烧性能 V-1 级。

《建筑用绝缘电工套管及配件》JG 3050—1998 只规定了与燃烧性能有关的氧指数要求，未包括其他性能指标。所以，当采用绝缘导管时，应由厂家提供相应燃烧性能等级的检验报告。

顺便说明，按 GB 8624—2012，建筑材料及制品燃烧性能等级如表1-7所示。

建筑材料及制品燃烧性能等级 表 1-7

燃烧性能等级	名称
A	不燃材料（制品）
B_1	难燃材料（制品）
B_2	可燃材料（制品）
B_3	易燃材料（制品）

10 电线、电缆绝缘测试问题

（1）选择兆欧表电压等级问题

在电气工程中经常选用额定电压为 450V/750V 的电线作为配电线路，配电线路需要进行绝缘测试，但在选用何种电压等级的兆欧表上，大家的认识并不一致。有的电气技术人员认为对额定电压为 450V/750V 的电线，由于其最高电压已达到了 750V，应用电压等级为 1000V 的兆欧表才能检验其绝缘程度，采用 500V 兆欧表不能满足要求。

以前有一些废止的老标准，如北京市地方标准《建筑安装分项工程施工工艺规程（第七分册）》DBJ/T 01-26—2003 第 4.4.12 条第 2 款就规定"电线、电缆的绝缘摇测应选用 1000V 兆欧表"，还有很多建筑施工单位的企业标准中也是这样规定的。

随着标准的不断更新、修订，现在对选用兆欧表等级基本趋于一致。

《建筑电气工程施工质量验收规范》GB 50303—2015 第 17.1.2 条关于测试电压的规定如表 1-8 所示。

低压或特低电压配电线路绝缘电阻测试电压及绝缘电阻最小值　　表 1-8

标称回路电压(V)	直流测试电压(V)	绝缘电阻(MΩ)
SELV 和 PELV	250	0.5
500 V 及以下，包括 FELV	500	0.5
500 V 以上	1000	1.0

《低压电气装置 第 6 部分：检验》GB/T 16895.23—2020/IEC 60364-6：2016 第 6.1 条关于测试电压的规定如表 1-9 所示。

绝缘电阻最小值　　表 1-9

回路标称电压(V)	直流测试电压(V)	绝缘电阻(MΩ)
SELV 和 PELV	250	0.5
500 V 及以下，包括 FELV	500	1
500 V 以上	1000	1

国家标准《电气装置安装工程 电气设备交接试验标准》GB 50150—2016 第 3.0.9 条关于测量绝缘电阻时，采用兆欧表的测试电压的规定如表 1-10 所示。

设备电压等级与兆欧表的选用关系　　表 1-10

序号	设备电压等级(V)	兆欧表电压等级(V)	兆欧表最小量程(MΩ)
1	<100	250	50
2	<500	500	100
3	<3000	1000	2000
4	<10000	2500	10000
5	≥10000	2500 或 5000	10000

以上标准规定的兆欧表电压等级，虽然表述上略有不同，但基本原则是一致的，要求回路标称电压或设备电压小于等于 500V 时，采用 500V 的直流测试电压测量绝缘电阻。因此，工作于 380V 或 220V 的回路的 450V/750V 的电线，应采用 500V 兆欧表测量其绝缘电阻。

450V/750V 反映的是电线的耐压水平，如用超出其耐压水平较多的兆欧表进行测试，其耐压水平可能受到损害，影响其使用寿命和正常运行。

对 0.6/1kV 电缆测量其绝缘值，应用什么电压等级的兆欧表呢？从以上各表可知，回路标称电压在 500V 及以下时，可采用 500V 兆欧表；标称回路电压在 500V 以上时，应采用 1000V 兆欧表。

（2）绝缘电阻值问题

电线、电缆的绝缘电阻值，应根据回路标称电压的不同，符合上面表内规定的绝缘电阻值。需注意：回路标称电压 500V 及以下，按《低压电气装置 第 6 部分：检验》GB/T 16895.23—2020/IEC 60364-6：2016 规定，最小绝缘电阻应为 1MΩ。

11 一般低压配电装置、线路绝缘电阻最小值问题

在国家标准《电气装置安装工程 电气设备交接试验标准》GB 50150—2016 第 23.0.2 条第 2 款规定：配电装置及馈电线路的绝缘电阻值不应小于 0.5MΩ。

《建筑电气工程施工质量验收规范》GB 50303—2015 第 17.1.2 条规定的配电线路绝缘电阻值最小值如表 1-11 所示。

低压或特低电压配电线路绝缘电阻测试电压及绝缘电阻最小值　　表 1-11

标称回路电压（V）	直流测试电压（V）	绝缘电阻（MΩ）
SELV 和 PELV	250	0.5
500 V 及以下，包括 FELV	500	0.5
500 V 以上	1000	1.0

一般民用建筑电气工程，低压配电线路采用的电压多为 380V 或 220V，属于表 1-11 中标称回路电压为 500V 及以下，最低绝缘电阻值为 0.5MΩ。

以上国家标准中，绝缘电阻值均提到了 0.5MΩ，但是没有说明确定 0.5MΩ 的依据。那么，0.5MΩ 是依据什么制定的呢？

笔者查阅了很多资料，《低压成套开关设备和控制设备 第 1 部分：总则》GB 7251.1—2013（已废止）第 11.9 条有这样的规定：

11.9 介电性能

如果电路与外露可导电部分之间的绝缘电阻至少为 1000Ω/V（每条电路，这些电路的电源电压对地），则认为通过了试验。

如果我们将绝缘电阻 1000Ω/V 作为标准，可将其等效换算为 1MΩ/kV，当低压配电线路电压为 380V 时，线路对地绝缘电阻值最小为 0.38MΩ 即满足要求。

所以，笔者推测，为了工程中便于实施，相关标准将最小绝缘电阻值按回路电压 500V 及以下和 500V 以上分别定为 0.5MΩ 和 1MΩ。一般民用建筑工程的

低压，其额定交流电压不超过 1kV，应该说以上 0.5MΩ 和 1MΩ 的规定，既遵循了 1000Ω/V 的标准，又考虑了实际应用，是合理的规定。

《低压电气装置 第 6 部分：检验》GB/T 16895.23—2020/IEC 60364-6：2016 第 6.1 条规定绝缘电阻值如表 1-9 所示。

从表 1-9 可以看出，500V 及以下低压配电线路绝缘电阻最小值为 1MΩ。比其他标准和之前的 GB/T 16895.23—2012/IEC 60364-86：2006 规定的 0.5MΩ 提高了 1 倍。

2024 年 3 月 1 日实施的国家标准《低压成套开关设备和控制设备 第 1 部分：总则》GB 7251.1—2023 的第 11.9 条也有了新的规定：

11.9 介电性能

如果电路与外露导电部分之间的绝缘电阻至少为 1MΩ，则认为通过了试验。

细想低压配电线路绝缘电阻最小值由 "0.5MΩ" 提高到 "1MΩ" 也是有道理的。因为 "0.5MΩ" 实际是线路对地的绝缘电阻最小值，线间的绝缘电阻值最小值自然就应该为 "1MΩ"。以上推断，仅供参考。

12 室外管路埋地敷设的防水、防腐问题

（1）防水问题

在工程中，室外管路埋地敷设的情况经常出现，尤其是景观照明工程。在室外埋地的管路，金属导管和绝缘导管都有应用。绝缘导管一般在管路连接处，使用专用胶粘剂进行连接，密封比较严密，防水效果比较好。金属导管一般采用焊接钢管，导管连接处采用丝接或套管焊接。采用丝接时，自丝接处比较容易往管内渗水；采用套管焊接，如果焊接不严密，也容易渗水。而管内长时间积水可导致管内导线绝缘电阻下降，甚至损坏，易引起电气故障或事故。如何解决焊接钢管的防水及线路绝缘损坏的问题呢？笔者建议应从两个方面采取措施，首先，在规范采用丝接或焊接后，用黏塑料带进行缠绕后，再用水泥砂浆在连接处采用进行全面保护，尽量采取措施保证水不进入导管。其次，在管内尽量不采用普通导线，而采用电缆。

（2）防腐问题

室外埋地敷设的金属导管防腐也是一个实际问题。《建筑电气工程施工质量验收规范》GB 50303—2015 第 12.2.5 条第 1 款规定：对于埋地敷设的钢导管，埋设深度应符合设计要求，钢导管的壁厚应大于 2mm。此规定强调了壁厚只有大于 2mm 的钢导管才能在室外埋地敷设，并未强调镀锌还是不镀锌。壁厚大于 2mm 的钢导管一般多选择焊接钢管，如符合《低压流体输送用焊接钢管》GB/T 3091—2015 标准的导管。焊接钢管由于壁厚大于 2mm，对其防腐耐久性是有利

的，如果再采用热浸镀锌处理，防腐性能会进一步提高。但在很多工程中发现虽然采用了热浸镀锌的焊接钢管，埋地敷设一段时间后也会产生较为严重的锈蚀。一些项目希望在采用热浸镀锌焊接钢管的基础上，能够采取进一步增加抗腐蚀能力的措施。笔者建议有两个方法可以考虑，一是用水泥砂浆对钢管进行全面保护，二是采用沥青油在钢管外壁进行涂刷。如果仍不能满足要求，在涂刷沥青油的基础上可采用传统的"两布三油"做法，即两层玻璃丝布，三道沥青油涂刷。

13　金属管配塑料盒、塑料管配金属盒的问题

一般情况下，管路敷设采用金属管时，也采用配套的金属盒；采用塑料管时，也采用配套的塑料盒，这已经成为约定俗成的做法。但是，在一些工程上，在一些局部的场所，却出现了金属管配塑料盒或塑料管配金属盒的做法。例如，有的酒店或高级公寓在房间内墙上安装的控制面板是专门定做的，而且其配套的盒子也是专门定做的，就出现了金属管配塑料盒或塑料管配金属盒的问题。遇到这样的问题应该如何处理呢？笔者的观点是：

（1）如果金属管配塑料盒或塑料管配金属盒出现在线路的末端，这样的做法应该是可以采用的。但应注意金属盒要接地，因为一旦金属盒内的带电导体因绝缘损坏等原因与金属盒接触，金属盒就会带电。由于金属盒连接的塑料管是绝缘体，金属盒不能利用管路进行接地，致使金属盒没有保护接地，如人触及金属盒就可能造成触电事故。

（2）如果金属管配塑料盒或塑料管配金属盒出现在线路的中间，这样的做法尽量不要采用。当特殊情况无法避免时，应采取相应的处理措施：

①当金属管配塑料盒时，塑料盒两端的管路应做好跨接地线，以保证整个管路的电气连续性。

②当塑料管配金属盒时，所有的金属盒均应接地。

14　套管长度不小于管外径2.2倍的问题

在管路敷设工程中经常有人问道：为什么规定套管长度不小于管外径的2.2倍？笔者查阅了相关规范的规定：

《电气装置安装工程电缆线路施工及验收规范》GB 50168—92（已废止）第3.0.6条电缆管的连接应符合下列要求：套接的短套管或带螺纹的管接头的长度，不应小于电缆管外径的2.2倍。在条文说明中解释：要求短管和管接头的长度不小于电缆管外径的2.2倍，是为了保证电缆管连接后的强度，这是根据施工单位的意见确定。

在 GB 50168—92（已废止）的替代版本，即 GB 50168—2006（已废止）中仍延续了相关的规定，第 4.1.7 条第 1 款电缆管的连接应符合下列要求：套接的短套管或带螺纹的管接头的长度，不应小于管外径的 2.2 倍。在条文说明中的解释与 GB 50168—92 一样。

GB 50168—2006（已废止）的替代版本，即《电气装置安装工程 电缆线路施工及验收标准》GB 50168—2018（现行）第 5.1.7 条第 2 款仍有类似的规定：螺纹接头或套管的长度不应小于电缆管外径的 2.2 倍。在条文说明中的解释与 GB 50168—2006 一样。

《1kV 及以下配线工程施工与验收规范》GB 50575—2010 第 4.2.4 条钢导管的连接应符合下列规定：采用套管焊接时，套管长度不应小于管外径的 2.2 倍。

通过以上情况可以看出，"套管长度不小于管外径 2.2 倍"的要求，是从 GB 50168—92 对电缆管的要求逐步演变过来，现在的情况不仅仅是对电缆管的要求，而且也包括穿电线的钢导管。

"套管长度不小于管外径 2.2 倍"的要求，通常是没有问题的。但是有的管径较大，而施工单位采购的成品套管，很多长度达不到要求，那是否可以用呢？从规范角度来说肯定是不行的，但实际上套管稍短对连接的可靠性是没大的影响的，而且如果不采用成品套管，现场也没有制作条件。

其实规范中"套管长度不小于管外径 2.2 倍"的要求也是完全可以做到的，施工单位给套管的制造单位提出明确要求就可以了。

15　焊接钢管采用丝接时的管箍长度问题

在电气施工中，大量采用焊接钢管。焊接钢管有的采用套丝连接，尤其是镀锌焊接钢管规范要求不能熔焊连接，只能采用套丝连接；而套丝连接所用的管箍，在实际工程中其长度却是长短不一，引起了争议。

《电气装置安装工程 电缆线路施工及验收标准》GB 50168—2018 第 5.1.7 条电缆管的连接应符合下列要求：螺纹接头或套管的长度不应小于电缆管外径的 2.2 倍。从本标准的规定可以看出：连接电缆管的管箍，其长度要求不应小于管外径的 2.2 倍。如果按此规定，要求所有焊接钢管的连接管箍均不小于管外径的 2.2 倍，有的人可能会提出：这是穿电线的焊接钢管，不是穿电缆的焊接钢管。那么，统一执行"2.2 倍"的要求有没有困难呢？笔者认为确实存在一定的困难。电气工程采用的焊接钢管，实际上是借用的"水管"（即低压流体输送用焊接钢管），而与"水管"配套的管箍执行的是《锻制承插焊和螺纹管件》GB/T 14383—2021 的标准，对其具体规定如表 1-12 所示。

管箍尺寸（mm）　　　　　　　　　　　　　　　　　　　　表 1-12

公称尺寸	管箍长度(端面至端面)	公差	规范*规定的管外径
15	48	±1.5	21.3
20	51	±1.5	26.9
25	60	±2.0	33.7
32	67	±2.0	42.4
40	79	±2.0	48.3
50	86	±2.0	60.3
65	92	±2.5	76.1
80	108	±2.5	88.9
100	121	±2.5	114.3

* 规范为《低压流体输送用焊接钢管》GB/T 3091—2015。

从表 1-12 可以看出，只有公称直径 15mm 的管箍，其长度（48mm）可以达到管外径 2.2 倍（21.3×2.2＝46.86mm）的要求，而其他公称尺寸的管箍均不能满足要求。

"水管"的管箍不是通丝的，电气所用的管箍由于穿线不得损害电线绝缘的需要，而要求必须是通丝的。如果按照符合标准要求的长度制造相应的通丝管箍，应该说从连接可靠性上来讲肯定是没有问题，只是其长度不能满足"2.2倍"的要求。

通过以上情况，笔者认为，焊接钢管管箍的长度应优先执行"2.2 倍"的要求。当无法满足时，如符合《锻制承插焊和螺纹管件》GB/T 14383—2021 规定的长度，也是可行的。因为焊接钢管的管箍承受有压的液体、气体都是没问题的，而电气导管的管箍没有承受液体、气体压力的问题。

16　人防工程穿过外墙、临空墙、防护密闭隔墙、密闭隔墙等穿墙套管的壁厚问题

人防工程施工均会涉及穿墙套管问题，但相关标准对壁厚的规定却并不完全一致，现将相关标准的规定分列如下：

（1）《人民防空工程施工及验收规范》GB 50134—2004 第 10.1.2 条规定：给水管、压力排水管、电缆电线等的密闭穿墙短管，应采用壁厚大于 3mm 的钢管。

（2）国标图集《防空地下室电气设备安装》07FD02 编制说明第 6.3 条规定：

在各个防空地下室出入口及连接通道口的防护密闭门门框墙及密闭门门框墙上应预留 4～6 根备用管，管径为 50～80mm，管材应采用热镀锌钢管，管壁厚度不小于 2.5mm，并应符合防护密闭要求。

从以上规范和图集的要求看，GB 50134—2004 的规定更严格，07FD02 要求要低一些，所以具体执行哪个标准应请设计确认。

虽然相关标准对壁厚的规定不完全一致，在实际工程中其实并无实际影响，因为穿墙套管目前都执行《低压流体输送用焊接钢管》GB/T 3091—2015 的制造标准，而与穿墙套管（通常管径≥50mm）相关对应的壁厚，即使是普通钢管也能满足大于 3mm 的要求。GB/T 3091—2015 规定的钢管外径、壁厚如表 1-13 所示。

管端用螺纹连接的钢管外径、壁厚（mm） 表 1-13

公称口径	外径	壁厚	
		普通钢管	加厚钢管
15	21.3	2.8	3.5
20	26.9	2.8	3.5
25	33.7	3.2	4.0
32	42.4	3.5	4.0
40	48.3	3.5	4.5
50	60.3	3.8	4.5
65	76.1	4.0	4.5
80	88.9	4.0	5.0
100	114.3	4.0	5.0
125	139.7	4.0	5.5
150	165.1	4.5	6.0

注：表中的公称口径系近似内径的名义尺寸，不表示外径减去两个壁厚所得的内径。

还应注意，GB/T 3091—2015 规定了钢管壁厚的允许偏差为±10%。

17 人防工程穿墙管密闭肋是否应镀锌问题

人防工程中采用的穿墙管密闭肋很多都没有镀锌，在《人民防空工程施工及验收规范》GB 50134—2004 也没有镀锌的要求。但在国标图集《防空地下室电气设备安装》07FD02 却又有密闭肋需要镀锌的要求，而且是热镀锌。07FD02 中穿墙管密闭肋如图 1-2 所示。

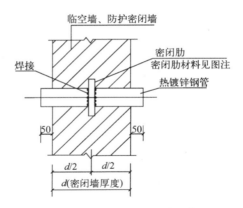

图 1-2 穿墙管密闭肋示意

注：密闭肋为 3～10mm 厚的热镀锌钢板，与热镀锌
钢管双面焊接，同时应与结构钢筋焊牢。

密闭肋镀锌或不镀锌，笔者认为从防冲击波的角度看，应该没有什么区别；从耐久程度看，也没有大的区别，因为密闭肋是直接现浇在混凝土内部的。虽然如此，但笔者还是希望在施工前与电气设计人员沟通好，尽量满足 07FD02 图集的规定为好。

18 多根导线或电缆并联成束使用时，其载流量变化问题

在电气工程中，经常碰到给大容量设备供电时，采用多根导线或电缆并联使用的情况。有的项目还出现采用多根导线或电缆并联给大型设备供电后，发生有的导线或电缆温度过高的现象。那多根导线或电缆并联后，其载流量是如何变化的呢？例如：两根 120mm² 的电缆并联使用，与一根 240mm² 电缆，载流量哪个更大一些？

有的技术人员认为：两根 120mm² 的电缆并联后的载流量大。其理由是由于趋肤效应，电流更多的是从导体的表面流过的，导体内部流过的电流很少，而两根 120mm² 电缆并联的导体表面积比一根 240mm² 电缆的表面积大，所以认为两根 120mm² 的电缆并联后的载流量大。

其实，趋肤效应是指高频电流流过导体时主要是从表面流过的，所以有的导体是空心的。高频设备通常在 500Hz 以上，而我们的电力设备一般都是 50Hz 的频率，是属于低频设备，因此趋肤效应这一说法，在低压供电系统中并不很适用。

《低压电气装置 第 5-52 部分：电气设备的选择和安装 布线系统》GB/T 16895.6—2014/IEC 60364-5-52：2009 将电缆敷设方式分成几类，规定了不同敷

设方式下成束电缆载流量的降低系数，如表 1-14 所示。

多回路或多根电缆成束敷设的降低系数   表 1-14

序号	排列（电缆相互接触）	回路数或多芯电缆数量												使用的载流量表和参考敷设方式
		1	2	3	4	5	6	7	8	9	12	16	20	
1	成束敷设在空气中，沿墙、嵌入或封闭式敷设	1.00	0.80	0.70	0.65	0.60	0.57	0.54	0.52	0.50	0.45	0.41	0.38	B.52.2～B.52.13 敷设方式 A～F
2	单层敷设在墙上、地板或无孔托盘上	1.00	0.85	0.79	0.75	0.73	0.72	0.72	0.71	0.70	多于 9 个回路或 9 根多芯电缆不再减小降低系数			B.52.2～B.52.7 敷设方式 C
3	单层直接固定在天花板下	0.95	0.81	0.72	0.68	0.66	0.64	0.63	0.62	0.61				
4	单层敷设在水平或垂直的有孔托盘上	1.00	0.88	0.82	0.77	0.75	0.73	0.73	0.72	0.72				B.52.8～B.52.13 敷设方式 E～F
5	单层敷设在梯架或线夹上	1.00	0.87	0.82	0.80	0.80	0.79	0.79	0.78	0.78				

注：1. 此表与 GB/T 16895.6—2014 中的表 B.52.2～表 B.52.13 结合使用；

    2. 这些系数适用于尺寸和负荷相同的线缆束；

    3. 相邻电缆水平或垂直间距超过了 2 倍电缆外径时，则不需要降低系数；

    4. 下列情况使用同一系数：由两根或三根单芯电缆组成的线缆束；多芯电缆；

    5. 假如系统中同时有两芯和三芯电缆，以电缆总数作为回路数，两芯电缆作为两根负荷导体，三芯电缆作为三根负荷导体查取表中相应系数；

    6. 假如线缆束中含有 n 根单芯电缆，它可考虑为 $n/2$ 回两根负荷导体回路；或 $n/3$ 回三根负荷导体回路；

    7. 所给值是采用表 B.52.2～表 B.52.13 中含有的导体截面和敷设方法范围内的平均值，表中各值的总体误差在 $\pm 5\%$ 以内；

    8. 对于某些敷设方式和本表中没有提及的特殊方式，可针对具体情况适当使用计算得出的校正系数，参见表 B.52.20、表 B.52.21。

表 1-14 列出了 5 种敷设方式的电缆载流量降低系数，常用的穿管敷设方式应按第 1 项确定载流量降低系数；在槽盒内敷设应按第 2 项确定载流量降低系数。需要说明的是：在槽盒内敷设尽量避免电缆多层敷设，否则载流量下降太多，很不经济。

由以上情况可知，多根电缆并联成束敷设，由于散热条件的影响，并联的电缆根数越多，对其载流量影响越大。

19 强弱电线路间距问题

在电气施工中经常碰到强弱电线路之间的间距问题，通常认为间距如果不够大，强电线路会对弱电线路产生干扰，影响弱电线路和设备的正常运行。

（1）《住宅装饰装修工程施工规范》GB 50327—2001 第 16.3.6 条规定：电源线及插座与电视线及插座的水平间距不应小于 500mm。

（2）《综合布线系统工程验收规范》GB/T 50312—2016 第 6.1.1 条第 8 款第 1 项规定：电力电缆与综合布线系统缆线应分隔布放，并应符合表 1-15 的规定。

对绞电缆与电力电缆最小净距表　　　　　　　　表 1-15

条件	最小净距(mm)		
	380V <2kV·A	380V 2～5kV·A	380V >5kV·A
对绞电缆与电力电缆平行敷设	130	300	600
有一方在接地的金属槽盒或金属导管中	70	150	300
双方均在接地的金属槽盒或金属导管中	10	80	150

（3）《低压电气装置 第 4-44 部分：安全防护 电压骚扰和电磁骚扰防护》GB/T 16895.10—2010/IEC 60364-4-44：2007 第 444.6.2 条（设计导则）规定：电力电缆和信息技术电缆平行时，以下内容适用，如图 1-3、图 1-4 所示。

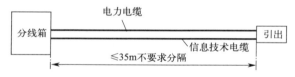

图 1-3　电缆路由长度≤35m 时电力和信息技术电缆间的分隔

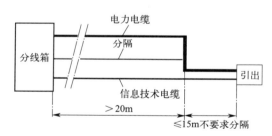

图 1-4　电缆路由长度>35m 时电力和信息技术电缆间的分隔

若平行电缆的长度不大于 35m，不要求进行分隔。

若非屏蔽电缆平行电缆长度大于 35m，距末段 15m 以外全部长度应有分隔间距（注：隔离可用诸如在空中分隔间距为 30mm 或在电缆间安装金属隔板来获得）。

（4）《低压电气装置 第 4-44 部分：安全防护 电压骚扰和电磁骚扰防护》GB/T 16895.10—2010/IEC 60364-4-44：2007 已于 2022 年 5 月 1 日由新标准

《低压电气装置 第 4-44 部分：安全防护 电压骚扰和电磁骚扰防护》GB/T 16895.10—2021/IEC 60364-4-44：2018 代替。新标准 444.6"回路间的分隔"中 444.6.2"设计要求"规定：

当未指定信息技术电缆的规格和/或预期用途时，电力与信息和通信技术电缆间的空气分离距离应不小于 200 mm，且满足：

——低压电缆或低压成束电缆总电流不超过 600A；和

——采用布缆适用于信息和通信技术布缆敷设；

——信息和通信技术电缆为：

电磁抗扰性能符合 IEC 61156 系列标准的五类或更高的平衡电缆；或电磁抗扰性能符合 IEC 61196-7 要求的同轴电缆。

在其他情况下，ISO/IEC 14763-2：2012/AMD1：2015 中 7.9.2 的要求和建议适用。

未指定信息和通信技术电缆的规格和/或预期用途时的最小分离间距可小于 200mm，如表 1-16 所示。

未指定信息和通信技术电缆的规格和/或预期用途时的最小分离间距　表 1-16

无电磁遮拦的分离	电源布线外护物		
	敞口金属外护物 A	打孔金属外护物 B	实体金属外护物 C
200mm	150mm	100mm	0mm

A：适用于屏蔽性能（DC～100MHz）等效于焊接网孔 50mm×100mm 钢栏筐外护物。此屏蔽性能也可用壁厚小于 1.0 mm 和/或匀布打孔面积大于 20％钢托盘达到。

B：适用于屏蔽性能（DC～100MHz）等效于壁厚至少为 1.0mm 和匀布打孔面积不大于 20％钢托盘的外护物。电力电缆的屏蔽或铠装若不符合与实体金属外护物等效的构造，考虑为打孔金属外护物。

C：适用于屏蔽性能（DC～100MHz）等效于壁厚至少为 1.5mm 钢管的外护物。

最小分离要求适用于三维。当信息及通信技术电缆与电力电缆有交叉，且不能保持最小分离间距时，交叉角度应保持近似 90°，且在交叉两侧的间距应不小于适用的最小分离要求。

《低压电气装置 第 4-44 部分：安全防护 电压骚扰和电磁骚扰防护》GB/T 16895.10—2021/IEC 60364-4-44：2018 的 444.6"回路间的分隔"中 444.6.3"无分隔条件"规定：

当信息及通信技术布线用于特定应用，并且其应用支持无分隔时，信息及通信技术布线与电力布线之间不要求进行分隔。

当以下所有条件均满足时，信息及通信技术布线与电力布线之间不要求进行分隔：

——当信息和通信技术电缆为符合 IEC 61156 系列标准五类及以上，或电磁抗扰特性符合 IEC 61196-7 规定的同轴电缆；

——信息和通信技术布线空间环境分类为 ISO/IEC TR29106（或 ISO/IEC 11801-1）规定的电磁类别 E1；

——组成电源回路的导体：

• 在总护套内且总电流不大于 100A；

• 相互绞绕、绑扎或成束且总功率不大于 10kVA。

从以上几个标准来看，对强弱电线路间距的规定还是有很大的差异。在实际工程中，《住宅装饰装修工程施工规范》GB 50327—2001 规定的"电源线及插座与电视线及插座的水平距离不应小于 500mm"要求，由于安装效果的需要，往往很多情况下不能满足，但从收视效果看，没有造成任何影响。

《综合布线系统工程验收规范》GB/T 50312—2016 是信息技术的专业规范，其表 1-16 规定的"对绞电缆与电力电缆最小净距"，多数情况下是可以满足要求，但线路末端部分，尤其是在开敞式办公场所的工位部分，由于办公家具的敷设线路条件的限制，往往也不满足要求。从办公人员的反映看，在使用信息技术设备时基本上也未受到影响。

《低压电气装置 第 4-44 部分：安全防护 电压骚扰和电磁骚扰防护》GB/T 16895.10—2010/IEC 60364-4-44：2007、《低压电气装置 第 4-44 部分：安全防护 电压骚扰和电磁骚扰防护》GB/T 16895.10—2021/IEC 60364-4-44：2018 是将不同时期的 IEC 标准转化为国标，而 IEC 标准相关条文的规定是根据大量试验来获得的，因此，其规定是毋庸置疑。从《低压电气装置 第 4-44 部分：安全防护 电压骚扰和电磁骚扰防护》GB/T 16895.10—2021/IEC 60364-4-44：2018 的 444.6"回路间的分隔"中 444.6.3"无分隔条件"的规定来看，其要求并不高，通常系统的末端回路都是可以满足的。

从以上两个标准（《住宅装饰装修工程施工规范》GB 50327—2001 和《综合布线系统工程验收规范》GB/T 50312—2016），在有的情况下不能满足其规定时也未造成影响，也可以佐证 IEC 标准的正确性。

综上所述，在实际工程中的固定线路敷设，其间距满足《综合布线系统工程验收规范》GB/T 50312—2016 中的规定即可，在其末端回路不可避免的局部则不必强求。

第二章 电气设备、材料常见问题

1 选择焊接钢管作为电气导管问题

在电气故障或电气事故中，由于导线绝缘层破损，引起漏电、接地故障甚至短路的情况较为常见。导线一般敷设在导管中，但当导管选择不当，易使导线绝缘层受损。究其原因是导管内壁毛刺所致。

（1）常用导管标准对内壁毛刺的规定

①《低压流体输送用焊接钢管》GB/T 3091—2015 第 5.7.1.1 条对直缝电焊钢管的焊缝毛刺高度的规定为：

钢管焊缝的外毛刺应清除，剩余高度应不大于 0.5mm。根据需方要求，经供需双方协商，并在合同中注明，钢管焊缝内毛刺可清除。焊缝的内毛刺清除后，剩余高度应不大于 1.5mm。

②《直缝电焊钢管》GB/T 13793—2016 第 5.6 条对焊缝高度的规定为：

带式输送机托辊用钢管应清除内毛刺交货。根据需方要求，外径大于 25mm 的其他钢管可清除内毛刺交货。

钢管清除内毛刺交货时，其内焊缝毛刺高度应符合表 2-1 的规定，且内毛刺清除后钢管剩余壁厚应不小于壁厚允许的最小值。

内毛刺高度（mm） 表 2-1

普通精度	较高精度	高精度
+0.50 −0.20	+0.50 −0.05	+0.20 −0.05

③《线缆套管用焊接钢管》YB/T 5305—2020 第 6.6.3 条规定：钢管的内毛刺应清除。内毛刺清除后，剩余高度应不大于 0.5mm；当壁厚不大于 4.0mm 时，刮槽深度应不大于 0.2mm；当壁厚大于 4.0mm 时，刮槽深度应不大于 0.4mm。

④《电气装置用有 ISO 形式公制螺纹的导管和配件的技术条件》BS 4568-1970 第 7（2）规定：它们的内壁和尾端不能有毛刺、飞边和类似会引起电缆损坏的缺陷。

⑤《电缆管理用导管系统 第 1 部分：通用要求》GB/T 20041.1—2015 第

9.1 条规定：导管系统的内部不得有锐利边缘、毛刺或表面突出物，以免损伤绝缘导线或电缆，避免伤害安装人员或使用者。

⑥《套接紧定式钢导管电线管路施工及验收规程》T/CECS 120—2021 第3.0.7 条第 2 款规定：管材及连接件内、外壁表面应光滑，内壁不得有锐利边缘、毛刺。

通过以上标准对内毛刺的规定，将其综合为表 2-2。

各种导管内毛刺高度的规定（mm）   表 2-2

GB/T 3091—2015	GB/T 13793—2008	YB/T 5305—2020	BS 4568—1970	GB/T 20041.1—2015	T/CECS 120—2021
≤1.5	≤0.5（普通精度）	≤0.5	0	0	0

（2）焊接钢管的应用与分析

焊接钢管在电气工程中应用非常广泛，有镀锌和不镀锌之分，一般用符号 SC 进行表示，其遵循的制造标准通常是指《低压流体输送用焊接钢管》，现行标准号为 GB/T 3091—2015。由于其壁厚较厚，均大于 2.0mm，机械强度高，在钢筋混凝土结构工程预埋阶段大量采用。后期穿线，导线绝缘层与导管内壁不可避免地出现摩擦，线路较长时摩擦程度更甚；而导管内毛刺越高对导线绝缘层的损坏越严重。穿线时导线绝缘层损坏往往不能及时发现，即使用兆欧表进行测试，也不能百分之百发现。从表 2-2 可以看出，遵循 GB/T 3091—2015 标准制造的焊接钢管（SC），内毛刺最高（1.5mm）。从图 2-1 焊接钢管（SC）管口处可以看到内毛刺的情况。

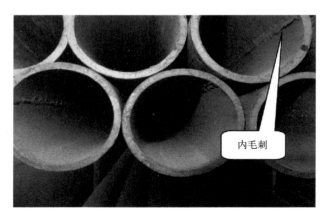

内毛刺

图 2-1　焊接钢管内毛刺

有的项目正常使用后，用电负荷的不断增加，出现了保护电器（断路器或剩余电流动作保护器）频繁跳闸，无法正常用电的情况。由于故障不能排除，迫不得已采取更换导线的方案。导线从导管内抽出后，发现绝缘层损坏较严重。后分析认为，导管内壁较高且较锋利的内毛刺，是导线绝缘层损坏的一个不可忽视的重要原因。

由于导线需要在导管内敷设，对导线的拉拽是不可避免的，因此，导管的内壁光滑、无毛刺，对导线顺利敷设且绝缘层不受损伤是至关重要的。电气导管应选择符合GB/T 20041.1—2015规定的导管，不宜选择按GB/T 3091—2015规定制造的焊接钢管。建议编制适合线缆用的焊接钢管标准，避免出现电气导管借用"水管、气管"而发生绝缘损坏的情况。

2 直接在土壤中埋设的热镀锌钢管镀锌层厚度问题

很多项目室外园林的景观照明工程，设计要求采用热镀锌钢管直接在土壤中埋设，但是否需要采取进一步的防腐措施，设计图纸并没有明确。通常热镀锌钢管可进一步采取的防腐措施有：①混凝土砂浆保护；②"两布三油"；③刷沥青油。如需进一步采取防腐措施，采取以上的哪一种，需请设计明确。

如果设计不要求热镀锌钢管采取进一步的防腐措施，电气技术人员更应注意热镀锌钢管镀锌层的质量问题，要注意核查质量证明文件中单位面积热镀锌总重量是否符合相关制造标准的规定，并注意检测热镀锌钢管镀锌层厚度。

目前，直接在土壤中埋设的热镀锌钢管主要执行《低压流体输送用焊接钢管》GB/T 3091—2015和《直缝电焊钢管》GB/T 13793—2016两个标准。这两个标准对单位镀锌层总重量和厚度规定摘抄如下：

《低压流体输送用焊接钢管》GB/T 3091—2015第5.9.2.1条规定：

镀锌钢管应测量锌层重量。钢管内外表面镀锌层单位面积总重量应不小于300g/m²。

B.4.4条规定：镀锌钢管镀锌层厚度用式(B.4)计算（近似值）。

$$e = m_A / \rho \tag{B.4}$$

式中：

e——镀锌层厚度的近似值，单位为微米（μm）；

m_A——镀锌层的重量，单位为克每平方米（g/m²）；

ρ——锌的密度7.14，单位为克每立方厘米（g/cm³）。

《直缝电焊钢管》GB/T 13793—2016第6.9.4条规定：镀锌钢管应进行镀锌层重量检验。镀锌层的重量由需方按表2-3选择，如合同未规定钢管镀锌层重量，则按C级执行。

热镀锌层重量		表 2-3

镀锌层重量级别	需求	内外表面单位面积镀锌层总重量/(g/m²)不小于
A	内、外表面	500
B	内、外表面	400
C	内、外表面	300

B.4 试验结果的计算

镀锌钢管镀锌层厚度用式(B.4)计算（近似值）。

$$e = m_A/7.14 \tag{B.4}$$

e——镀锌层厚度的近似值，单位为微米（μm）；

m_A——镀锌层的重量，单位为克每平方米（g/m²）。

从以上规定可以看出，热镀锌钢管最小镀锌层重量为 300g/m²（双面），则管外壁镀锌层厚度最小为 $300 \div 2 \div 7.14 = 21(\mu m)$。

3　电缆桥架板厚问题

关于电缆桥架的标准，常见的有两个，一个是机械行业标准《电控配电用电缆桥架》JB/T 10216—2013，一个是中国工程建设标准化协会标准《钢制电缆桥架工程技术规程》T/CECS 31—2017。这两个标准对于常见的钢制托盘、梯架板材的最小允许厚度的规定是有一定差异的，分别列表如表 2-4、表 2-5 所示。

钢制托盘、梯架允许最小板厚（JB/T 10216—2013）		表 2-4

托盘、梯架宽度 W(mm)	允许最小板厚(mm)
$W \leqslant 150$	1.0
$150 < W \leqslant 300$	1.2
$300 < W \leqslant 500$	1.5
$500 < W \leqslant 800$	2.0
$W > 800$	2.2

钢制托盘（平板型）允许最小板厚（T/CECS 31—2017）		表 2-5

托盘宽 B(mm)	允许最小板厚(mm)
$B < 300$	1.2
$300 \leqslant B < 500$	2.0
$500 \leqslant B < 800$	3.0
800、1000	—

从表 2-4、表 2-5 可以看出，允许最小板厚 T/CECS 31—2017 比 JB/T 10216—2013 的规定更严格。具体在实际工程中应如何来执行呢？从目

前工程上看到的国家认可的检测机构出具的检验报告，其检测依据均是 JB/T 10216—2013，还没有看到检测依据是 T/CECS 31—2017 标准的。在工程设计中，设计人员一般也不明确桥架板厚。在实际工程中，应在桥架招标文件中或加工订货之前明确相应规格桥架的具体板厚，并请设计人员进行确认。考虑到工程实际应用中存在一定的不确定性，桥架内线缆通常超过其填充率，建议采用要求更高的 T/CECS 31—2017 标准更为稳妥。在 T/CECS 31—2017 的第 3.5.5 条的条文说明中也特别强调：本次标准的修订在尊重科学的前提下，根据制造经验与工程运用的实际情况，重新进行了大量的计算、试验，用有限元计算出不同规格托盘、梯架的最小允许厚度，并经试验验证。

4 热镀锌桥架、热浸镀锌桥架是否是同一种桥架问题

在建筑电气工程中，大家经常提到热镀锌桥架和热浸镀锌桥架，那么它们是不是一种桥架呢？有人认为是一种，有人认为是完全不同的两种。由于电缆桥架的相关标准没有明确的术语和定义，所以谁也拿不出令人信服的依据来说服对方。要弄清这个问题，我们可以从热镀锌和热浸镀锌的加工工艺上入手。

由全国金属与非金属覆盖层标准化技术委员会归口管理的国家标准《金属覆盖层 钢铁制件热浸镀锌层 技术要求及试验方法》GB/T 13912—2020（及已废止的 GB/T 13912—2002），在第 3 章提到了热浸镀锌这个术语。具体为：

3.1 热浸镀锌 hot dip galvanizing

将经过前处理的钢或铸铁制件浸入熔融的锌浴中，在其表面形成锌和（或）锌-铁合金镀层的工艺过程和方法。

GB/T 13912—2020（及已废止的 GB/T 13912—2002）中没有提到热镀锌这个术语。

通过查阅被 GB/T 13912—2002 所代替的标准《金属覆盖层 钢铁制品热镀锌层 技术要求》GB/T 13912—92，在第 3 章提到了热镀锌这个术语。具体为：

3.1 热镀锌

将钢件或铸件浸入熔融的锌液中在其表面形成锌-铁合金或锌和锌-铁合金覆盖层的工艺过程和方法。

GB/T 13912—92 中没有提到热浸镀锌这个术语。

通过以上标准两个不同版本给出的"热镀锌"和"热浸镀锌"的术语可以看出，两个术语的表达虽然略有不同，但实质内容是一致的，说明"热镀锌"这个术语被"热浸镀锌"代替了。

因此，可以说明热镀锌桥架与热浸镀锌桥架是同一种桥架，热浸镀锌桥架是标准称谓。为了避免引起歧义，建议采用 JB/T 10216—2013 和 T/CECS 31—

2017 认可的 "热浸镀锌桥架" 的称谓。

5 热浸镀锌桥架和热镀锌板桥架镀锌层厚度问题

电缆桥架的制造一般遵循《电控配电用电缆桥架》JB/T 10216—2013 的规定，按其规定，镀锌电缆桥架分为热浸镀锌和电镀锌两类，镀锌层厚度分别为 $\geqslant 65\mu m$ 和 $\geqslant 12\mu m$。但这些年市场上还有一种桥架，称为热镀锌板桥架，它是采用工厂化热镀锌板直接制成桥架。这种桥架未纳入 JB/T 10216—2013 标准，所以对它的镀锌层厚度也就没有规定。

目前看到的国家认可的检测机构出具的热镀锌板桥架检验报告，其检测依据也是 JB/T 10216—2013，对 "表面防护层厚度" 一栏，标准值也是 JB/T 10216—2013 规定的 $\geqslant 65\mu m$。虽然对厚度进行了检测，如：检测结果为 $12\mu m$，但是否合格不予判定。

经查，热镀锌板桥架板材遵循的原制造标准为《连续热镀锌钢板及钢带》GB/T 2518—2008，现为《连续热镀锌和锌合金镀层钢板及钢带》GB/T 2518—2019，其对镀层的要求是以重量/平方米的形式进行规定的，如表 2-6 所示。

推荐的公称镀层重量及相应的镀层代号 表 2-6

镀层种类	镀层形式	镀层重量(g/m²)	镀层代号
Z	等厚镀层	60	60
		80	80
		100	100
		120	120
		150	150
		180	180
		200	200
		220	220
		250	250
		275	275
		350	350
		450	450
		600	600

按《钢制电缆桥架工程技术规程》T/CECS 31—2017 第 3.6.3 条规定：桥架镀锌层厚度（单面）$\geqslant 65\mu m$（460g/m²）。镀层厚度 $65\mu m$ 折算成重量相当于 $460g/m^2$。

结合表 2-6 可以看出，能够达到 JB/T 10216—2013 和 T/CECS 31—2017 要求的热浸镀锌层厚度或重量的只有镀层代号为 600 的热镀锌板才能满足规范要求，镀层代号为 450 的比较接近。其他代号的热镀锌板镀锌层厚度则有较大的差距，其防腐性能相对于标准要求 [$\geqslant 65\mu m$（460g/m²）] 毋庸置疑同样会相应下降。

现在市场上热镀锌板桥架的镀锌层厚度，从检测报告看，多的十几微米，少的只有几微米，说明选用的多是镀层代号比较小的热镀锌板。这种局面下一步有望得到改善，因为在 T/CECS 31—2017 的表 3.6.3 热浸镀锌防护层技术指标的注 2 中明确：采用工厂化热镀锌板时，镀层厚度应符合《连续热镀锌和锌合金镀层钢板及钢带》GB/T 2518—2019 第 7.7.4 条表 16 中 Z600 的规定。

6 槽盒的耐火性能问题

电气工程中经常会碰到"防火槽盒"或"耐火槽盒"，尤其是涉及与消防工程有关的线路。其实，"防火槽盒"只是一种通常的称谓，在相关标准中并没有专门的术语。但从消防角度理解，它应是具有一定耐火性能的槽盒，在火灾情况下，应能维持一定时间，而不致使其内部的线路受到损坏。

在实际工程中，电气设计对槽盒的耐火性能所提的要求也是差别很大。有的设计图纸只要求槽盒外壳刷防火涂料，对于防火涂料的性能及涂刷的厚度都不提要求；有的设计图纸要求比较规范，明确提出了火灾情况下的维持工作时间。

我们先来看看相关标准对火灾情况下维持工作时间的规定。

《电控配电用电缆桥架》JB/T 10216—2013 的规定，如表 2-7 所示。

耐火电缆桥架的耐火等级及其代号　　　　　表 2-7

耐火等级代号	NⅠ	NⅡ	NⅢ
维持工作时间（min）	≥60	≥45	≥30

《耐火电缆槽盒》GB 29415—2013 的规定，如表 2-8 所示。

槽盒耐火性能分级　　　　　表 2-8

耐火性能分级	F1	F2	F3	F4
耐火维持工作时间（min）	≥90	≥60	≥45	≥30

从上面两个标准的规定可以看出，虽然其分类有所不同，JB/T 10216—2013 按 NⅠ、NⅡ、NⅢ进行分类；GB 29415—2013 按 F1、F2、F3 级进行分类，但其共同之处，也是最重要的方面：都对火灾情况下的维持工作时间提出了要求，分别为≥30min、≥45min、≥60min，GB 29415—2013 还提出了≥90min 的要求。

《建筑设计防火规范》GB 50016—2014（2018 年版）第 10.1.10 条规定：

10.1.10　消防配电线路应满足火灾时连续供电的需要，其敷设应符合下列规定：

1　明敷设时（包括敷设在吊顶内），应穿金属导管或采用封闭式金属槽盒保护，金属导管或封闭式金属槽盒应采取防火保护措施。……

对于此条中的防火保护措施，在条文说明 10.1.10 中是这样解释的：电气线路的敷设方式主要有明敷设和暗敷设两种方式。对于明敷设方式，由于线路暴露在外，火灾时容易受火焰或高温的作用而损毁，因此，规范要求线路明敷设时要穿金属导管或金属线槽并采取保护措施。保护措施一般可采取包覆防火材料或涂刷防火涂料。这可能就是有的设计图纸只要求槽盒外壳刷防火涂料，对于防火涂料的性能及涂刷的厚度都不提要求的原因。

针对以上情况，笔者认为：要求有防火保护措施的槽盒，其内敷设的线路一般都为消防线路，为确保在火灾情况下，其线路仍需继续工作一段时间，应按《电控配电用电缆桥架》JB/T 10216—2013 或《耐火电缆槽盒》GB 29415—2013 的规定，明确在火灾时需继续维持工作的具体时间。关于维持工作时间是≥30min、≥45min 还是≥60min，应由设计根据工程的具体情况进行确定。

某一种槽盒的耐火性能是否能够达到《电控配电用电缆桥架》JB/T 10216—2013 或《耐火电缆槽盒》GB 29415—2013 所规定的维持工作时间，应由国家认可的检验机构进行相应的耐火试验，取得相应的检验报告；而现场用防火涂料涂刷的槽盒，其耐火性能能否达到要求难以进行判断。

随着时间的推移，相关标准也在不断推出。工信部于 2022 年 9 月 30 日发布了机械行业标准《防火电缆桥架》JB/T 13994—2022，自 2023 年 4 月 1 日实施。该标准在"3 术语和定义"中是这样来界定防火电缆桥架的：用于铺装并支撑电缆的、具有耐火性能的电缆桥架系统。该标准还规定了防火桥架的耐火等级，如表 2-9 所示。

耐火等级 表 2-9

耐火等级	F1	F2	F3	F4
耐火维持工作时间(min)	≥90	≥60	≥45	≥30

综合以上标准来看，无论是《电控配电用电缆桥架》JB/T 10216—2013 中"耐火电缆桥架"、《耐火电缆槽盒》GB 29415—2013 中的"耐火电缆槽盒"，还是《防火电缆桥架》JB/T 13994—2022 中的"防火电缆桥架"，其本质内容是一致的：在火灾状态下，都需要维持一定的工作时间。

7 电缆的绝缘代号、护套代号及不同绝缘材料的厚度问题

《额定电压 1kV（$U_m=1.2kV$）到 35kV（$U_m=40.5kV$）挤包绝缘电力电缆及附件 第 1 部分：额定电压 1kV（$U_m=1.2kV$）和 3kV（$U_m=3.6kV$）电缆》GB/T 12706.1—2020 规定了绝缘代号、护套代号及不同绝缘材料绝缘的厚度。

绝缘代号：

聚氯乙烯绝缘——V

交联聚乙烯绝缘——YJ

乙丙橡胶绝缘——E

硬乙丙橡胶绝缘——EY

护套代号：

聚氯乙烯护套——V

聚乙烯或聚烯烃护套——Y

氯丁胶护套——F

铅包——Q

不同绝缘材料的厚度如表 2-10～表 2-12 所示。

聚氯乙烯（PVC/A）绝缘标称厚度　　　　　　　　表 2-10

导体标称截面积 （mm²）	额定电压 $U_0/U(U_m)$ 下的绝缘标称厚度（mm）	
	0.6/1(1.2)kV	1.8/3(3.6)kV
1.5,2.5	0.8	—
4,6	1.0	—
10,16	1.0	2.2
25,35	1.2	2.2
50,70	1.4	2.2
95,120	1.6	2.2
150	1.8	2.2
185	2.0	2.2
240	2.2	2.2
300	2.4	2.4
400	2.6	2.6
500～800	2.8	2.8
1000	3.0	3.0

交联聚乙烯（XLPE）绝缘标称厚度　　　　　　　　表 2-11

导体标称截面积 （mm²）	额定电压 $U_0/U(U_m)$ 下的绝缘标称厚度（mm）	
	0.6/1(1.2)kV	1.8/3(3.6)kV
1.5,2.5	0.7	—
4,6	0.7	—
10,16	0.7	2.0
25,35	0.9	2.0
50	1.0	2.0
70,95	1.1	2.0
120	1.2	2.0
150	1.4	2.0
185	1.6	2.0
240	1.7	2.0
300	1.8	2.0
400	2.0	2.0
500	2.2	2.2
630	2.4	2.4
800	2.6	2.6
1000	2.8	2.8

导体标称截面积（mm²）	额定电压 $U_0/U(U_m)$ 下的绝缘标称厚度（mm）			
	0.6/1(1.2)kV		1.8/3(3.6)kV	
	EPR	HEPR	EPR	HEPR
1.5,2.5	1.0	0.7	—	—
4,6	1.0	0.7	—	—
10,16	1.0	0.7	2.2	2.0
25,35	1.2	0.9	2.2	2.0
50	1.4	1.0	2.2	2.0
70	1.4	1.1	2.2	2.0
95	1.6	1.1	2.4	2.0
120	1.6	1.2	2.4	2.0
150	1.8	1.4	2.4	2.0
185	2.0	1.6	2.4	2.0
240	2.2	1.7	2.4	2.0
300	2.4	1.8	2.4	2.0
400	2.6	2.0	2.6	2.0
500	2.8	2.2	2.8	2.0
630	2.8	2.4	2.8	2.4
800	2.8	2.6	2.8	2.6
1000	3.0	2.8	3.0	2.8

8　电线电缆阻燃、耐火、无卤、低烟、低毒及燃烧特性（性能）等问题

在建筑电气设计中，经常采用各种阻燃、耐火等燃烧特性的电线电缆。有两个国家标准：《阻燃和耐火电线电缆或光缆通则》GB/T 19666—2019、《电缆及光缆燃烧性能分级》GB 31247—2014 分别作出了规定。

《阻燃和耐火电线电缆或光缆通则》GB/T 19666—2019 对阻燃、耐火、无卤、低烟、低毒及燃烧特性代号等作出了规定。主要内容如下：

（1）术语和定义

阻燃：试样在规定条件下被燃烧，在撤去火源后火焰在试样上的蔓延仅在限定范围内，具有阻止或延缓火焰发生或蔓延能力的特性。

耐火：试样在规定火源和时间下被燃烧时能持续地在指定条件下运行的特性。

无卤：燃烧时释出气体的卤素（氟、氯、溴、碘）含量均小于等于 1.0mg/g 的特性。

低烟：燃烧时产生的烟雾浓度不会使能见度（透光率：最小 60％）下降到

影响逃生的特性。

低毒：燃烧时产生的毒性烟气的毒效和浓度不会在 30min 内使活体生物产生死亡的特性。

注：《阻燃和耐火电线电缆或光缆通则》GB/T 19666—2019 给出了各种气体的临界浓度，如表 2-13 所示。

各种气体临界浓度   表 2-13

气体	$CC_z(mg/m^3)$
一氧化碳 CO	1750
二氧化碳 CO_2	90000
二氧化硫 SO_2	260
氧化氮 NO_x	90
氰化氢 HCN	55

（2）燃烧特性代号

燃烧特性代号如表 2-14 所示。

燃烧特性代号   表 2-14

代号	名称
Z^a	单根阻燃
ZA^b	阻燃 A 类
ZB	阻燃 B 类
ZC	阻燃 C 类
ZD	阻燃 D 类
	含卤
W	无卤
D	低烟
U	低毒
N	单纯供火的耐火
NJ	供火加机械冲击的耐火
NS	供火加机械冲击和喷水的耐火

[a] 含卤产品，Z 省略。

[b] 适用于 GB/T 18380.33 的 A 类，不包括 GB/T 18380.32 的 A F/R 类。

（3）阻燃系列燃烧特性代号组合如表 2-15 所示。

系列名称		代号	名称
阻燃系列	含卤	ZA	阻燃 A 类
		ZB	阻燃 B 类
		ZC	阻燃 C 类
		ZD	阻燃 D 类
	无卤低烟	WDZ	无卤低烟单根阻燃
		WDZA	无卤低烟阻燃 A 类
		WDZB	无卤低烟阻燃 B 类
		WDZC	无卤低烟阻燃 C 类
		WDZD	无卤低烟阻燃 D 类
	无卤低烟低毒	WDUZ	无卤低烟低毒单根阻燃
		WDUZA	无卤低烟低毒阻燃 A 类
		WDUZB	无卤低烟低毒阻燃 B 类
		WDUZC	无卤低烟低毒阻燃 C 类
		WDUZD	无卤低烟低毒阻燃 D 类

（4）耐火系列燃烧特性代号组合如表 2-16 所示。

耐火系列燃烧性能代号组合　　　　　　　　表 2-16

系列名称		代号	名称
耐火系列	含卤	N、NJ、NS	耐火
		ZAN、ZANJ、ZANS	阻燃 A 类耐火
		ZBN、ZBNJ、ZBNS	阻燃 B 类耐火
		ZCN、ZCNJ、ZCNS	阻燃 C 类耐火
		ZDN、ZDNJ、ZDNS	阻燃 D 类耐火
	无卤低烟	WDZN、WDZNJ、WDZNS	无卤低烟单根阻燃耐火
		WDZAN、WDZANJ、WDZANS	无卤低烟阻燃 A 类耐火
		WDZBN、WDZBNJ、WDZBNS	无卤低烟阻燃 B 类耐火
		WDZCN、WDZCNJ、WDZCNS	无卤低烟阻燃 C 类耐火
		WDZDN、WDZDNJ、WDZDNS	无卤低烟阻燃 D 类耐火
	无卤低烟低毒	WDUZN、WDUZNJ、WDUZNS	无卤低烟低毒单根阻燃耐火
		WDUZAN、WDUZANJ、WDUZANS	无卤低烟低毒阻燃 A 类耐火
		WDUZBN、WDUZBNJ、WDUZBNS	无卤低烟低毒阻燃 B 类耐火
		WDUZCN、WDUZCNJ、WDUZCNS	无卤低烟低毒阻燃 C 类耐火
		WDUZDN、WDUZDNJ、WDUZNS	无卤低烟低毒阻燃 D 类耐火

当有多种燃烧特性要求时，其代号按无卤（含卤省略）、低烟、低毒、阻燃和耐火的顺序排列组合。

（5）产品型号的组成

阻燃和耐火电线电缆或光缆产品的型号由燃烧特性代号和相关电线电缆或光缆型号两部分组成（图 2-2）。

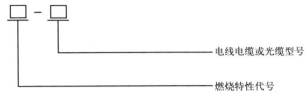

图 2-2　产品型号的组成

（6）产品示例

阻燃和耐火电线电缆或光缆产品用燃烧特性代号、产品型号、规格、标准编号和产品标准编号表示。

示例 1：铜芯，交联聚乙烯绝缘聚氯乙烯护套电力电缆，阻燃 B 类，额定电压 0.6/1kV，表示为：

ZB-YJV-0.6/1 规格（略）GB/T 19666—2019/GB/T 12706.1—2020

示例 2：铜芯，交联聚乙烯绝缘聚烯烃护套电力电缆，无卤低烟，阻燃 A 类，供火加机械冲击和喷水的耐火，额定电压 0.6/1kV，表示为：

WDZANS-YJY-0.6/1 规格（略）GB/T 19666—2019/GB/T 12706.1—2020

示例 3：铜芯，交联聚乙烯绝缘聚烯烃护套控制电缆，无卤低烟低毒，阻燃 C 类，供火加机械冲击的耐火，额定电压 450/750V，表示为：

WDUZCNJ-KYJY-450/750 规格（略）GB/T 19666—2019/GB/T 9330—2020

《电缆及光缆燃烧性能分级》GB 31247—2014 对燃烧性能、燃烧滴落物/微粒等级、烟气毒性等级和腐蚀性等级进行了规定。相关内容如下：

（1）燃烧性能等级，如表 2-17 所示。

电缆及光缆的燃烧性能等级　　　　　　表 2-17

燃烧性能等级	说明
A	不燃电缆（光缆）
B₁	阻燃 1 级电缆（光缆）
B₂	阻燃 2 级电缆（光缆）
B₃	阻燃 3 级电缆（光缆）

（2）燃烧性能等级判据，如表 2-18 所示。

燃烧性能	试验方法	分级判据
A	GB/T 14402	总热值 PCS≤2.0MJ/kg[a]
B₁	GB/T 31248—2014 （20.5kW 火源） 且	火焰蔓延 FS≤1.5m； 热释放速率峰值 HRR 峰值≤30kW； 受火 1200s 内的热释放总量 THR$_{1200}$≤15MJ； 燃烧增长速率指数 FIGRA≤150W/s； 产烟速率峰值 SPR 峰值≤0.25m²/s； 受火 1200s 内的产烟总量 TSP$_{1200}$≤50m²
	GB/T 17651.2 且	烟密度（最小透光率）I_t≥60%
	GB/T 18380.12	垂直火焰蔓延 H≤425mm
B₂	GB/T 31248—2014 （20.5 kW 火源） 且	火焰蔓延 FS≤2.5m； 热释放速率峰值 HRR 峰值≤60kW； 受火 1200s 内的热释放总量 THR$_{1200}$≤30MJ； 燃烧增长速率指数 FIGRA≤300W/s； 产烟速率峰值 SPR 峰值≤1.5m²/s； 受火 1200s 内的产烟总量 TSP$_{1200}$≤400m²
	GB/T 17651.2 且	烟密度（最小透光率）I_t≥20%
	GB/T 18380.12	垂直火焰蔓延 H≤425mm
B₃		未达到 B₂ 级

[a] 对整体制品及其任何一种组件（金属材料除外）应分别进行试验，测得的整体制品的总热值以及各组件的总热值均满足分级判据时，方可判定为 A 级

（3）燃烧性能等级附加信息

《电缆及光缆燃烧性能分级》GB 31247—2014 对燃烧性能等级附加信息有如下规定：

5　附加信息

5.1　一般规定

5.1.1　电缆及光缆的燃烧性能等级附加信息包括燃烧滴落物/微粒等级、烟气毒性等级和腐蚀性等级。

5.1.2　电缆及光缆燃烧性能等级为 B₁ 级和 B₂ 级的，应给出相应的附加信息。

5.2　燃烧滴落物/微粒等级

5.2.1　燃烧滴落物/微粒等级分为 d₀ 级、d₁ 级和 d₂ 级，共三个级别。

5.2.2　燃烧滴落物/微粒等级及分级判据见表 3。

表3 燃烧滴落物/微粒等级及分级判据

等级	试验方法	分级判据
d_0		1200s 内无燃烧滴落物/微粒
d_1	GB/T 31248—2014	1200s 内燃烧滴落物/微粒持续时间不超过 10s
d_2		未达到 d_1 级

5.3 烟气毒性等级

5.3.1 烟气毒性等级分为 t_0 级、t_1 级和 t_2 级，共三个级别。

5.3.2 烟气毒性等级及分级判据见表 4。

表4 烟气毒性等级及分级判据

等级	试验方法	分级判据
t_0		达到 ZA_2
t_1	GB/T 20285	达到 ZA_3
t_2		未达到 t_1 级

5.4 腐蚀性等级

5.4.1 腐蚀性等级分为 a_1 级、a_2 级和 a_3 级，共三个级别。

5.4.2 腐蚀性等级及分级判据见表 5。

表5 腐蚀性等级及分级判据

等级	试验方法	分级判据
a_1		电导率≤2.5μs/mm 且 pH≥4.3
a_2	GB/T 17650.2	电导率≤10μs/mm 且 pH≥4.3
a_3		未达到 a_2 级

从以上两个标准关于电缆的燃烧特性（性能）的规定来看还是有一定的差异的。《电缆及光缆燃烧性能分级》GB 31247—2014 是强制性标准，《阻燃和耐火电线电缆或光缆通则》GB/T 19666—2019 是推荐性标准。我国国家标准《民用建筑电气设计标准》GB 51348—2019 关于电缆的燃烧性能要求，采用了《电缆及光缆燃烧性能分级》GB 31247—2014 的规定。如《民用建筑电气设计标准》GB 51348—2019 第 13.9.1 条规定：

13.9.1 为防止火灾蔓延，应根据建筑物的使用性质，发生火灾时的扑救难度，选择相应燃烧性能等级的电力电缆、通信电缆和光缆。民用建筑中的电力电缆选择除应符合本标准第 7 章的要求外，尚应符合下列规定：

1 建筑高度超过 100m 的公共建筑，应选择燃烧性能 B_1 级及以上、产烟毒性为 t_0 级、燃烧滴落物/微粒等级为 d_0 级的电线和电缆；

2 避难层（间）明敷的电线和电缆应选择燃烧性能不低于 B_1 级、产烟毒性为 t_0 级、燃烧滴落物/微粒等级为 d_0 级的电线和 A 级电缆；

3 一类高层建筑中的金融建筑、省级电力调度建筑、省（市）级广播电视、电信建筑及人员密集的公共场所，电线电缆燃烧性能应选用燃烧性能 B_1 级、产烟毒性为 t_1 级、燃烧滴落物/微粒等级为 d_1 级；

4 其他一类公共建筑应选择燃烧性能不低于 B_2 级、产烟毒性为 t_2 级、燃烧滴落物/微粒等级为 d_2 级的电线和电缆；

5 长期有人滞留的地下建筑应选择烟气毒性为 t_0 级、燃烧滴落物/微粒等级为 d_0 级的电线和电缆；

6 建筑物内水平布线和垂直布线选择的电线和电缆燃烧性能宜一致。

以上两个标准，作为电气技术人员都应了解，具体采用哪个标准对电缆的燃烧性能进行标注，由电气设计人员进行确定。

9 采用低烟无卤阻燃电线应注意的问题

某住宅小区共 700 多户，入住一段时间后，一半以上住户出现配电箱回路跳闸断电现象，其中大部分都是插座回路跳闸，照明回路占极少部分。项目电路预埋管采用 JDG，电线采用低烟无卤阻燃电线。该项目 2019 年 10 月完成毛坯竣工备案，后进行精装修施工，于 2020 年 7 月初交付入住。2021 年 7 月建设单位请某检测机构对项目跳闸断电问题进行检测咨询。检测机构发现 JDG 内潮湿、电线绝缘层有腐蚀、有划伤，绝缘摇测电阻值较低，有的低至 0.1MΩ，致使插座回路不能正常工作。其给出的整改建议是：更换电线并清扫管路积水。施工单位进场对出现问题住户的线路全部进行线路进行绝缘检测，对有问题的回路全部更换电线。在换线维修之前采用扫管、吹水等方法，减少管内水分和潮湿等情况。此事造成了较大的不良影响。

现场做了一个试验，在地下室将低烟无卤阻燃的电线穿入 JDG，测试线间的绝缘电阻值为 500MΩ，放置一天后再测，绝缘电阻值降低至约 100MΩ。

由于做试验的时间是 7 月，正值夏季，地下室环境比较潮湿，只一天的时间电线的绝缘电阻值就由 500MΩ 降低至约 100MΩ。说明低烟无卤阻燃电线的绝缘强度受环境的影响比较大。本项目的很多管路内有积水，对电线的绝缘强度的影响更大，这应该就是有的电线绝缘电阻值低至 0.1MΩ 的原因。由于绝缘电阻值低，泄漏电流必然增大，从而造成剩余电流保护装置（又称为漏电保护装置）动作，插座回路断电。

通过以上案例，在实际工程中应注意以下几方面的情况：

（1）当插座回路采用低烟无卤阻燃电线时，应重点关注其绝缘性能。

低烟无卤阻燃电线在潮湿环境下，绝缘电阻会下降得比较低，泄漏电流会增大，易造成剩余电流保护器动作。

（2）当低烟无卤阻燃电线在金属管（如 JDG）内敷设，如管内有积水，绝缘电阻会下降得更快。

（3）在金属管（如 JDG 管）内敷设低烟无卤阻燃电线，应注意抽查管内壁是否有毛刺，并应要求施工单位对管口进行铣口。穿线时也要注意避免管口对电线绝缘层的损伤。

（4）JDG 在垫层内敷设，连接处易进水，应封堵严密。

（5）穿线前，应扫管清除内积水。

10　电线、电缆绝缘允许最高运行温度问题

电线、电缆在运行时，由于有负荷电流通过，必然产生热量，其温度也会随电流的增加而提高。关于电线、电缆绝缘允许最高运行温度，在国家标准《低压电气装置 第 5-52 部分：电气设备的选择和安装 布线系统》GB/T 16895.6—2014/IEC 60364-5-52：2009 中有明确规定，如表 2-19 所示。

绝缘材料最高运行温度　　　　　　　　　　　　　表 2-19

绝缘类型	温度限值（℃）
热塑性(PVC-聚氯乙烯)	导体温度 70
热固定(XLPE—交联聚乙烯或 EPR-乙丙橡胶)	导体温度 90
矿物质,有热塑材料(PVC)护套,或敞露裸护套可被触及	护套温度 70
矿物质,裸护套有覆盖而不被触及,而且裸护套不与可燃物相接触	护套温度 105

11　母线槽防护等级问题

在电气安装工程中，母线槽的防护等级应如何进行选择呢？应根据应用的场所和环境进行选择。在《低压母线槽应用技术规程》T/CECS 170—2017 第4.1.2 条规定：母线槽外壳防护等级及使用环境应符合表 2-20 的规定。

母线槽外壳防护等级及使用环境　　　　　　　　表 2-20

使用场所	使用环境			外壳防护等级
	相对湿度（%）	污染等级	过电压类别	
配电室或户内干燥环境	≤50 （+40℃时）	3	Ⅲ、Ⅳ	IP30～IP40
电气竖井,机械车间		3	Ⅲ、Ⅳ	IP52～IP55

使用场所	使用环境			外壳防护等级
	相对湿度（%）	污染等级	过电压类别	
户内水平安装或有水管	有凝露或喷水	3	Ⅲ	≥IP65
户外	有凝露或有淋雨	3、4	Ⅲ	≥IP66
户内外地沟或埋地	有凝露及盐雾或短时浸水处	3	Ⅲ、Ⅳ	≥IP68

在笔者参与的项目中，出现过由于管道漏水，致使母线槽发生短路事故的情况。事后调查，母线槽采用的是 IP54 的防护等级，而水是由母线槽连接部位进入的，说明连接部位的防护等级是达不到 IP54 的防护等级。因此，母线槽连接部位的防护等级是至关重要的。当设计采用具有相应防水功能的母线槽时，例如为 IP54 防护等级时，在加工订货前要求厂家出具两节母线槽单元连接成一体后的防护等级试验报告，依此确认母线槽连接部位的防护等级是否也能满足 IP54 的要求。

母线槽的防水防尘性能，是关系到其是否能够安全运行的关键，其连接部位的防护等级更是我们需要关注的重点。

12 母线槽内的铜排截面积问题

在实际工程中，对母线槽进行检查时，总是出现现场技术人员提出母线槽内的铜排截面积偏小的情况。如有个项目，采用额定电流 1250A 的密集型母线槽，现场技术人员测量其内部的相线铜排数值是 115×3（mm），电流密度达到 $3.62A/mm^2$，觉得铜排截面积偏小，让厂家出具说明，厂家也不提供。所以，就出现了疑问：115×3（mm）的铜排能否承载 1250A 的电流？

经查，母线槽制造标准《低压成套开关设备和控制设备 第 6 部分：母线干线系统（母线槽）》GB 7251.6—2015/IEC 61439-6：2012 及相关标准、国标图集也没有母线槽内铜排规格的推荐值。

后咨询母线槽方面的技术专家，专家解释：115×3（mm）的铜排能否承载 1250A 的电流，要看内部导体允许温升值。如果温升值为 90K，载流量可以达到 1250A；如果温升值为 70K，载流量约 1100A，达不到 1250A。

笔者认为专家的解释是非常到位的。

所以，母线槽加工订货前的招标文件的技术要求是非常重要的，在技术要求中应明确：母线槽的额定载流量是哪个温升限值下的载流量。如果再能明确铜排的最小截面积，这样现场检查时可操作性就更强了，也不容易产生异议了。

以下是某工程母线槽招标文件相应的技术内容（导体表面处理、截面积、温升）可供参考。

普通密集型母线槽导体表面处理及其截面积要求如表 2-21 所示（采用镀锡处理）。

不同额定电流对应的铜导体截面积 表 2-21

额定电流（A）	铜导体截面积（mm^2）
250	≥75
400	≥120
630	≥180
1000	≥300
1600	≥480
4000	≥1280

温升要求：母线槽内部导体、插接口、连接器极限温升≤70K，外壳≤55K，并提供各个电流的温升试验报告。

13 母线槽金属外壳是否可作 PE 线问题

母线槽金属外壳是否可作 PE 线，一直存在争议。笔者认为金属外壳作 PE 线需考虑的最重要的因素是：外壳的有效截面积是否可以满足故障电流的疏散。当母线本体由于各种原因发生相线碰外壳故障时，故障电流是否能够通过外壳快速疏散是至关重要的。

目前，工程中应用最多的是铁外壳的母线槽，由于铁的电阻率比较高，没有利用铁外壳作 PE 线的，一般多采用五线母线槽，内设专用铜排作 PE 线，PE 铜排的截面积需满足《低压成套开关设备和控制设备 第 1 部分：总则》GB/T 7251.1—2023/IEC 61439-1：2020 中表 5 的规定，如表 2-22 所示。每一单元的 PE 排需与外壳作可靠连接。

铜保护导体的最小截面积 表 2-22

线导体的截面积 S（mm^2）	相应保护导体（PE）的最小截面积 S_p（mm^2）
S≤16	S
16＜S≤35	16
35＜S≤400	$S/2$
400＜S≤800	200
S＜800	$S/4$

另外，铝合金外壳母线槽也有一定应用，有的项目也采用五线母线槽，即铝合金外壳内设 L1、L2、L3、N、PE 五个铜排。但有的项目采用铝合金外壳母线槽，内设有 L1、L2、L3、N 四个铜排，而利用铝合金外壳作 PE 线。用铝合金

外壳作 PE 线能否符合要求呢？

　　铝合金外壳需要满足一定机械强度，一般厚度不小于 2.5mm，且外表面积大，散热性能好。另外，铝合金外壳将相线、N 线包在内部，回路阻抗更小，更有利于故障时故障电流的流散。下面是某文献给出某厂家生产的密集型母线槽，其铝合金外壳导电性的技术数据，如表 2-23 所示。

铝合金外壳导电性技术数据　　　　　　　　　　　表 2-23

母线槽额定电流（A）	相线铜导体截面（mm²）	铝合金外壳截面（mm²）	铝合金外壳导电性能折算等效铜截面（mm²）	铝合金外壳导电性能为相线的（%）
400	180	945	574	318.9
630	210	945	574	273.3
800	240	945	574	240
1000	300	1500	912	305
1250	390	1570	954	235
1400	480	1660	1009	211
1600	570	1750	1064	187
2000	750	1930	1173	157
2300	960	2140	1301	136
2500	1200	2380	1446	121
3100	1500	2715	1650	110
3800	1920	3100	1884	98.5
4300	2400	3615	2197	91.9
5000	3000	4215	2562	85.7

　　从表 2-22 可以看出，铝合金外壳的导电性能是相线的 85.7%～318.9%。其所占比例最小的 85.7%，也远大于其应达到的相导体的 1/4（25%），因此，铝合金外壳作 PE 线从导电性能的角度看是完全可以满足要求的。

　　铝合金外壳的导电性能是如何折算成铜导体的？应该说金属导体的导电性能是与其导电率成反比的。查相关资料可知，20℃时，铜导体的电阻率为 $0.0172\Omega \cdot mm^2/m$，铝导体的电阻率为 $0.0282\Omega \cdot mm^2/m$。以上表额定电流为 400A 母线槽为例，截面为 945mm² 的铝合金外壳的导电性能折算成铜导体是这样计算的：$945 \times 0.0172/0.0282 = 576.38 \approx 576(mm^2)$。

　　同样的道理，铁的电阻率为 $0.15\Omega \cdot mm^2/m$，是铜电阻率的 $0.15/0.0172 = 8.7$ 倍，因此，其导电性能也只有铜的 1/8.7，折算后通常不能满足其作为 PE 导体的要求。

14　封闭母线槽重要技术参数——极限温升问题

（1）极限温升和极限允许温度的概念

极限温升即极限允许温升：是指在额定工作制下，设备的极限允许温度与发热试验规定的周围环境温度之差值。

极限允许温度：是指在额定工作制下，设备所允许达到的最高温度。

（2）母线槽极限允许温度的规定

根据《低压成套开关设备和控制设备　第 1 部分：总则》GB/T 7251.1—2023/IEC 61439-1：2020 的规定：用于连接外部绝缘导线的端子，其温升限值为 70K。《低压成套开关设备和控制设备　第 6 部分：母线干线系统（母线槽）》GB 7251.6—2015/IEC 61439-6：2012 规定：母线槽外壳（金属）表面的允许温升限值为 30K（当母线槽可接近但不需要接触的情况下，外壳温升限值允许再提高 25K）。此温升限值是在周围环境温度不超过 40℃，且在 24h 内平均温度不超过 35℃条件下给定的。因此，母线槽的极限允许温度应分两种情况：①母线槽连接外部绝缘导线的端子的极限允许温度为：40＋70＝110℃；②母线槽外壳表面的极限允许温度为：40＋30＝70℃（或 40＋30＋25＝95℃）。也就是说母线槽连接外部绝缘导线的端子和母线槽外壳表面的允许温度不能超过 110℃和 70℃（或 95℃）。

（3）母线槽温升试验方法及温升值确定

母线槽温升试验一般采用“大电流，低电压”、满载的试验方法。例如，2000A 的母线槽，要通上 2000A 电流，同时在母线槽的始端头、连接处及母线槽本体导体，放入测温探头，检测三相四线的导体温度，等到温度稳定（1h 内不差 1℃）时，说明温度已上升到极限。取最高点温度减去室内的环境温度后的温差值就是温升值。在通常情况下，从通电起到极限温升值需要 4~5h。

（4）关于母线槽温升值：55K、70K、90K 等的含义问题

现在市场上有的母线槽厂家称，其生产的母线槽温升值有 55K、70K、90K 等多种，这种说法其真正的含义是什么？应该是母线槽内部导体的温升值。因为 GB 7251.6—2015/IEC 61439-6：2012 规定：母线槽外壳（金属）表面的允许温升限值为 30K（当母线槽可接近但不需要接触的情况下，外壳温升限值允许再提高 25K），不可能出现 70K、90K 的情况，因此 55K、70K、90K 的说法，不是指外壳的允许温升值。那是不是母线槽连接外部绝缘导线的端子的温升值呢？由 GB/T 7251.1—2023/IEC 61439-1：2020 可知：用于连接外部绝缘导线的端子，其温升限值为 70K。所以说也不应该是母线槽连接外部绝缘导线的端子的允许温升值，只能是母线槽内部导体的温升值。有一个问题应该

注意，母线槽内部导体包覆的绝缘材料不同，其导体的温升值可以超过70K，但其外接端子的温升值不能超过70K。

此处，需要说明，℃和K均是温度的计量单位，℃为摄氏度，K为绝对温度，$1℃＝1K$。

（5）关于母线槽的载流能力问题

在电气安装工程中，经常提到母线槽的额定电流。其额定电流应是极限温升下的额定电流。例如：某一额定电流为2000A的母线槽，其含义是：在某一极限温升（如70K，环境温度为40℃）下的载流为2000A。当环境温度低于40℃，其载流能力将大于2000A；当环境温度高于40℃，其载流能力将小于2000A。所以，提及母线槽的载流能力时，一定是针对在某极限温升的条件下而言的。

有的项目就出现过，母线槽只要求了额定电流，没有明确具体的极限温升值，以致对铜排截面积的大小出现了争议。如按70K极限温升计，铜排截面积小，载流量达不到额定电流。如按90K极限温升计，铜排截面积合适，载流量能达到额定电流。

所以，在确定母线槽额定电流时，应同时明确母线槽的极限温升值，否则可能会给母线槽的安全运行埋下隐患。

（6）母线槽内的铜导体截面积相等，为什么载流能力却不一样？

主要有以下几方面原因：

a. 集肤效应原因

集肤效应又叫趋肤效应，当交变电流通过导体时，电流将集中在导体表面流过，这种现象叫集肤效应。有资料介绍：母线槽铜排导体$6×100$（mm）与$10×60$（mm）截面积同是$600mm^2$，但前者的载流量比后者大于19％。说明在同等截面下，铜排越扁平，载流能力越大。

b. 铜排质量原因

按国家标准《电工用铜、铝及其合金母线 第1部分：铜和铜合金母线》GB/T 5585.1—2018的规定，铜排的含铜量应不低于99.90％。如果采用的铜排含铜量较低，其电阻率必定较高，其载流能力必然下降。

c. 母线槽结构及绝缘材料原因

不同厂家对母线槽的结构设计会有不同，结构有利于散热的母线槽比结构不利于散热的母线槽载流能力要大。同等截面的密集型母线槽比空气型母线槽载流能力要大，也是因为密集型母线槽的铜排紧密地贴在一起，更有利于散热；而空气型母线槽热量在壳体内不易散出，所以，载流能力相对要小。

另外同样原因，铜排包裹的绝缘材料散热差的，其母线槽的载流能力也会降低。

15　配电箱柜内绝缘材料阻燃性能的问题

一些建筑工程中，质量监督机构监督人员在监督抽查和验收时多次提出"配电箱、柜内螺旋管、防触电保护板不阻燃"的问题，并要求整改。《低压固定封闭式成套开关设备》JB/T 5877—2002 第 3.16 条也明确规定：设备中所使用的绝缘材料都应是自熄性或阻燃性的。因此，这一问题应引起电气技术人员足够的重视，在设备订货前或招标投标阶段就应提出明确要求，设备到场后也应进行检查。

16　配电箱、柜钢板厚度和 IK 代码问题

在配电箱、柜招标文件的技术要求中，经常看到类似"箱（柜）体的钢板采用冷轧钢板，厚度不应小于 2.0mm"的规定。在工程中经常有这种情况：配电箱、柜到现场后，电气监理人员比较关注箱（柜）体的厚度，感觉有的箱（柜）体比较薄，但又苦于找不到准确的依据。关于配电箱（柜）钢板的厚度是否有明确的规定呢？先看下面两个标准的相关内容。

《施工现场临时用电安全技术规范》JGJ 46—2005 规定：配电箱、开关箱应采用冷轧钢板或阻燃绝缘材料制作，钢板厚度应为 1.2～2.0mm，其中开关箱箱体钢板厚度不得小于 1.2mm，配电箱箱体钢板厚度不得小于 1.5mm，箱体表面应做防腐处理。

国标图集《用户终端箱》05D702-4 在说明中规定：箱体采用不小于 2.0mm 厚冷轧钢板。个别型号（如：PB401、PB701、PBT101 等）箱体可采用 1.2～1.5mm 厚冷轧钢板。

以上两个标准虽然提出了配电箱（柜）钢板厚度的规定，但笔者认为只能作为参考，因为国家关于箱（柜）体的制造标准，并没有从钢板厚度上直接提出要求。配电箱（柜）体的制造应执行《低压成套开关设备和控制设备 空壳体的一般要求》GB/T 20641—2014/IEC 62208：2011。采用的钢板厚度不同，意味着其机械强度的不同，为了保证箱（柜）体达到一定的机械强度，《低压成套开关设备和控制设备 空壳体的一般要求》GB/T 20641—2014/IEC 62208：2011 要求机械碰撞的防护等级应符合《电器设备外壳对外界机械碰撞的防护等级（IK 代码）》GB/T 20138—2023/IEC 62262：2021 的规定。该标准防外部机械碰撞用防护等级（IK）来表示，IK 代码和碰撞能量之间的关系如表 2-24 所示。

IK 代码	IK00	IK01	IK02	IK03	IK04	IK05	IK06	IK07	IK08	IK09	IK10	IK11
碰撞能量（J）	a	0.14	0.2	0.35	0.5	0.7	1	2	5	10	20	50

注：IK11 用于极端恶劣的户外应用场合中的特殊外壳或防护格栅。当相关的产品标准有说明时，IK11 不能代替沙袋试验。

a 按本标准为无保护。

《低压成套开关设备和控制设备 空壳体的一般要求》GB/T 20641—2014/IEC 62208：2011 第 9.7 条还规定：

外部机械碰撞防护等级应采用适合于壳体尺寸的试验锤的方法。

壳体应像正常使用一样固定在刚性支撑体上。

应按如下施加撞击能量：

· 对最大尺寸不超过 1m 的正常使用的每个外露面冲击 3 次；

· 对最大尺寸超过 1m 的正常使用的每个外露面冲击 5 次。

壳体部件（如锁、铰链等）不进行此试验。

碰撞应平均分布在壳体的表面。

试验后，壳体 IP 代码和介电强度不变，可移式覆板可以移开和装上，门可以打开和关闭。

因此，通过以上介绍可知，配电箱（柜）的机械强度应通过防护等级（IK）来反映，如直接规定钢板厚度，并不一定符合制造标准的要求。

有一个问题值得我们注意：对于配电箱、柜在加工订货前如何确定防护等级（IK），即如何确定 IK00～IK10 中的一种？笔者认为应综合考虑具体情况及制造标准，提出符合《低压成套开关设备和控制设备 空壳体的一般要求》GB/T 20641—2014/IEC 62208：2011 及《电器设备外壳对外界机械碰撞的防护等级（IK 代码）》GB/T 20138—2023/IEC 62262：2021 规定的防护等级（IK）。制造商加工后通过试验，给出具体配电箱、柜机械撞击防护等级（IK）。

17 配电箱是否应安装二层门问题

有的项目针对配电箱应采取的电击基本防护措施，相关方出现了不一致的看法。问题的焦点是配电箱是否必须安装二层门。

目前，配电箱遵循的主要制造标准为《低压成套开关设备和控制设备 第 1 部分：总则》GB/T 7251.1—2023/IEC 61439-1：2020。该标准的第 8.4 节为"电击防护"，包括"8.4.1 通则""8.4.2 基本防护""8.4.3 故障保护""8.4.4 Ⅱ类成套设备的附加要求""8.4.5 稳态接触电流和电荷的限定""8.4.6 操作和使用条件"。配电箱是否需要安装二层门问题主要涉及"8.4.1 通则""8.4.2 基本防护"和"8.4.6操作和使用条件"三个部分。这三个部分主要规定如下：

"8.4.1通则"规定：成套设备中元器件和电路的布置应便于运行和维护，并具有要求的电击防护。

"8.4.2基本防护"规定：基本防护能利用成套设备本身适宜的结构措施，采用结构措施的基本防护可选择8.4.2.2和8.4.2.3中的一种或多种防护措施。

"8.4.2.2由绝缘材料提供基本绝缘"规定：危险带电部分应用绝缘完全覆盖。

"8.4.2.3挡板或外壳"规定：空气绝缘的带电部分应在外壳或挡板后。外壳或挡板应提供至少IPXXB防护等级；对不高于安装地面1.6m可触及的外壳水平顶部表面的防护等级至少应为IPXXD。在只允许移动挡板、打开外壳或拆卸外壳部件时，应满足a)～c)条件之一：

a) 使用钥匙或工具，也就是说只有靠器械的帮助才能打开门、盖板或解除连锁；

b) 在由挡板或外壳提供的基本防护情况下，当电源与带电部分隔离后，只有在挡板或外壳更换或复位后才可以恢复供电；

c) 中间挡板提供的防止接触带电部分的防护等级至少为IPXXB，此挡板仅在使用钥匙或工具时才能移动。

"8.4.6操作和使用条件"规定：由一般人员操作器件时，应保持防止与任何带电部分的接触，最小防护等级应为IPXXC。

《外壳防护等级（IP代码）》GB/T 4208—2017规定，防护等级附加字母含义如表2-25所示。

防护等级附加字母含义 表2-25

附加字母	防止接近危险部件
A	手背
B	手指
C	工具
D	金属线

由以上电击基本防护规定可以看出：配电箱基本防护可以选择GB/T 7251.1—2023/IEC 61439-1：2020中8.4.2.2和8.4.2.3中的一种或多种措施，就是说可以选择由绝缘材料提供基本绝缘防护措施，也可以选择挡板或外壳防护措施，还可以两种防护措施都采用。当选择挡板或外壳防护措施且有必要移动挡板、打开外壳或拆卸外壳部件时，应满足GB/T 7251.1—2023/IEC 61493-1：2020中8.4.2.3 a)～c)条件之一，就是说可以选择钥匙或工具，也可以选择只有在挡板或外壳更换或复位后才可以恢复供电，还可以选择中间挡板仅在使用钥匙或工具时才能移动。

综合以上内容，制造标准 GB/T 7251.1—2023/IEC 61493-1：2020 没有规定配电箱必须设置二层门，但要考虑配电箱的安装场所，如：学校教室、幼儿活动等公共场所，采取较高安全等级的防护措施更为妥当，最好设置配电箱门"有电危险"的警示标识、箱门上锁，箱内设置用钥匙或工具才能打开的二层门（或板）、箱内带电体绝缘完好等多层次基本防护措施，以确保用电安全，但这需要在配电箱加工订货前明确提出。如因条件限制，配电箱基本防护措施也应达到 GB/T 7251.1—2013/IEC 61439-1：2020 所规定的最低防护要求。

18 配电箱、柜内铜接线端子问题

很多项目配电箱、柜内有部分接线端子（铜鼻子），采用铜管压制而成，前端有裂口，如图 2-3 所示。造成局部载流截面积减小，与国家标准《电力电缆导体用压接型铜、铝接线端子和连接管》GB/T 14315—2008 的规定不符，如图 2-4 所示。

端部裂口

图 2-3 现场配电箱、柜内安装的接线端子

在现场对此种接线端子的截面积进行了实际测量，50mm² 的铜线，所配接线端子（铜鼻子）实测值为 48mm²，再减去裂口尺寸的面积，实际有效载流截面积只有约 30 mm²。此种接线端子在配电箱、柜内应用会留下安全隐患，尤其是在负荷较大的情况下，有可能发生电气事故。

为避免留下安全隐患，杜绝电气事故发生，电气技术人员应在配电箱、柜加工前，要求生产厂家采用符合国家标准的接线端子（铜鼻子），并在配电箱、柜的技术交底等相关文件中明确。

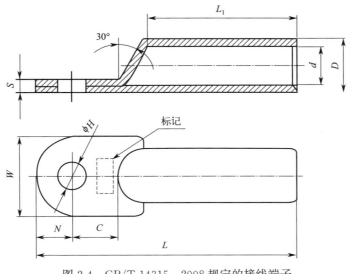

图 2-4　GB/T 14315—2008 规定的接线端子

19　配电箱、柜内 N、PE、PEN 汇流排及相线母排的最小截面积问题

配电箱、柜内通常都会设置 N、PE、PEN 汇流排，但 PE 汇流排的截面积应按多少考虑是正确的呢？有的电源进线（电线、电缆或母排）的 PE 线截面积较大，而端子排截面积较小，经常出现 PE 线接续端子大，而 PE 汇流排压线端子小，导致一个小截面积的汇流排上压接一个大截面积的接续端子的现象。

配电箱、柜应遵循的制造标准是《低压成套开关设备和控制设备　第 1 部分：总则》GB/T 7251.1—2023/IEC 61439-1：2020 第 8.6 条规定：在带中性导体的三相电路中，中性导体的最小截面积应满足：

——如果电路线导体的截面积小于等于 16mm²，则与线导体相同；

——如果电路线导体的截面积大于 16mm²，则为线导体的一半，但最小为 16mm²。假设中性导体：

a）电流不超过线电流的 50%。

b）导线和线导体的材料相同。

对于会造成零序谐波较大值的特定应用（例如三次谐波）可能需要较大截面积的中性导体，因为这些线导体上的谐波会加到中性导体上，并导致高频率下的高负载电流。这种情况遵照成套设备制造商与用户间的专门协议。

该标准对于 PEN 导体，还有如下原则性规定：

——最小截面积应为铜 10mm^2；

——PEN 导体的截面积不应小于所要求的中性导体的截面积。

该标准还规定了铜保护导体（PE）的最小截面积，如表 2-26 所示。

铜保护导体（PE）的最小截面积　　　　　　表 2-26

线导体的截面积 $S(\text{mm}^2)$	相应保护导体(PE)的最小截面积 $S_\text{p}(\text{mm}^2)$
$S \leqslant 16$	S
$16 < S \leqslant 35$	16
$35 < S \leqslant 400$	$S/2$
$400 \leqslant 800$	200
$800 < S$	$S/4$

注：负载中的谐波较大可影响中性导体中的电流。

通过以上《低压成套开关设备和控制设备 第 1 部分：总则》GB/T 7251.1—2023/IEC 61439-1：2020 的相关规定，配电箱、柜内设置 N、PE、PEN 汇流排时，可以得出以下结论：

（1）与相线截面积直接相关；

（2）线导体的截面积 $S \leqslant 16\text{mm}^2$ 时，N、PE、PEN 汇流排截面积与之相同；

（3）线导体的截面积 $S > 16\text{mm}^2$ 时，

——PE 汇流排的最小截面积应按表 2-26 选取；

——N 汇流排的最小截面积为相导体的一半（相线为 25mm^2、16mm^2 时，PE 为 16mm^2）；

——PEN 汇流排的最小截面积不小于 N 汇流排的截面积。

当考虑谐波电流时，还会相应增大。

配电箱、柜内相线母排的最小截面积与工作电流是密切相关的。《低压成套开关设备和控制设备 第 1 部分：总则》GB/T 7251.1—2023/IEC 61439-1：2020 的附录 N（规范性）给出了明确规定，如表 2-27 所示。

裸铜母排截面积与工作电流　　　　　　表 2-27

母排规格 （mm×mm）	每相一根 母排(A)	每相两根 母排(A)	母排规格 （mm×mm）	每相一根 母排(A)	每相两根 母排(A)
12×2	70	118	40×10	465	839
15×2	83	138	50×5	379	646
15×3	105	183	50×10	554	982
20×2	105	172	60×5	447	748
20×3	133	226	60×10	640	1118

母排规格 (mm×mm)	每相一根 母排(A)	每相两根 母排(A)	母排规格 (mm×mm)	每相一根 母排(A)	每相两根 母排(A)
20×5	178	325	80×5	575	943
20×10	278	536	80×10	806	1372
25×5	213	381	100×5	702	1125
30×5	246	437	100×5	969	1612
30×10	372	689	120×10	1131	1859
40×5	313	543			

20 电气绝缘材料耐热等级问题

电气设备经常涉及采用何种耐热等级的绝缘材料问题，例如，有的变压器、母线槽厂家在其样本中说采用 F 级绝缘材料，还有的直接用温度表示。那到底用字母表示还是用温度表示呢？应该说在不同时间段表示方法是有变化的，究其原因是关于电气绝缘材料耐热等级的国家标准在不断变化，规定是不一样的。

《电气绝缘的耐热性评定和分级》GB 11021—1989（已作废）规定耐热等级，如表 2-28 所示。

电气绝缘耐热等级　　　　　　　　　　　　　　表 2-28

耐热等级	温度(℃)
Y	90
A	105
E	120
B	130
F	155
H	180
200	200
220	220
250	250

2008 年 5 月 20 日实施的《电气绝缘 耐热性分级》GB/T 11021—2007（已作废）/IEC 60085：2004 代替了《电气绝缘的耐热性评定和分级》GB 11021—1989（已作废），耐热性分级表示方法不再像老标准有部分用大写英文字母表示，全部用温度值表示，如表 2-29 所示。

电气绝缘材料耐热性分级　　　　　　　表 2-29

RTE	耐热等级	以前表示方法
<90	70	—
>90～105	90	Y
>105～120	105	A
>120～130	120	E
>130～155	130	B
>155～180	155	F
>180～200	180	H
>200～220	200	—
>220～250	220	—
>250	250	—

编者注：表中的 RTE 为相对耐热指数。RTE 为某一摄氏温度值。该温度为被试材料达到终点的评估时间等于参照材料在预估耐热指数（ATE）的温度下达到终点的评估时间所对应的温度。

2014 年 10 月 28 日实施的《电气绝缘 耐热性和表示方法》GB/T 11021—2014/IEC 60085：2007 又代替了《电气绝缘 耐热性分级》GB 11021—2007/IEC 60085：2004。该标准规定的耐热性分级如表 2-30 所示。

电气绝缘耐热性分级　　　　　　　表 2-30

ATE 或 RTE		耐热等级	字母表示[a]
≥90	<105	90	Y
≥105	<120	105	A
≥120	<130	120	E
≥130	<155	130	B
≥155	<180	155	F
≥180	<200	180	H
≥200	<220	200	N
≥220	<250	220	R
≥250[b]	<275	250	—

[a] 为便于表示，字母可以写在括弧中，例如：180 级（H）。如因空间关系，比如在铭牌上，产品技术委员会可选用字母表示。

[b] 热等级超过 250 的可按 25 间隔递增的方式表示。

ATE 或 RTE 的含义如表 2-28 的编者注。从以上各表可以看出，电气绝缘材料耐热等级的表示方法是不断变化的。现在准确的表示方法应是表 2-30 中注 a 的表示方法。

21 防火涂料问题

电气设计图纸通常要求，消防电气管路（钢导管）的外壁刷防火涂料，但采用水基性还是溶剂性？刷多厚？需要多长的耐火时间？一般都不提要求。那在施工中应如何执行呢？在弄清这个问题之前，需要先了解一下防火涂料的有关问题。

（1）防火涂料的作用

防火涂料是一种涂覆于基材表面后，能在火灾发生时因其涂层对被涂覆基材起到防火保护、阻止火焰蔓延作用。

（2）防火涂料执行的技术标准和技术指标

① 《饰面型防火涂料》GB 12441—2018

该标准定义饰面型防火涂料为：涂覆于可燃基材（如木材、纤维板、纸板及制品）表面，具有一定装饰作用，受火后能膨胀发泡形成隔热保护层的涂料。

② 《钢结构防火涂料》GB 14907—2018

该标准定义钢结构防火涂料为：施涂于建（构）筑物钢结构表面，能形成耐火隔热保护层，以提高钢结构耐火极限的涂料。

从以上两个标准的定义可以看出：饰面型防火涂料不适合用在钢导管外壁上，采用钢结构防火涂料是适合的。所以，消防电气管路（钢导管）的外壁应刷钢结构防火涂料。当设计无耐火时间要求时，所刷防火涂料完整覆盖导管外壁即可。当设计有耐火时间要求时，可按《钢结构防火涂料》GB 14907—2018 规定的耐火极限（如：0.50h、1.0h 等）选择相应的防火涂料。涂刷厚度也应符合《钢结构防火涂料》GB 14907—2018 的规定：当选择膨胀型钢结构防火涂料时，其涂刷厚度不应小于 1.5mm。

还有一种情况，就是消防线路末端使用一段包塑金属软管。这段包塑金属软管也需要刷防火涂料，但从以上饰面型防火涂料和钢结构防火涂料定义看，都不适合刷在包塑金属软管上，应使用电缆防火涂料。

《电缆防火涂料》GB 28374—2012 对电缆防火涂料的定义：涂覆于电缆（如以橡胶、聚乙烯、聚氯乙烯、交联聚乙烯等材料作为导体绝缘和护套的电缆）表面，具有防火阻燃保护及一定装饰作用的防火涂料。

另外需要说明的是，防火涂料属于消防产品，需要有"产品型式认可证书"和检验报告。

22 电线标识中 450/750V 的含义问题

在建筑电气工程线路中经常采用 450/750V 电线，但对于同一根电线为何标有两个电压值？有一些技术人员还不是很理解。

《额定电压 450/750V 及以下聚氯乙烯绝缘电缆 第 1 部分：一般要求》GB/T 5023.1—2008/IEC 60227-1：2007 在第 2 章"术语和定义"的"额定电压"中规定：

额定电压是电缆结构设计和电性能试验用的基准电压。

额定电压用 U_0/U 表示，单位为 V。

U_0 为任一绝缘导体和"地"（电缆的金属护层或周围介质）之间的电压有效值。

U 为多芯电缆或单芯电缆系统任何两相导体之间的电压有效值。

通过以上的规定，并针对 450/750V 电线来说：

（1）450V 和 750V 均是额定电压，是进行电线电性能试验时所采用的基准电压。

（2）450V 是电线与地之间的耐压值。

（3）750V 是电线任意两相之间的耐压值。

电缆标识的 0.6/1kV 与电线的 450/750V 的含义是相同的。

第三章 电气安装常见问题

1 变压器调压分接头连接片的安装问题

对于电压为 $10000\pm2\times2.5\%V$ 的变压器，其铭牌电压如下：

(1) 10500V　(2)10250V　(3)10000V　(4)9750V　(5)9500V

变压器投入运行前，应根据变压器铭牌和分接指示牌上的标志接到相应的位置上，在连接分接头的连接片时，必须确保高压断电的前提下进行。

如市电实际电压为 10kV，则分接片应接 3 档（产品出厂时通常接于此档），如图 3-1(a) 所示；当输出电压偏高时，将分接头的连接片往上接，如图 3-1(b) 所示；当输出电压偏低时，将分接头的连接片往下接，如图 3-1(c) 所示。

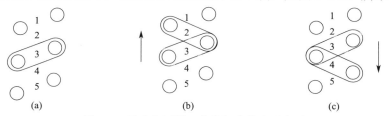

图 3-1　干式变压器一次绕组分接头示意图

(a) 10kV 档；(b) 10.5kV 档；(c) 9.5kV 档

2 变压器温度控制器功能问题

一般变压器温度控制器功能方框图如图 3-2 所示。

主要功能如下：

(1) 三相绕组温度巡检和最大值显示。

(2) 起停风机。

(3) 超温报警、超温跳闸。

(4) 仪表故障自检、传感器故障报警。

(5) 铁芯温度检测，铁芯超温报警。

(6) 变压器外壳开门报警。

(7) 信号远传。

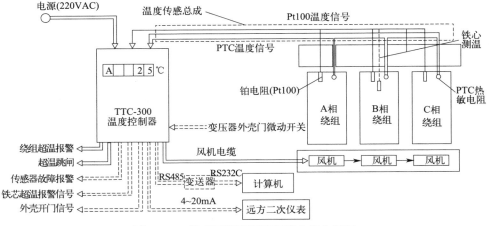

图 3-2　一般变压器温度控制器功能方框图

绕组超温报警和跳闸的取值与变压器的绝缘材料耐热等级有密切关系，现干式变压器的绝缘材料耐热等级多采用 F 级和 H 级，其最高允许温度分别为 155℃和 180℃。当绕组温度超过绝缘材料最高允许温度时，将可能造成变压器的损坏。因此绕组超温报警和跳闸的取值原则：不应超过绝缘材料的最高允许温度，避免变压器受到损害。在具体设定时，可参考变压器技术说明书。

关于风机起停，也是与变压器的绝缘材料耐热等级有关，具体设置同样需要考虑前述原则。一般风机启动值要低于超温报警值。

3　避免将变压器振动通过母线槽传递出去的措施问题

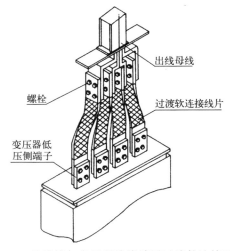

图 3-3　母线槽与变压器接线端子过渡软连接示意

56

变压器正常运行时，会产生一定的振动，为避免将振动通过与其连接的母线槽传递出去，可采用在母线槽与变压器接线端子之间设置一段软连接，如图3-3所示。

应注意：此段软连接的总截面积不应小于所连接的母线的截面积。

4 成套配电箱、柜的门、盖板、遮板等部件接地问题

成套配电箱、柜的门、盖板、遮板等部件是否任何情况下均需要接地？如接地对保护导体的截面积有何要求？配电箱、柜的国家制造标准《低压成套开关设备和控制设备 第1部分：总则》GB/T 7251.1—2023/IEC 61439-1：2020 有明确规定：①对于盖板、门、覆板和类似部件，如果除了属于 PELV 或 SELV 系统的装置外，没有安装电气装置，通常的金属螺钉连接和金属铰链连接则被认为足以能确保连续性。②如果在盖板、门、覆板和类似部件上装有超过 PELV 或 SELV 系统的器件时，应采取附加措施，以保证接地连续性。这些部件应按照表3-1配备保护导体（PE），此保护导体的截面积取决于所属器件的最大额定工作电流 I_e。

铜保护导体的最小截面积　　　　　　　　　　　　　表 3-1

额定工作电流 I_e（A）	保护导体的最小截面积（mm²）
$I_e \leqslant 20$	S
$20 < I_e \leqslant 25$	2.5
$25 < I_e \leqslant 32$	4
$32 < I_e \leqslant 63$	6
$63 < I_e$	10

注：S 为相导体的截面积（mm²）。

5 配电柜内母线搭接长度问题

施工现场进行母排搭接时，其搭接长度通常按照《建筑电气工程施工质量验收规范》GB 50303—2015 附录 D 中的表 D 执行，如表3-2所示。

从表3-2可以看出，一般矩形母线的搭接长度是母线宽度的1倍。但是，生产厂家制造的配电柜内母线搭接长度，很多只有母线宽度的1/2，而且螺栓数量也比表3-2规定的少，如图3-4所示。

母线螺栓搭接尺寸　　　　　　　　表 3-2

搭接形式	类别	序号	连接尺寸(mm)			钻孔要求		螺栓规格
			b_1	b_2	a	ϕ (mm)	个数	
	直线连接	1	125	125	b_1 或 b_2	21	4	M20
		2	100	100	b_1 或 b_2	17	4	M16
		3	80	80	b_1 或 b_2	13	4	M12
		4	63	63	b_1 或 b_2	11	4	M10
		5	50	50	b_1 或 b_2	9	4	M8
		6	45	45	b_1 或 b_2	9	4	M8
	直线连接	7	40	40	80	13	2	M12
		8	31.5	31.5	63	11	2	M10
		9	25	25	50	9	2	M8
	垂直连接	10	125	125		21	4	M20
		11	125	100～80		17	4	M16
		12	125	63		13	4	M12
		13	100	100～80		17	4	M16
		14	80	80～63		13	4	M12
		15	63	63～50		11	4	M10
		16	50	50		9	4	M8
		17	45	45		9	4	M8
	垂直连接	18	125	50～40		17	2	M16
		19	100	63～40		17	2	M16
		20	80	63～40		15	2	M14
		21	63	50～40		13	2	M12
		22	50	45～40		11	2	M10
		23	63	31.5～25		11	2	M10
		24	50	31.5～25		9	2	M8
	垂直连接	25	125	31.5～25	60	11	2	M10
		26	100	31.5～25	50	9	2	M8
		27	80	31.5～25	50	9	2	M8

58

搭接形式	类别	序号	连接尺寸(mm)			钻孔要求		螺栓规格
			b_1	b_2	a	ϕ (mm)	个数	
	垂直连接	28	40	40～31.5		13	1	M12
		29	40	25		11	1	M10
		30	31.5	31.5～25		11	1	M10
		31	25	22		9	1	M8

图 3-4　母线搭接长度

（搭接长度为母线宽度的1/2）

　　由于制造厂的做法与规范要求有很大差距，所以，在现场检查和验收时，经常发生不一致的看法；而厂家认为配电柜都是按制造标准《低压成套开关设备和控制设备 第 1 部分：总则》GB 7251.1—2013（现行版本为 GB/T 7251.1—2023）生产的，并经过了国家认可机构的型式试验，应该没有问题。

　　GB 7251.1—2013 并没有规定对母线搭接和连接螺栓数量的要求，而是规定了验证母线搭接效果的试验项目和要求，如温升极限、短路耐受强度等。当配电柜通过了国家认可机构的型式试验，取得了型式试验报告，说明各项性能指标均满足了制造标准 GB 7251.1—2013 的规定，当然包括母线搭接处的温升限值和搭接处短路耐受强度的要求。

　　所以，如果制造厂按照自己的制造工艺生产的配电柜，与送检的型式试验的配电柜，其母线搭接长度是一致的，就应该没有问题。

有一个文献资料：南京大全电气有限公司的高双松工程师的论文《铜排搭接面对导流性能影响分析》，从试验及理论角度分析了铜排之间最优化搭接方式。

该文提到：试验证明，在两片扁平铜母排进行搭接时，若两片母排尺寸相同，导流效果取决于搭接长度与母排厚度的比率，而不仅仅是搭接长度，如图3-5所示。

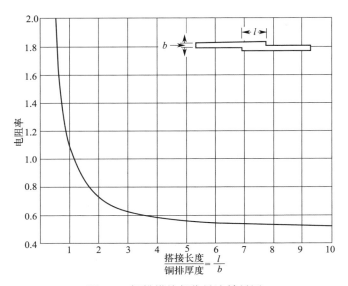

图3-5　铜排搭接部位导流效果图

从图3-5中可以看出：当比率为2时，导流效果（接触电阻下降）明显提升，当比率为5时，导流效果提升（接触电阻下降）已非常缓慢。这意味着在大多数情况下，当搭接长度超过铜排厚度5倍时，导流效果提升（接触电阻下降）已不明显。

文章还提到：通过增加不适宜的搭接长度（搭接长度/铜排厚度超过5～7倍）对导流性能没有良性影响，却增加了接触电阻与发热量，经试验证明搭接温升比局部搭接要高出4～5℃。

该文章还引用了孟庆龙编著的《电气制造技术手册》的相关内容：依据电流分布理论，设铜排搭接部分长度为l，铜排厚度为δ，搭接面的接触电阻为R_c，搭接段铜排本身的电阻为R，当$l/\delta = 5～7$倍时，R_c/R已接近其最小值0.5，即搭接长度为铜排厚度的5～7倍时是最佳的。

在母线接触连接的搭接区内，电流的分布是不均匀的，并且同母线的搭接区长度l与母线厚度δ之比有很大关系。图3-6分别给出了l/δ为10、5、2时，搭接区内电流线和等位线的分布情况。这些曲线是运用保角变换法和 Schwarz-Christoffel 定理计算，并经试验加以验证过的。

由图 3-6 可见：在 $l/\delta \leqslant 5$ 的条件下，电流实际上已通过全部分界面；而在 $l/\delta \leqslant 2$ 以后，电流更是几乎均匀地通过全部分界面。反之，若 l/δ 值甚大，则电流线在整个搭接长度上都接近于与分隔边界（图中虚线所示）平行。

这就是说，在搭接长度 $l \gg \delta$ 时，母线接触连接的接触面利用率很差，因面接触电阻相对地亦较大。

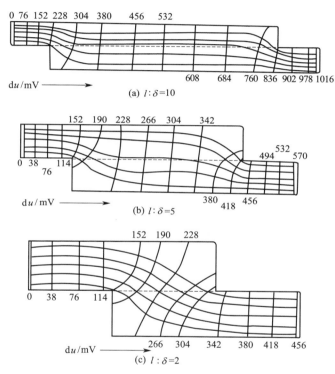

图 3-6　母线搭接区内电流线与等位线分布

综上所述，在保证铜排搭接部位的施加压力值相同时，优先采用铜排厚度的 5~7 倍作为搭接长度，既可以减少接触电阻，减少发热量，又能节约铜排用量，提高系统合理性。

6　母线螺栓紧固力矩值问题

施工现场进行母排搭接时，其螺栓紧固力矩值通常按照《建筑电气工程施工质量验收规范》GB 50303—2015 附录 E 中表 E 执行，如表 3-3 所示。

序号	螺栓规格	力矩值（N・m）
1	M8	8.8～10.8
2	M10	17.7～22.6
3	M12	31.4～39.2
4	M14	51.0～60.8
5	M16	78.5～98.1
6	M18	98.0～127.4
7	M20	156.9～196.2
8	M24	274.6～343.2

但是对母线槽及配电柜中铜排的紧固力矩进行检查和验收时，施工现场的技术人员却与生产厂家技术人员出现了不一致的看法，双方各执己见。主要问题是螺栓紧固力矩值与《建筑电气工程施工质量验收规范》GB 50303—2015 附录 E 中表 E 给出的范围值差异很大。

问题究竟出在哪里？我们先来看看另外一本国家标准的规定。

《电气装置安装工程　母线装置施工及验收规范》GB 50149—2010 第 3.2.2 条规定：矩形母线搭接应符合表 3.2.2 的规定。表 3.2.2 与 GB 50303—2015 附录 D 中表 D 是完全一致的（在此未列出，见本书表 3-2）。

第 3.2.2 条的条文说明的解释：关于本规范表 3.2.2 中母线连接螺栓个数及规格，是根据表 1（见本书表 3-4）中螺栓拧紧力矩值计算出螺栓施于母线接触面的压强应在 6.86～17.65MPa 的范围内获得的，表 1（见本书表 3-4）中所列螺栓规格选用强度为 4.6 级的钢制螺栓，故在安装母线接头时，螺栓规格、数量不得任意改动，以免造成接头连接不良温升过高。

螺栓连接接头压强计算值　　　　　　　　　表 3-4

接头尺寸（mm）	螺栓规格	螺栓紧固力矩（N・m）	螺栓个数（个）	母线接头压强（MPa）
125×125	M20	156.91～196.13	4	11.01～13.95
125×100	M16	78.45～98.07	4	8.46～10.50
125×80	M16	78.45～98.07	4	10.79～13.47
125×63	M12	31.38～39.23	4	7.12～8.90
125×50	M16	78.45～98.07	2	8.46～10.50
125×45	M16	78.45～98.07	2	9.48～11.85

接头尺寸 （mm）	螺栓规格	螺栓紧固力矩 （N·m）	螺栓个数 （个）	母线接头压强 （MPa）
125×40	M16	78.45～98.07	2	10.79～13.47
100×100	M16	78.45～98.07	4	10.79～13.48
100×80	M16	78.45～98.07	4	13.83～17.28
100×63	M16	78.45～98.07	2	8.39～13.48
100×50	M16	78.45～98.07	2	10.79～13.48
100×45	M16	78.45～98.07	2	12.19～15.15
100×40	M16	78.45～98.07	2	13.83～17.28
80×80	M12	31.38～39.23	4	8.91～11.14
80×63	M12	31.38～39.23	4	11.60～14.50
80×63	M14	50.99～61.78	2	7.77～9.42
80×50	M14	50.99～61.78	2	9.99～12.10
80×45	M14	50.99～61.78	2	11.22～13.59
80×40	M14	50.99～61.78	2	12.80～15.50
63×63	M10	17.65～22.56	4	9.84～12.57
63×50	M10	17.65～22.56	4	12.74～16.28
63×50	M12	31.38～39.23	2	9.07～11.33
63×45	M12	31.38～39.23	2	10.17～12.72
63×40	M12	31.38～39.23	2	11.11～14.50
63×31.5	M10	17.65～22.56	2	9.84～12.57
50×50	M8	8.83～10.79	4	9.83～12.01
50×45	M10	17.65～22.56	2	8.57～10.95
50×40	M10	17.65～22.56	2	9.75～12.46
50×31.5	M8	8.83～10.79	2	7.62～9.31
50×25	M8	8.83～10.79	2	9.83～12.01
45×45	M8	8.83～10.79	4	12.46～15.23
40×40	M12	31.38～39.23	1	8.91～11.14
40×31.5	M12	31.38～39.23	1	11.60～14.50

接头尺寸 （mm）	螺栓规格	螺栓紧固力矩 （N·m）	螺栓个数 （个）	母线接头压强 （MPa）
40×25	M10	17.65～22.56	1	9.75～12.46
31.5×60	M10	17.65～22.56	2	10.38～13.27
31.5×31.5	M10	17.65～22.56	1	9.84～12.27
31.5×25	M10	17.65～22.56	1	12.74～16.28
25×25	M8	8.83～10.79	1	9.83～12.01
25×20	M8	8.83～10.79	1	12.64～15.45
20×20	M8	8.83～10.79	1	16.4

经比较 GB 50149—2010 条文说明的表 1（见本书表 3-4）与 GB 50303—2015 附录的表 E 中各规格螺栓的螺栓紧固力矩（N·m）是基本一致的。可以说明采用的螺栓均为 4.6 级的钢制螺栓。

从厂家技术人员那里了解到，母线槽、配电柜厂家很少采用 4.6 级的钢制螺栓，而是采用强度等级更高的钢制螺栓，如：6.8 级、8.8 级。

至此，可以弄清出现问题的原因是采用的钢制螺栓强度等级不同。

钢制螺栓按其性能分多个等级，如 3.6、4.6、4.8、5.6、6.8、8.8、9.8、10.9、12.9 级等。其中 8.8 级及以上称为高强度螺栓，其余称为普通螺栓。螺栓性能等级由两位数字组成，分别代表抗拉强度和屈强比值。如：性能等级 4.6 级的螺栓，其含义是：①螺栓材质抗拉强度达 400MPa。②螺栓材质屈强比值为 0.6。③螺栓材质屈服强度达 $400×0.6=240$MPa。

据厂家技术人员介绍，仅用于母线连接的螺栓使用强度等级 4.6 级就能满足要求，但考虑到在满足连接可靠性的前提下尽量减小螺栓规格的原则，所以将用于母线连接的螺栓强度等级提高了。

经了解，现在很多厂家根据产品自有一套螺栓紧固力矩值企业技术标准。

因此，当母线槽、配电柜通过了国家认可机构的型式试验，取得了型式试验报告的情况下［说明各项性能指标均满足了制造标准 GB 7251.1—2013（现行版本为 GB/T 7251.1—2023）的规定，当然包括母线搭接处的温升限值和搭接处短路耐受强度的要求］，母线连接螺栓紧固力矩可按生产厂家的技术文件要求执行。

还有一个中国工程建设协会标准《低压母线槽应用技术规程》T/CECS 170—2017 针对母线槽连接器，在附录 D 表 D 给出了 8.8 级螺栓紧固力矩值，如表 3-5 所示。

| 连接器螺栓紧固力矩值 | 表 3-5 |

螺栓规格(mm)	8.8级螺栓紧固力矩值(N·m)
M8	16.5～20.6
M10	33.1～41.2
M12	59.1～71.8
M14	94.2～114.3
M16	146.7～178.2

另外需要说明，在螺栓防松措施方面，有的厂家采用特制的碗形垫圈（俗称"碗垫"）压在接触面上，其由弹性材质加工处理而成，能够补偿热膨胀，消除蠕变效应，可保持接触面所需的持久弹性力不变，连接的可靠性是能够得到保证的。

7 配电箱、柜内电气间隙和爬电距离问题

在施工现场对配电箱、柜进行检查时，有人提出其内部配置的带电导体的电气间隙偏小。如何确定临电配电箱、柜内的电气间隙和爬电距离呢？

配电箱、柜遵循的制造标准是《低压成套开关设备和控制设备 第1部分：总则》GB/T 7251.1—2023/IEC 61439-1：2020，先了解一下该标准对电气间隙和爬电距离的定义及相关规定，并进行相应的说明：

3.6.1

电气间隙 clearance

两个导电部分之间空气的最短距离。

3.6.2

爬电距离 creepage distance

两个导电部分之间沿固体绝缘材料表面的最短距离。

8.3 电气间隙和爬电距离

8.3.1 通则

装入成套设备内的设备，在正常使用条件下应保持规定的电气间隙和爬电距离。

应采用最高电压额定数据来确定各电路间的电气间隙和爬电距离（电气间隙依据额定冲击耐受电压，爬电距离依据额定绝缘电压）。

【说明】：此 8.3.1 通则明确了"电气间隙依据设备的额定冲击电压值来确定，爬电距离依据设备的额定绝缘电压来确定"。

3.8.9.3

额定绝缘电压 rated insulation voltage/U_i

成套设备制造商为成套设备或成套设备的一条电路给出的，表征绝缘规定的（长期）耐受能力的耐受电压有效值。

注：对于多相电路，系指线间电压。

【说明】：此处明确设备额定绝缘电压值为相间电压（380V）。

额定冲击耐受电压 ratedimpulse withstand voltage /Uimp

成套设备制造商为成套设备或成套设备的一条电路规定的以表征其绝缘规定的耐受瞬态过电压能力的冲击耐受电压值。

电气间隙和爬电距离适用于线对线，线对中性线，除了导体直接接地，还适用于线对地和中性线对地。

对于裸带电导体和端子其电气间隙和爬电距离至少应符合与其直接连接的设备的有关规定。

【说明】：此处明确电气间隙和爬电距离适用于相对相、相对中性线及相对地和中性线对地。并明确了端子连接后的距离也应符合电气间隙和爬电距离的规定（也就是包括连接螺栓与铜排、螺栓）。

8.3.2 电气间隙

电气间隙应足以达到能承受宣称的电路的额定冲击耐受电压（U）。电气间隙应至少为表1（见本书表3-6）的规定值；否则按照10.9.3和11.3分别进行设计验证试验和例行冲击耐受电压试验。

8.3.3 爬电距离

初始制造商应依据所选择的成套设备电路的额定绝缘电压（U_i）去确定爬电距离。对于任一列出的电路，其额定绝缘电压应不小于额定工作电压（U_e）。

在任何情况下，爬电距离都不应小于相应的最小电气间隙。

爬电距离应符合7.1.2规定的污染等级和表2（见本书表3-7）给出的在额定绝缘电压下相应的材料组别。

空气中的最小电气间隙 表3-6

额定冲击耐受电压 U_{imp}（kV）	最小的电气间隙（mm）
≤2.5	1.5
4.0	3.0

额定冲击耐受电压 U_{imp}(kV)	最小的电气间隙(mm)
6.0	5.5
8.0	8.0
12.0	14.0

注：根据非均匀电场环境和污染等级3决定。

最小爬电距离 表 3-7

额定绝缘电压 U_i/V	最小爬电距离(mm)							
	污染等级							
	1	2			3			
	材料组别	材料组别			材料组别			
	所有材料组	Ⅰ	Ⅱ	Ⅲₐ 和 Ⅲᵦ	Ⅰ	Ⅱ	Ⅲₐ	Ⅲᵦ
32	1.5	1.5	1.5	1.5	1.5	1.5	1.5	1.5
40	1.5	1.5	1.5	1.5	1.5	1.6	1.8	1.8
50	1.5	1.5	1.5	1.5	1.5	1.7	1.9	1.9
63	1.5	1.5	1.5	1.5	1.6	1.8	2	2
80	1.5	1.5	1.5	1.5	1.7	1.9	2.1	2.1
100	1.5	1.5	1.5	1.5	1.8	2	2.2	2.2
125	1.5	1.5	1.5	1.5	1.9	2.1	2.4	2.4
160	1.5	1.5	1.5	1.6	2	2.2	2.5	2.5
200	1.5	1.5	1.5	2	2.5	2.8	3.2	3.2
250	1.5	1.5	1.8	2.5	3.2	3.6	4	4
320	1.5	1.6	2.2	3.2	4	4.5	5	5
400	1.5	2	2.8	4	5	5.6	6.3	6.3
500	1.5	2.5	3.6	5	6.3	7.1	8.0	8.0
630	1.8	3.2	4.5	6.3	8	9	10	10
800	2.4	4	5.6	8	10	11	12.5	—
1000	3.2	5	7.1	10	12.5	14	16	—
1250	4.2	6.3	9	12.5	16	18	20	—
1600	5.6	8	11	16	20	22	25	—

【说明】：通常配电箱、柜厂家按额定绝缘电压 U_i＝660V 设计，结合表 3-7，可对应 630V，并根据所用材料组别（Ⅰ、Ⅱ、Ⅲ）不同，最小爬电距离分别为 8mm、9mm、10mm。

《低压成套开关设备和控制设备 第1部分：总则》GB/T 7251.1—2023/IEC 61439-1：2020 附录 G 表 G.1（见本书表 3-8）给出了电源系统的标称电压与设备的额定冲击耐受电压的关系。

电源系统的标称电压与设备额定冲击耐受电压之间的相应关系　　　　表 3-8

额定工作电压对地最大值，交流有效值或直流（V）	电源系统的标称电压（≤设备的额定绝缘电压）（V）				额定冲击耐受电压（1.2/50μs）优先值（海拔 2000m）（kV）			
	交流有效值	交流有效值	交流有效值或直流	交流有效值或直流	过电压类别			
					IV 电源进线点（进线端）水平	III 配电电路水平	II 负载（器件，设备）水平	I 特殊保护水平
50	—	—	12.5,24,25,30,42,48		1.5	0.8	0.5	0.33
100	66/115	66	60		2.5	1.5	0.8	0.5
150	120/208 127/220	115,120 127	110,120	220-110,240-120	4	2.5	1.5	0.8
300	220/380,230/400 240/415,260/440 277/480	220,230 240,260 277	220	440-220	6	4	2.5	1.5
600	347/600,380/660 400/690,415/720 480/830	347,380,400 415,440,480 500,577,600	480	960-480	8	6	4	2.5
1000	—	660 690,720 830,1000	1000	—	12	8	6	4

通过表 3-8 可以看出，通常电源系统的标称电压为 220V/380V，其对应的额定冲击耐受电压最大值为 6kV，并结合表 3-6，可以得出进线配电箱、柜内的带电铜排的电气间隙为 5.5mm。因此，当检查配电箱、柜内电气间隙时，只要不小于 5.5mm，应能满足安全要求；而任何情况下爬电距离都不应小于相应的最小电气间隙。

8　进出配电箱、柜的槽盒封堵问题

一些建筑工程中，质量监督机构监督人员在监督抽查和验收时多次提出"进出配电箱、柜的槽盒未做封堵"的问题，并要求整改。这一问题的提出主要是出于以下的原因：配电箱、柜的制造厂商均会按国家及行业标准明确配电箱、柜的具体防护等级，一般至少为 IP2X。当槽盒进配电箱、柜时，必须要在其上开孔，如果不做封堵，配电箱、柜原有的防护等级势必遭到破坏。因此，做好线槽进配电箱、柜处的封堵工作是应该的。《外壳防护等级（IP 代码）》GB/T 4208—

2017/IEC 60529：2013 规定了外壳防护等级，如表 3-9 所示。

外壳防护等级　　　　　　　　　　　　表 3-9

组成	数字或字母	对设备防护的含义	对人员防护的含义
代码字母	IP	—	—
第一位特征数字	0 1 2 3 4 5 6	防止固体异物进入 无防护 ≥直径 50 mm ≥直径 12.5 mm ≥直径 2.5 mm ≥直径 1.0 mm 防尘 尘密	防止接近危险部件 无防护 手背 手指 工具 金属线 金属线 金属线
第二位特征数字	0 1 2 3 4 5 6 7 8 9	防止进水造成有害影响 无防护 垂直滴水 15°滴水 淋水 溅水 喷水 猛烈喷水 短时间浸水 连续浸水 高温/高压喷水	—
附加字母（可选择）	A B C D	—	防止接近危险部件 手背 手指 工具 金属线
补充字母（可选择）	H M S W	高压设备 做防水试验时试样运行 做防水试验时试样静止 气候条件	—

9　电缆梯架固定支架安装位置问题

有一些项目电气竖井内电缆梯架的固定支架固定在梯架的横担上，如图 3-7 所示。监理工程师要求施工单位整改，有的施工单位提出异议，认为安装在横担上没有问题。我们来分析一下这个问题。

电气竖井竖向梯架如果将固定支架固定在横担上，在未敷设电缆时，横担将承受其两端侧板的重量。当电缆敷设后，由于电缆需固定在横担上，横担在承受

图 3-7　固定支架固定在梯架的横担上

两端侧板重量的基础上，又增加了电缆的重量，尤其是电缆较多时，横担将承受更大重力。

如果将横担固定在梯架两端的侧板上，横担将只承受电缆的重量，而不承担梯架两端侧板的重量。由于梯架的横担与侧板采用点焊连接，可靠性相对较差，如果横担只承受电缆的重量，而不承担梯架侧板的重量，应该说对安全有利。

所以，为尽可能地保证电缆梯架系统安全，固定支架应在梯架两端的侧板上进行固定。这可能也是《建筑电气工程施工质量验收规范》GB 50303—2015 第 11.2.3 条第 4 款规定的电缆桥架"固定支架不应安装在固定电缆的横担上"的原因。

10　电缆敷设时环境温度过低，导致电缆护套损坏的问题

有的工程敷设电缆时，天气非常寒冷，白天温度有时也达到零下几度，出现了电缆护套碎裂现象。事后分析，与敷设电缆时环境温度过低有关。有关标准对电缆敷设时的环境温度要求分列如下：

(1)《额定电压 1kV（U_m＝1.2kV）到 35kV（U_m＝40.5kV）挤包绝缘电力电缆及附件　第 1 部分：额定电压 1kV（U_m＝1.2kV）和 3kV（U_m＝3.6kV）电缆》GB/T 12706.1—2020 附录 E 电缆产品的补充条款—E.4 产品安装条件—E.4.1 电缆安装时的环境温度　"具有聚氯乙烯绝缘或聚氯乙烯护套或无卤阻燃护套的电缆，安装时的环境温度不宜低于 0℃"。

(2)《电气装置安装工程　电缆线路施工及验收标准》GB 50168—2018 第 6.1.15 条规定：电缆（塑料绝缘电力电缆）允许敷设最低温度为 0℃。

以下是国外的电缆运输、敷设、运行的温度资料，可供参考。

运输温度：

根据国外（指德国）多年经验和试验室研究的结论得出，PVC（聚氯乙烯）电缆或 PVC 绝缘护套电缆可以约在－30℃的温度下运输。

敷设温度：

敷设电缆时，需要足够的温度，不同结构类型的电缆其敷设要求的温度也不同，如表 3-10 所示。

中、低压电缆敷设时最低允许温度 表 3-10

电缆结构类型	最低电缆温度
黏性浸纸绝缘	+5℃
塑料绝缘和 PVC 或 EVA(乙烯-醋酸乙烯酯)外护套电缆	－5℃
VPE 绝缘 PE(聚乙烯)护套单芯中压电缆	－20℃

在一些寒冷地区，如果电缆敷设低于表 3-10 的允许温度，那么可对电缆进行相应的预热。PVC 绝缘和护套电缆中有种耐寒 PVC 混合物，它允许在－40℃时敷设，最低允许工作温度可以达到－60℃。

虽然 VPE 绝缘 PE 护套单芯中压电缆对低温不敏感，但因在低温时电缆僵硬而使敷设变得困难。这个特性也适用于 EPR 电缆，带 PE、EVA 或 CR 护套电缆。

在较低温度时，电缆应在温暖的室内存放几天，或者在足够远距离处放置加热器或暖风机，在加温的过程中，为达到均匀加温，每隔较短时间应转动电缆盘。加温的时间必须足够长，以便靠近电缆盘中心的电缆也具有足够的温度。

（1）室内加热法

将电缆置于保温的室内或临时搭设的工棚内，用热风机或电炉以及其他无明火的加热方法提高室内温度，间接对电缆加热。加热时间较长，只适用于小截面或较短的电缆。

（2）电流加热法

一般使用三相低压可调变压器，初级 220/380V，次级能输出较大的三相电流。现将电缆的一端头短接并铅封，铅封应与线芯绝缘，中间垫以 50mm 厚的绝缘材料；电缆的另一端头可先制作成一电缆头，并与加热电源接好。此电缆头敷设时不得受到任何机械和电气损伤。

检查无误后即可接通电源，先小电流加热，然后逐级升到定值。加热过程中，要经常测试电缆表面温度和电流，任何情况下，电缆表面的温度不应超过下列数值：3kV 及以下电缆 40℃；6～10kV 电缆 35℃；20～35kV 电缆 25℃。

电流的测量应用钳形电流表，测温应用半导体点式温度计，也可用水银温度计包在电缆外皮上进行测量。

在实际应用中，无论采用哪种加热方法，都应将电缆敷设的准备工作做好，电缆加热后，立即进行敷设，时间以 1h 为宜。

运行温度：PVC 绝缘和 PVC 护套电缆，在固定敷设时温度在－40℃时是允许的；对于耐寒 PVC 混合物温度允许到－60℃，前提是安装的电缆不能振动或抖动。

11 多根导线、电缆并联应满足的条件和做法问题

有一些用电容量较大的设备，可能会采用多根导线或电缆并联给设备供电，为使各相电流分配较为均衡，避免出现有的导体过载或有的导体欠载的情况发生，并联导体应满足下列条件：

(1) 并联导体的材质、长度和截面积相同。

(2) 电缆、电线的结构相同。

(3) 布线的方式相同。

在使用单芯电缆或导线进行三相交流系统布线时，三相 L1、L2 和 L3 应对称捆束，以最小化磁场散射区域。这在需要较高电流强度时，交流系统中每相多个并联的单芯电缆布线中也同样适用。图 3-8 为 6 根并联单芯电缆的捆束示意（三角形方式）。

图 3-8　6 根并联单芯电缆的捆束示意图

《低压电气装置 第 5-52 部分：电气设备的选择和安装 布线系统》GB/T 16895.6—2014/IEC 60364-5-52：2009 附录 H 对 6 根并联单芯电缆也允许采用图 3-9 所示的平排方式和图 3-10 所示的上下层方式排列。

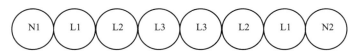

图 3-9　平排方式排列的 6 根并联单芯电缆示意图

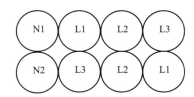

图 3-10　上下层方式敷设排列的 6 根并联单芯电缆示意图

《低压电气装置 第 5-52 部分：电气设备的选择和安装 布线系统》GB/T 16895.6—2014/IEC 60364-5-52：2009 附录 H 还对 9 根、12 根单芯电缆给出了相应的排列方式，但均以三角形方式排列为最优，如图 3-11～图 3-17 所示。

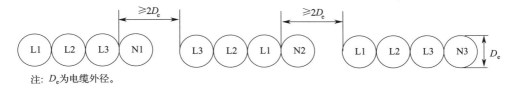

注：D_e 为电缆外径。

图 3-11 平排方式排列的 9 根并联单芯电缆示意图

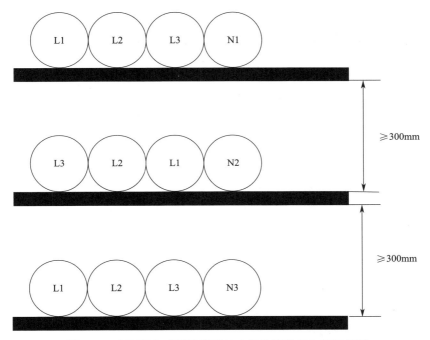

图 3-12 上下层方式敷设排列的 9 根并联单芯电缆示意图

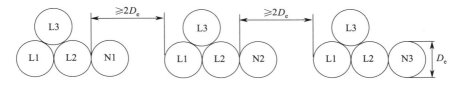

注：D_e 为电缆外径。

图 3-13 三角形方式敷设排列的 9 根并联单芯电缆示意图

在多个电动机电缆平行布线时，要注意在每个电动机电缆内部都必须引入

图 3-14　平排方式敷设排列的 12 根并联单芯电缆

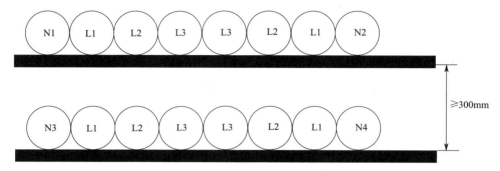

图 3-15　上下层方式敷设排列的 12 根并联单芯电缆

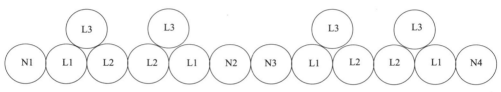

图 3-16　三角形方式敷设排列的 12 根并联单芯电缆

交流系统的三根导线。此方法可以最小化磁场散射区域和其他负载的磁场影响，如图 3-17 所示。

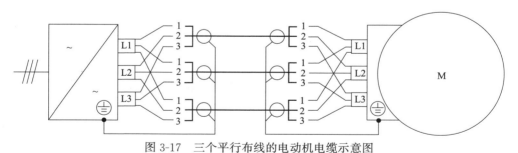

图 3-17　三个平行布线的电动机电缆示意图

12　矿物绝缘电缆（BTLY）是否可以在梯架上敷设的问题

　　很多工程项目消防配电线路采用矿物绝缘电缆（BTLY），而且多数在电缆梯架上进行明敷设，也有个别的在封闭式槽盒内进行敷设。由于设计单位或设计人不同，设计采取的敷设方式也不同。作为电气技术人员应如何进行把握？需关注以下标准的规定和产品的燃烧性能。

《建筑设计防火规范》GB 50016—2014（2018 年版）第 10.1.10 条规定：

10.1.10　消防配电线路应满足火灾时连续供电的需要，其敷设应符合下列规定：

1　明敷时（包括敷设在吊顶内），应穿金属导管或采用封闭式金属槽盒保护，金属导管或封闭式金属槽盒应采取防火保护措施；

2　当采用阻燃或耐火电缆并敷设在电缆井、沟内时，可不穿金属导管或采用封闭式金属槽盒保护；

3　当采用矿物绝缘类不燃电缆时，可直接明敷。

从《建筑设计防火规范》GB 50016—2014（2018 年版）规定第 10.1.10 条第 3 款可以看出：当采用矿物绝缘类不燃性电缆时，才可直接明敷设。

《电缆及光缆燃烧性能分级》GB 31247—2014 第 4.1 节规定如表 3-11 所示。

电缆及光缆燃烧性能等级　　　　　　　　　　　　　　　表 3-11

燃烧性能等级	说明
A	不燃电缆（光缆）
B_1	阻燃 1 级电缆（光缆）
B_2	阻燃 2 级电缆（光缆）
B_3	普通电缆（光缆）

从《电缆及光缆燃烧性能分级》GB 31247—2014 规定可以看出：只有燃烧性能为 A 级的电缆，才属于不燃电缆。

综合以上标准规定可知：只有燃烧性能为 A 级的电缆，才可直接明敷设。

BTLY 电缆的燃烧性能可达到 B_1 级，图 3-18 是某厂家检验报告的检验结论。

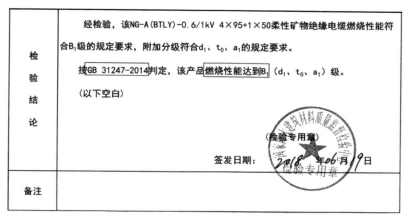

图 3-18　某厂家检验报告的检验结论

75

因此，电气技术人员应确认自己项目的矿物绝缘电缆（BTLY）的燃烧性能是否为 A 级，如为 B₁ 级，原则上不应在梯架上直接明敷设。当设计图纸设计为在梯架上敷设，应请设计考虑，并需再次进行确认。

关于燃烧性能能够达到 A 级的矿物绝缘类电缆主要有如下常用型号：BTTZ、RTTZ、YTTW。

BTTZ 遵循的标准是：《额定电压 750V 及以下矿物绝缘电缆及终端 第 1 部分：电缆》GB/T 13033.1—2007/IEC 60702-1：2002 第 6 条规定"绝缘应由紧压成形的粉末矿物密实体组成"。在实际中通常采用氧化镁。第 7 条规定"护套应为普通退火铜或铜合金材料"。

RTTZ 遵循的标准是：《额定电压 0.6/1kV 及以下云母带矿物绝缘波纹铜护套电缆及终端》GB/T 34926—2017。

YTTW 遵循的标准是：《额定电压 0.6/1kV 及以下金属护套无机矿物绝缘电缆及终端》JG/T 313—2014。

13　母线槽到现场检测导体电阻率问题

现在市场上的母线槽问题还是比较多，主要是偷工减料、材料作假。有的母线槽铜导体做成两头大中间小；有的两头铜中间铝；有的铜包铝；有的铜导体杂质多，导电率低等。

由于以上作假的现象，致使母线槽的载流量大受影响，与额定载流量差距较大，有的达不到 80%，更有甚者只有 50%。这样的母线槽在工程上使用，风险是很大的，可能导致过载、短路，甚至发生电气火灾事故。

例如某重要建设项目，设计要求采用是铜母线槽。母线槽到现场后，在搬运时端头铜排被磕碰，却意外发现里边是铝，原来厂家做成了"铜包铝"。后要求施工单位全部退回，消除了发生电气事故的隐患。

由于以上的情况，有专家提出，为杜绝母线槽材料作假，确保母线槽质量符合设计要求、保证用电安全，母线槽到场后，应用仪器现场检测电阻率。

应该说专家的建议确实很有必要。导体电阻率直接涉及母线槽的载流能力，而载流能力决定母线槽能否安全运行。如载流能力差，可能引起过热，严重的过热可能引发电气事故。如果每一批母线槽到场后都用仪器进行电阻率检测，厂家也就不敢造假。

下面我们探讨一下如何进行检测。

母线槽到场都是一节一节的，可随机抽几节用回路电阻测试仪进行测试。

可采用两种测试方法：

（1）将一单元母线槽同一相的两端（如 L1 的两端）分别与回路电阻测试仪

连接，即可测出 L1 的电阻 R。

（2）将一单元母线槽一端的两个导体（如 L1、L2）连接在一起，在母线槽另一端用回路电阻测试仪即可测出两个导体（L1、L2）的回路电阻 R。

然后根据电阻率公式 $\rho = RS/L$，计算出导体电阻率。其中 ρ 为电阻率（$\Omega \cdot mm^2/m$），R 为实测回路电阻（Ω），S 为导体截面积（mm^2），L 为导体长度（m）。

铜母线的材料标准执行《电工用铜、铝及其合金母线 第 1 部分：铜和铜合金母线》GB/T 5585.1—2018。该标准要求铜母线 TM 铜含量不低于 99.90%；导电率不低于 97%；20℃时的直流电阻率不大于 0.01777$\Omega \cdot mm^2/m$。

铝母线的材料标准执行《电工用铜、铝及其合金母线 第 2 部分：铝和铝合金母线》GB/T 5585.2—2018。该标准铝母排 LM 铝含量不低于 99.5%，导电率不低于 59.5%，20℃时的直流电阻率不大于 0.0290mm^2/m。

现在工程上通常采用铜母线槽，所以计算出的电阻率应与铜母线 TM 的电阻率 0.01777$\Omega \cdot mm^2/m$（20℃）进行比较。当与铜母线 TM 的电阻率 0.01777$\Omega \cdot mm^2/m$（20℃）接近时，基本可判断导体为铜。如差距较大，甚至接近铝母线的电阻率，不大于 0.0290mm^2/m（20℃），应特别引起注意，有可能材料作假。当然，电阻率随温度的不同而变化，但通常不影响定性判断。

14 母线槽平放安装与竖放安装的载流量问题

母线槽安装通常有平放和竖放两种形式。所谓平放是指母线槽内铜排宽面平行于支吊架，竖放是指铜排宽面垂直于支吊架。在国标图集《母线槽安装》19D701-2 也有相应的示例，如图 3-19 所示，方案 1 为竖放，方案 2 为平放。

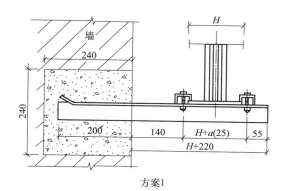

图 3-19 母线槽安装形式（一）

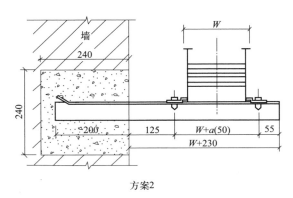

方案2

图 3-19　母线槽安装形式（二）

有一个问题值得关注：同一规格的母线槽，安装时平放和竖放，对其载流量是否有影响？

我们先来看看国标图集《建筑电气常用数据》19DX101-1 中一至四条铜排在平放和竖放时的载流量，如表 3-12～表 3-16 所示。

矩形导体（单条铜导体）长期允许载流量（A）　　　　　　　表 3-12

导体尺寸（宽×厚）mm×mm	单条铜导体							
	平放				竖放			
	25℃	30℃	35℃	40℃	25℃	30℃	35℃	40℃
40×4	603	566	530	488	632	594	556	511
40×5	681	640	599	551	706	663	621	571
50×4	735	690	646	595	770	723	677	623
50×5	831	781	731	673	869	816	764	703
63×6.3	1141	1072	1004	924	1193	1121	1049	966
63×8	1302	1223	1145	1054	1359	1277	1195	1100
63×10	1465	1377	1289	1186	1531	1439	1347	1240
80×6.3	1415	1330	1245	1146	1477	1388	1299	1196
80×8	1598	1502	1406	1294	1668	1567	1467	1351
80×10	1811	1702	1593	1466	1891	1777	1664	1531
100×6.3	1686	1584	1483	1365	1758	1652	1547	1423
100×8	1897	1783	1669	1536	1979	1860	1741	1602
100×10	2174	2043	1913	1760	2265	2129	1993	1834
125×6.3	2047	1924	1801	1658	2133	2005	1877	1727
125×8	2294	2156	2018	1858	2390	2246	2103	1935
125×10	2555	2401	2248	2069	2662	2502	2342	2156

矩形导体（双条铜导体）长期允许载流量（A）

表 3-13

导体尺寸（宽×厚）mm×mm	双条铜导体							
	平放				竖放			
	25℃	30℃	35℃	40℃	25℃	30℃	35℃	40℃
63×6.3	1766	1660	1554	1430	1939	1822	1706	1570
63×8	2036	1913	1791	1649	2230	2096	1962	1806
63×10	2290	2152	2015	1854	2503	2352	2202	2027
80×6.3	2162	2032	1902	1751	2372	2229	2087	1921
80×8	2240	2293	2147	1976	2672	2511	2351	2164
80×10	2760	2594	2428	2235	3011	2830	2649	2438
100×6.3	2526	2374	2222	2046	2771	2604	2438	2244
100×8	2827	2657	2487	2289	3095	2909	2723	2506
100×10	3128	2940	2752	2533	3419	3213	3008	2769
125×6.3	2991	2811	2632	2422	3278	3081	2884	2655
125×8	3333	3133	2933	2699	3647	3428	3209	2954
125×10	3674	3453	3233	2975	4019	3777	3536	3255

矩形导体（三条铜导体）长期允许载流量（A）

表 3-14

导体尺寸（宽×厚）mm×mm	三条铜导体							
	平放				竖放			
	25℃	30℃	35℃	40℃	25℃	30℃	35℃	40℃
63×6.3	2340	2199	2059	1895	2644	2485	2326	2141
63×8	2651	2491	2332	2147	2903	2728	2554	2351
63×10	2987	2807	2628	2419	3343	3142	2941	2707
80×6.3	2773	2606	2440	2246	3142	2953	2764	2545
80×8	3124	2936	2749	2530	3524	3312	3101	2854
80×10	3521	3309	3098	2852	3954	3716	3479	3202
100×6.3	3237	3042	2848	2621	3671	3450	3230	2973
100×8	3608	3391	3175	2922	4074	3829	3585	3299
100×10	3889	3655	3422	3150	4375	4112	3850	3543
125×6.3	3764	3538	3312	3048	4265	4009	3753	3454
125×8	4127	3879	3631	3342	4663	4383	4103	3777
125×10	4556	4282	4009	3690	5130	4822	4514	4155

导体尺寸（宽×厚）mm×mm	四条铜导体							
	平放				竖放			
	25℃	30℃	35℃	40℃	25℃	30℃	35℃	40℃
80×6.3	3209	3016	2823	2599	4278	4021	3764	3465
80×8	3591	3375	3160	2908	4786	4498	4211	3876
80×10	4019	3777	3536	3255	5357	5035	4714	4339
100×6.3	3729	3505	3281	3020	4971	4672	4374	4026
100×8	4132	3884	3636	3346	5508	5177	4847	4461
100×10	4428	4162	3896	3586	5903	5548	5194	4781
125×6.3	4311	4052	3793	3491	5747	5402	5057	4655
125×8	4703	4420	4138	3809	6269	5892	5516	5077
125×10	5166	4856	4546	4184	6887	6473	6060	5578

注：1. 载流量是按最高允许温度 70℃、基准环境温度 25℃、无风、无日照条件计算。

2. 交流母线相间距为 250mm，每相为双、三条导体时，导体净距皆为母线宽度；每相为四条导体时，第二、三导体净距皆为 50mm。

以表 3-12～表 3-15 中的"温度 25℃，导体为 100×10（mm）的载流量（A）"为例，综合列于表 3-16。

矩形铜导体长期允许载流量对比　　表 3-16

温度 25℃，导体为 100×10（mm）的载流量（A）	单条		双条		三条		四条	
	平放	竖放	平放	竖放	平放	竖放	平放	竖放
	2174	2265	3128	3419	3889	4375	4428	5903
平放占竖放的载流量的百分比	96.0%		91.5%		88.9%		75.0%	

从表 3-16 可以看出，一至四条铜排平放占竖放的载流量的百分比分别为 96.0%、91.5%、88.9%、75.0%，也就是说平放相对于竖放降容分别为 4.0%、8.5%、11.1%、25.0%。

究其原因，应该是铜排平放和竖放散热效果不一样导致的。铜排平放时底部面积大，散热条件相对较差；竖放时底部面积小，更有利于散热。

除变压器至低压配电柜外，其他部位的母线槽多为 5 线（三相、N、PE）、通常包裹在金属外壳内。母线槽平放和竖放与上述表中铜排平放和竖放相应的降容趋势是一致的。

因此，在母线槽安装时，具备条件时应尽量采用竖放方式。

15 母线槽支架接地问题

《低压配电设计规范》GB 50054—2011 第 7.5.3 条规定：封闭式母线外壳及支架应可靠接地，全长应不少于 2 处与接地干线相连。

对封闭式母线槽外壳可靠接地笔者没有异议，但对封闭式母线槽的支架也需要接地，而且全长至少 2 处与接地干线相连，却有不同看法。工程中采用的封闭式母线槽多为 5 线制（包含 L1、L2、L3、N、PE），载流导体和 PE 排均包裹在外壳内。当发生相导体碰外壳故障时，故障电流将通过外壳及与外壳连接的保护接地导体（PE 排）返回电源，使封闭式母线槽电源端的保护电器动作；而封闭式母线槽的支架即使做了接地对故障电流返回电源也几乎没有帮助，并且对电气施工将产生较大的工作量。

封闭式母线槽与金属导管、槽盒均属于封闭式装置，其共同点是载流导体在其内敷设。在故障情况下其内的相导体不可能碰支架，其支架主要是起支撑作用。电缆托盘、梯架则与此不同，它们均不属于封闭式装置，而属于敞开式装置，在故障情况下，相导体可能直接碰外壳，也可能直接碰支架。所以，电缆托盘、梯架的支架不仅起到支撑作用，还要起到输送故障电流的作用，而这正是电缆托盘、梯架的支架应可靠接地的直接原因。

因此，封闭式母线的支架应与金属导管、槽盒的支架一样不强调接地，更不必强调支架"全长应不少于 2 处与接地干线相连"。

16 母线槽在电气竖井内垂直敷设，安装在楼板处的弹簧支架的弹簧压缩长度问题

母线槽在电气竖井内垂直敷设，在穿越楼板处均需安装弹簧支架。弹簧支架具有固定、承载母线槽重量的作用，还有随着母线槽热胀冷缩而适应其上下移动的作用。在母线槽安装工程中，很多安装人员不了解需要对弹簧支架进行调整，有的虽然知道调整，但调整到什么程度却不清楚，以致造成母线槽弹簧支架安装后，难以起到其应有的作用。主要问题是：没有根据母线槽的重量对弹簧进行压缩，以使母线槽的重量与弹簧的弹力相等，达到最佳状态。

那么，依据什么来确定弹簧压缩后的长度呢？应根据生产厂家提供的安装手册（或说明书）进行。下面采用施耐德（广州）母线有限公司 I-LINE 母线槽安装手册中的铜母线槽数据进行说明，如表 3-17 所示。

垂直弹簧支架产品编号与弹簧压缩后长度对照 表 3-17

母线槽外壳宽度(mm)	弹簧支架产品编号	弹簧压缩后长度(mm)(2440mm间隔距离)	弹簧压缩后长度(mm)(3050mm间隔距离)	弹簧压缩后长度(mm)(3660mm间隔距离)	弹簧压缩后长度(mm)(4270mm间隔距离)
97.5	HF-VS1	102	99	96	93
110.2	HF-VS1	101	97	94	91
135.6	HF-VS1	98	93	90	85
148.3	HF-VS2	105	103	101	98
171.2	HF-VS2	103	101	98	95
199.1	HF-VS2	102	99	96	93
237.2	HF-VS2	100	97	93	89
323.1	HF-VS8	105	103	101	98
386.6	HF-VS8	104	102	100	97
412.0	HF-VS8	104	101	98	96
599.4	HF-VS8	101	97	94	91
637.5	HF-VS8	97	93	89	84

表 3-17 中的 2440mm、3050mm、3660mm、4270mm 为两个弹簧支架之间的距离。

从表中可以看出，母线槽外壳宽度越宽，弹簧支架的间隔距离越大，母线槽的重量也越大，弹簧压缩后的长度就越小，也就意味着弹簧的弹力越大，使母线槽的重量与弹簧的弹力保持平衡。按厂家提供的资料，通过调整使母线槽与弹簧的弹力保持平衡后，若重量有所增加或减少，靠弹簧的自身调节是可以达到一个新的力的平衡，从而有利于保证母线槽安全运行。如果没有按厂家的要求压缩弹簧，母线槽安装后，弹簧可能没有自身调节的余量，一旦变化重量变化，而又没有及时对弹簧进行调整，可能会对母线槽造成损坏。

17 母线槽插接箱内断路器"倒接线"问题

在有的电气安装工程中出现了低压断路器"倒接线"的情况，即电源进线接在了断路器的下口（出线端），负荷线接在了断路器的上口（进线端）。这种情况比较少见，但在笔者单位监理的超高层建筑封闭母线槽的安装中出现了。在强电竖井封闭母线槽插接箱内的断路器就是这样安装的：自封闭母线槽取出的电源，接至插接箱内断路器的下口，断路器上口接引出线，并通过插接箱箱顶与旁边配电柜柜顶敷设的普利卡管，将断路器引出线接至配电柜内。

此种做法，从接线的角度来讲，确实比较方便。如果普利卡管自插接箱下底接至配电柜上顶，接线要麻烦一些，但这种"倒接线"的做法应该说还是存在一定的问题。

（1）易出现电气事故：

因为，在线路短路条件下，断路器上进线时动触头上没有恢复电压的作用，分断条件较好，而下进线时动触头上有恢复电压，分断条件较严酷，有可能导致相间击穿短路。原因在于动触头多半是利用一公共轴联动，且其后紧接着软连接和脱扣器，如果它们之间由于短路断开时，产生了电离气体或导电灰尘而使得绝缘下降，就容易造成相间短路。因此，下进线时的短路分断能力一般会有所下降。只有在产品设计时充分考虑了这些因素，断路器上进线和下进线时的短路分断能力才相等。

（2）通常电源侧的导线接在进线端，即固定触头接线端，负荷侧导线接在出线端，即可动触头接线端，目的是保证安全，断电后以负荷侧不带电为原则。

（3）不符合操作习惯。通常向上操作为接通电路，向下操作为断开电路。此种"倒接线"做法正好与习惯相反。

因此，一般情况下，断路器不应"倒接线"。如特殊情况下需"倒接线"，应由电气设计人员进行确认，并采用符合要求的断路器。另外还应在现场设立提示说明或施工图纸。

18　电缆桥架、配电箱在条板上固定的可靠性问题

在建筑内采用蒸压加气混凝土条板作为隔墙的却来越多，有的电气竖井隔墙也采用条板。电气竖井内电气装置很多，而且很多电气装置（如电缆桥架、配电箱）都是在隔墙上明装，如为钢筋混凝土墙可采用普通金属膨胀螺栓进行固定。现在有的项目采用普通金属膨胀螺栓在蒸压加气混凝土条板上直接进行固定，如图 3-20、图 3-21 所示，电缆在桥架内敷设完成后，重力负荷将大幅提高，其固定可靠性、耐久性难以得到保证，万一发生脱落，将会发生电气安全事故。

《蒸压加气混凝土制品应用技术标准》JGJ/T 17—2020 第 8.8.1 条规定：蒸

图 3-20 电缆桥架直接在条板上固定

图 3-21 配电箱直接在条板上固定

压加气混凝土墙体悬挂空调、热水器、吊柜等重物时，应采用机械锚栓、胶粘型锚栓或尼龙锚栓进行后锚固。

因此，电缆桥架、配电箱直接在条板上固定时，为保证其可靠性，应采用

《蒸压加气混凝土制品应用技术标准》JGJ/T 17—2020 规定的机械锚栓、胶粘型锚栓或尼龙锚栓（并符合相应规定）或采用穿透夹板固定方式，避免因固定不牢发生脱落而引发电气事故。

　　《蒸压加气混凝土制品应用技术标准》JGJ/T 17—2020 规定的机械锚栓、胶粘型锚栓或尼龙锚栓的构造如图 3-22～图 3-24 所示。应注意：锚栓的承载力应乘以抗震承载力折减系数 0.6。

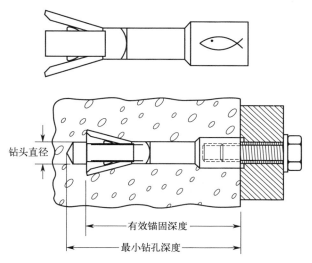

图 3-22　蒸压加气混凝土机械锚栓构造示意

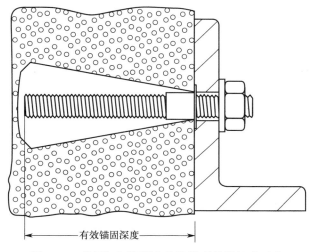

图 3-23　蒸压加气混凝土机胶粘型锚栓构造示意

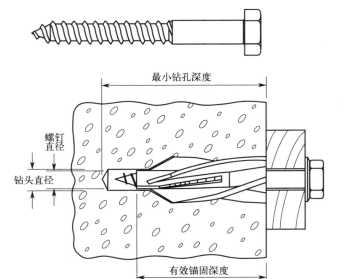

图 3-24 蒸压加气混凝土尼龙锚栓构造示意

19 吊顶上安装的筒灯、射灯问题

现在有很多厂家生产的筒灯、射灯没有附带接线盒，造成接线软管与筒灯连接时无法固定，还导致了吊顶内导线和接头明露的现象，尤其是有的灯具的镇流器（或控制装置）和灯具（灯体）是分离的，从而造成导线和接头明露。质量监督部门、消电检、消防验收时多次提出过这一问题，而已安装的灯具进行整改难度是比较大的，有的甚至无法整改，存在一定的隐患。为有效解决这一问题，应采取如下之一的措施：

（1）在灯具订货前，对灯具样品进行确认。如不能满足不明露导线、接头和软管固定的要求时，应明确提出，要求厂家采取适当措施。

（2）如果灯具已到货，安装前应对灯具进行确认，如不能满足要求，可要求厂家或安装单位采取措施，以保证导线和接头不明露。

在国家灯具制造标准《灯具 第1部分：一般要求与试验》GB 7000.1—2015第1.2.1条对灯具是这样定义的：分配、透出或改变一个或多个光源发出光线的一种器具，它包括支承、固定和保护光源必需的所有部件，以及必需的电路辅助装置和将它们连接到电源的装置，但不包括光源本身。

从灯具定义可以看出，灯具应是一个整体，不应是散件，而且应具备接线端子。

20 大型灯具承载试验问题

《建筑电气工程施工质量验收规范》GB 50303—2015 第 18.1.1 条规定：质量大于 10kg 的灯具，固定装置及悬吊装置应按灯具重量的 5 倍恒定均布载荷做强度试验，且持续时间不得少于 15min。

在条文说明中的解释：大型灯具的固定及悬吊装置是由施工单位在现场安装的，其形式应符合建筑物的结构特点。固定及悬吊装置安装完成、灯具安装前要求在现场做恒定均布载荷强度试验，试验的目的是检验固定及悬吊装置安装的可靠性，考虑到灯具安装完成后固定及悬吊装置承受的是静载荷，故试验时间为 15min，试验结束后，固定装置及悬吊装置应无明显变形或松动。

灯具所提供的吊环、连接件等附件强度已由灯具制造商在工厂进行过载试验，根据国家标准《灯具 第 1 部分：一般要求与试验》GB 7000.1—2015 第 4.14.1 条的规定：一个恒定、均匀分布、等于 4 倍灯具质量，或相关部件质量（适用时）的负载，以正常载荷的方向施加在其固定件上历时 1h，试验终了时悬挂部件和固定系统不应有明显的变形。标准规定在灯具上加载 4 倍灯具质量的载荷，则灯具的固定及悬吊装置（施工单位现场安装的）就须承受 5 倍灯具质量的载荷。如图 3-25 所示。

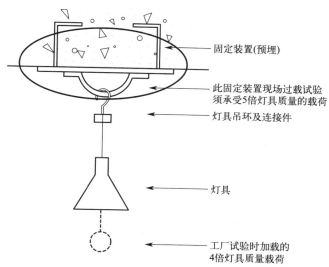

图 3-25 大型灯具固定装置及吊环、连接件强度试验示意图

在大型公建工程中，大型灯具（质量大于 10kg 的灯具）很常见，但不同的

大型灯具其安装形式有很大差别。有的大型灯具虽然质量较大（远大于10kg），但都是吊在一个悬挂装置下，此种情况做过载试验是容易实现的。还有一些大型灯具所占面积很大，能够达到十几甚至二十多平方米，这么大面积的灯具底盘在楼板上固定时有若干固定点，无法做过载试验。因此，大型灯具做过载试验，笔者认为应是针对具有悬挂装置的吊灯而言更合理。

另外，还需要说明，除了安装在天花板上的大型灯具需要做过载试验外，安装在墙壁上的大型灯具，其固定装置同样应做过载试验，这也是GB 7000.1—2015第4.14.1条规定的内容。

21 灯具内部接线的截面问题

《建筑电气工程施工质量验收规范》GB 50303—2015第3.2.10条规定：成套灯具内部接线应为铜芯绝缘电线，其截面积应与灯具功率相匹配，且不应小于0.5mm²。但有的工程到货灯具内部接线小于0.5mm²，厂家却说符合灯具制造标准要求。经查灯具制造标准《灯具 第1部分：一般要求与试验》GB 7000.1—2015，第5.3.1.1条规定：

与固定布线直接连接的接线，例如，通过接线端子座，而且依靠外部的保护装置断开与电源的连接，下列方式是适当的：

正常工作电流高于2A：

——标称截面积：最小0.5mm²；

——固定式灯具的通过式布线：最小1.5mm²。

正常工作电流低于2A有机械保护的接线：

——标称截面积：最小0.4mm²。

从以上的规定可以看出，灯具内部接线的截面积与正常工作电流有关，高于2A最小为0.5mm²；低于2A最小为0.4mm²。当然，这只是最低要求，灯具内部接线截面积还应与正常使用时的功率相适应。

22 可安装在普通可燃材料表面的灯具问题

在工程中根据需要，可能将灯具安装在普通可燃材料表面，但是否可以直接安装？有哪些具体要求呢？我们来看看灯具的制造标准《灯具 第1部分：一般要求与试验》GB 7000.1—2015的规定，并进行必要的说明。

《灯具 第1部分：一般要求与试验》GB 7000.1—2015相关规定摘录如下：

4.16 可安装在普通可燃材料表面的灯具

分类为适宜于安装在普通可燃材料表面的灯具应符合4.16.1、4.16.2或

4.16.3 中的一条。

注1：表 N.1 给出了什么时候使用符号和警告语的指示。

本条要求不适用于自带外壳的变压器，即 IP20 或以上符合 IEC 61558（所有部分）的变压器。对装在灯具内并且符合 IEC 61558-2-5 的剃须刀用变压器和剃须刀用电源装置，4.16.1 要求适用。电子式灯的控制装置和这些元件内可能装有的小绕线装置不在本条款所要求的范围内。

注2：小绕线装置的例子是，铁氧体磁芯绕组或非叠片铁芯绕组，这些通常安装在印刷线路板上。

装有灯的控制装置的灯具，应符合 4.16.1，使灯的控制装置与安装表面保持间距，或者符合 4.16.2 使用热保护器，或者符合 4.16.3。

不含有灯的控制装置的灯具，合格性由第 12 章检验。

【此部分说明】：灯具符合 4.16.1、4.16.2 或 4.16.3 中的一条时，适宜安装在普通可燃材料表面。

4.16.1　灯的控制装置与安装表面应保持的最小间距：

a) 10mm，包括灯具外壳材料的厚度，这间距包括：灯的控制装置区域内灯具壳体的外表面与灯具安装表面之间最小有 3mm 的空气间距，灯的控制装置外壳和灯具壳体内表面之间最小有 3mm 的空气间距。如果控制装置没有外壳，10mm 距离应从灯的控制装置有效部位起提供，例如灯的控制装置的绕组。

灯具外壳在灯的控制装置的投影面内应是连续的，以防止灯的控制装置的带电部件与安装表面之间有不到 35mm 的直接通路；否则应符合 b) 的要求。

b) 35mm

注：35mm 间距主要考虑 U 形安装的灯具，其灯的控制装置到安装表面的距离常常大于 10mm。

以上两种情况中，灯具的设计应使其按正常使用安装时，所要求的空气间距能自动地得到。

合格性由目视和测量来检验。

【此部分说明】：a) 灯具安装表面与灯具外壳之间的最小距离为 3mm，且灯具外壳与灯的控制装置外壳之间的最小距离为 3mm，且总距离不小 10mm（包括灯具外壳厚度）；灯的控制装置的带电部件与安装表面之间的最小距离为 35mm。b) U 形安装的灯具的控制装置与安装表面之间的最小距离为 35mm。

控制装置指：镇流器或变压器。

4.16.2　灯具应装有温度传感控制器，将灯具安装表面的温度控制在安全值范围内。这种温度传感器既可以在灯的控制装置的外部，也可以是一个符合有关附件标准的热保护的灯的控制装置中的一部分。

温度传感控制装置可以是自复位热切断器、手动复位热切断器，也可以是热熔断体（热切断器，仅动作一次后即需要更换）。

位于灯的控制装置外面的温度传感控制器不应是插入式或其他容易更换的类型。它应与镇流器/变压器保持固定位置。

合格性用目视和 12.6.2 的试验检验。

装有符合有关附件标准标 $\triangledown\!\!\!\!\!P$ 符号的"P 级"热保护镇流器/变压器的灯具，

以及装有标 $\triangledown$ 符号，所标数值不高于 130℃ 的注明温度的热保护镇流器/变压器的灯具，被认为是符合本条要求的，不必进一步试验。

【此部分说明】：装有温度传感控制器，且将灯具安装表面的温度控制在安全值范围内的灯具（即由热保护镇流器或变压器在温度达到某一限值时，切断电源，使温度不会继续升高），可以安装在普通可燃材料表面；装有符合有关附件标准标 $\triangledown\!\!\!\!\!P$ 符号的"P 级"热保护镇流器/变压器的灯具，以及装有标 $\triangledown$ 符号、所标数值不高于 130℃ 的注明温度的热保护镇流器/变压器的灯具，可以安装在普通可燃材料表面。热保护按 GB 7000.1—2015 附录 N/N.3 解释为：热保护器可以是镇流器的部分或在镇流器外部。

此处提到的"温度控制在安全值范围内"，是指厂家通过试验来证明。在 GB 7000.1—2015 附录 N "对不适宜安装在普通可燃材料表面或覆盖隔热材料的灯具标记的解释"中，第 N.2.2 "异常条件或故障镇流器条件下安装表面的温度测量"，摘录如下：

温度测量可以证明在异常条件或故障镇流器条件下，灯具的安装表面不会达到过高的温度。

这些要求和试验是基于这样一种假设，即镇流器或变压器故障期间，如由于绕组短路，在 15min 后镇流器绕组的温度不超过 350℃，在 15min 后，相应的安装表面温度不会超过 180℃。

同样，在镇流器异常条件下安装表面温度应不超过 130℃。在环境温度和 1.1 倍电源电压下，测量绕组和安装表面的温度并标绘在图上，然后通过这些点连一条直线。这条直线的延长线在 350℃ 绕组温度时不应达到代表 180℃ 安装表面温度的这一点（见图 9）（本书图 3-26）。

带有外装热保护器镇流器的灯具，以及装有标有的热保护温度高于 130℃ 镇流器的灯具，通过测量热保护器断开电路时灯具安装表面的温度进行检验。试验期间，记录灯具安装表面的温度，异常条件下，不应超过允许的最高温度，即 130℃；镇流器故障条件下，不应超过与时间有关的最高温度（见表 11.2）（本书表 3-18）。

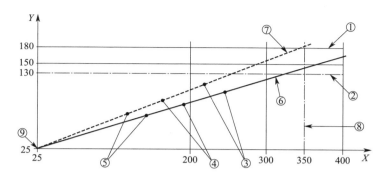

说明:

Y —— 安装表面温度(℃);

X —— 绕组温度(℃);

① —— 绕组故障时安装表面的温度限值;

② —— 在1.1倍额定电压下异常工作时安装表面的温度限值[见12.6.1a)];

③ —— 在1.1倍额定电压下的测量点[见12.6.1b)];

④ —— 在1.0倍额定电压下的测量点;

⑤ —— 在0.9倍额定电压下的测量点;

⑥ —— 通过测定点绘制的直线,当外推至绕组温度350℃时,安装表面温度低于180℃,表示该灯具本试验合格;

⑦ —— 通过测定点绘制的虚线,由于外推时,在绕组温度达到350℃之前,安装表面的温度已超过了180℃,表示该灯具本试验不合格;

⑧ —— 假设的故障绕组的最高绕组温度值;

⑨ —— 仅当0.9倍与1.1倍额定电压下绕组温度之间的差值小于30K时,才绘制t_a/t_a坐标。图示是t_a额定值为25℃的灯具。

图 3-26　绕组温度和安装表面温度的关系

热保护工作　　　　　　　　　　　　　　　　　　表 3-18

安装表面最高温度(℃)	允许这些温度的最长时间(min)
180 以上	0
175 和 180 之间	15
170 和 175 之间	20
165 和 170 之间	25
160 和 165 之间	30
155 和 160 之间	40
150 和 155 之间	50
145 和 150 之间	60
140 和 145 之间	90
135 和 140 之间	120

4.16.3　如果灯具不符合4.16.1的间距规定,而且也不装有符合4.16.2规定的热切断器,那么其设计应满足12.6的试验要求。

【说明】此部分说明:符合按 GB 7000.1—2015 第 12.6 条试验要求的灯具,

91

厂家出具技术文件，可以安装在普通可燃材料表面。

在实际工程中，当设计有更严格要求时，如：在符合以上要求的基础上，再增加隔热措施，应遵从设计要求。

按 GB 7000.1—2015 规定，当灯具具有如下符号时，灯具仅适宜安装在非可燃材料表面，如图 3-27 所示。

表面安装式

嵌入式

图 3-27　仅适宜安装在非可燃材料表面的灯具符号

23　卫生间淋浴区顶棚上安装灯具问题

在卫生间淋浴区顶棚上能否安装灯具？我们先来看看《住宅建筑电气设计规范》JGJ 242—2011 第 9.4.4 条的规定：

卫生间等潮湿场所，宜采用防潮易清洁的灯具；卫生间的灯具位置不应安装在 0、1 区内及上方。装有淋浴或浴盆卫生间的照明回路，宜装设剩余电流动作保护器，灯具、浴霸开关宜设于卫生间门外。

从此条规定来看：卫生间的灯具不应安装在 0、1 区内，0、1 上方也不可以安装。

（1）问题分析

①首先，需明确 1 区内能安装哪些开关设备、控制设备或用电设备？

《低压电气装置　第 7-701 部分：特殊装置或场所的要求　装有浴盆和淋浴的场所》GB/T 16895.13—2022/IEC 60364-7-701：2019 有如下规定：

701.512.2.4.101.3　1 区

只可安装下列设备：

a）用电设备采用额定电压不超过交流 25V 或直流 60V 的 SELV 或 PELV 防护措施，电源安装在 0 区和 1 区之外；或

b）插座回路采用额定电压不超过交流 25V 或直流 60V 的 SELV 或 PELV 防护措施，电源安装在 0 区和 1 区以外；或

c）根据制造商的使用和安装说明，永久性连接的或固定的用电设备并适合安装在 1 区使用；或

d）提供 a）、b）和 c）安装的用电设备所需的接线盒和附件。

设备应具有至少 IPX4 的防护等级。

示例：设备可安装在 1 区，包括热水浴盆、淋浴泵、通风设备、毛巾架、热水器、灯具、洗衣机、调光的玻璃、红外线和紫外线发射器。

由以上规定可以看出：1 区内可以安装额定电压不超过交流 25V 或直流 60V 的 SELV 或 PELV 保护设备，例如灯具。

还可以看出 1 区的上方可以安装灯具，没有规定电压等级，也就是未限制常用的交流 220V 灯具的使用。注意此处规范只对 1 区内的设备有限定要求。

②其次，需明确 1 区的范围界定：

依据《低压电气装置 第 7-701 部分：特殊装置或场所的要求 装有浴盆和淋浴的场所》GB/T 16895.13—2022/IEC 60364-7-701：2019 规定：

0 区的界定：

a）浴盆内部的区域，见图 2～图 4（见本书图 3-28 部分摘图）；

b）淋浴区：

——最低的地面完成面至其上 10cm 高的水平面；和

——在与固定喷头和/或出水口中心相距 120cm 处的垂直虚拟表面，并且受到固定分隔体的限制，从而限制水进入分隔体另一侧区域（见图 5、图 6、图 7、图 8 和图 9）（见本书图 3-29 部分摘图）。

——淋浴时预期关闭的淋浴门界定了 0 区（见图 10）（见本书图 3-30 部分摘图）。

1 区的界定：

a）浴盆：

——浴盆下方的地面完成面；

——距浴盆下方地面完成面上 225cm 高的水平面，或与最高的固定淋浴喷头（如果有）或固定的出水口的水平面，以较高者为准；

环绕浴盆的垂直虚拟表面（见图 2～图 4）（见本书图 3-28 部分摘图）；和

——0 区除外。

b）淋浴区：

——最低的地面完成面；

——对应于最高的固定淋浴喷头或固定的出水口的水平面，或位于最低的地面完成面上 225cm 高的水平面，以较高者为准；

——在距离固定淋浴喷头和/或固定出水口中心 120cm 的垂直虚拟表面，出水口受到固定分隔体的限制，从而限制水进入另一区域；

——淋浴时预期关闭的淋浴门（如果有），见图 10（见本书图 3-30 部分摘图）；和

——0 区除外。

2区的界定：

a）浴盆：

——最低的地面完成面；

——对应于最高的固定淋浴喷头或固定的出水口的水平面，或位于最低的地面完成面上225cm高的水平面，以较高者为准；

由1区边界线处的垂直虚拟表面与距该边界线60cm平行垂直虚拟表面之间所形成的区域（见图2～图4）（见本书图3-28部分摘图）；

b）对于淋浴区，没有2区（见图5～图10）（见本书图3-30部分摘图）。

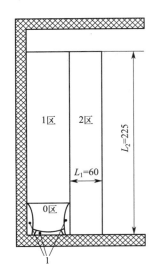
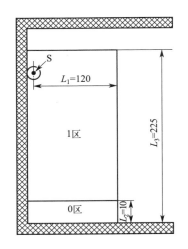

图3-28　区域尺寸：浴盆侧视图　　　　图3-29　0区和1区域尺寸：淋浴区的侧视图

由以上规定可以看出：不论是1区、还是2区，其界定范围均是以固定淋浴喷头或固定出水口的最高点对应的水平面或地面上方225cm的水平面中较高者为边界来限定，也就是说淋浴喷头或固定出水口与225cm比哪个高，哪个就作为1区（或2区）最高水平面的边界。

（2）结论

①当设备安装的高度超过固定淋浴喷头或固定出水口的最高点对应的水平面或地面上方225cm的水平面中较高者的水平面，则设备既不在1区内，也不在2区内。

②当顶棚在1区范围内，顶棚上安装的灯具应采用生产厂家使用和安装说明中适用于1区，且额定电压不超过交流25V或直流60V的特低电压灯具。

③当顶棚超出1区范围，顶棚上安装的灯具可以选择额定电压交流220V灯具，这符合《低压电气装置　第7-701部分：特殊装置或场所的要求　装有浴盆和

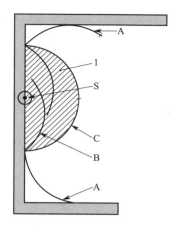

1—0 区和 1 区；A—打开的淋浴门；B—淋浴区不使用时的淋浴门；

C—淋浴区使用时的淋浴门；S—固定出水口

图 3-30 有门淋浴区示例

淋浴的场所》GB/T 16895.13—2022/IEC60364-7-701：2019，但与《住宅建筑电气设计规范》JGJ 242—2011 的规定不一致，应由电气设计师进行确认。

另外，当灯具允许在 1 区安装时，还应关注灯具的防护等级，应不低于 IPX4。

《低压电气装置 第 7-701 部分：特殊装置或场所的要求 装有浴盆和淋浴的场所》GB/T 16895.13—2022/IEC 60364-7-701：2019 规定：

安装的电气设备应至少具有如下的防护等级：

——在 0 区，IPX7；

——在 1 区，IPX4；

——在 2 区，IPX4。

24 如何确定槽盒内电缆的总截面积是否超过 40% 问题

在建筑电气安装工程中经常看到槽盒内电缆敷设得满满的，甚至连盖板都盖不上。凭直觉可能认为槽盒内电缆的总截面积超过槽盒截面积的 40%。其实，电缆之间的空隙也占了很大的比例，还是应该通过计算才能最终确定。

《民用建筑电气设计标准》GB 51348—2019 第 8.5.8 条规定：槽盒内电缆的总截面积（包括外护层）不应超过槽盒内截面积的 40%，且电缆根数不宜超过 30 根。

所以，确定槽盒规格前就应计算出电缆的总截面积。常用电缆的截面积可参考国标图集《建筑电气常用数据》19DX101-1 的资料，如表 3-19 所示。

电缆型号 0.6/1kV	线芯截面积(mm²)	10	16	25	35	50	70	95	120	150	185	240
	电缆芯数	5	5	4+1	4+1	4+1	4+1	4+1	4+1	4+1	4+1	4+1
YJV、ZR-YJV、WDZ-YJ(F)E	参考外径(mm)	19.6	22.4	26.2	28.8	33.4	38.8	44.1	49.5	54.1	60.5	68.2
	电缆截面积(mm²)	302	394	539	651	867	1182	1527	1924	2289	2873	3651
VV、NH-YJV、WDZN-YJ(F)E	参考外径(mm)	22.8	25.8	30.1	32.7	37.7	41.9	47.6	52.0	56.8	63.0	70.7
	电缆截面积(mm²)	408	523	711	839	1116	1378	1779	2123	2533	3116	3924
YJV₂₂	参考外径(mm²)	23.2	26.0	30.4	34.1	38.7	44.2	49.8	55.4	60.1	66.9	74.8
	电缆截面积(mm²)	423	531	725	913	1176	1534	1947	2409	2835	3513	4392
VV₂₂	参考外径(mm)	26.2	29.3	34.7	37.5	42.4	46.9	52.4	57.1	61.7	67.9	75.3
	电缆截面积(mm²)	539	674	945	1104	1411	1727	2155	2559	2988	3619	4451

  首先需确定每一根电缆的截面积，然后计算出电缆的总截面积，最后根据电缆的总截面积占槽盒截面积的 40% 倒推出槽盒截面积，并留有适当余量后确定槽盒规格（宽和高），这样才能较好地达到《民用建筑电气设计标准》GB 51348—2019 的要求。

  有一个问题需要提醒注意：当电力电缆的总截面积超过槽盒截面积的 40% 时，虽然不符合《民用建筑电气设计标准》GB 51348—2019 的规定，但没有违反强制性规范的规定。

  《建筑电气与智能化通用规范》GB 55024—2022 第 6.1.2 条规定：导管和电缆槽盒内配电电线的总截面积不应超过导管或电缆槽盒内截面积的 40%；电缆槽盒内控制线缆的总截面积不应超过电缆槽盒内截面积的 50%。

  从以上第 6.1.2 条可以看出，该条只强调了电线，没有强调电缆。这是《民用建筑电气设计标准》GB 51348—2019 与《建筑电气与智能化通用规范》GB 55024—2022 对此内容规定的差别。

第四章 电气消防常见问题

1 感烟探测器在格栅吊顶场所安装位置问题

有的室内区域采用格栅（或镂空金属板）吊顶，烟感探测器装在了格栅（或镂空金属板）下方，如图 4-1、图 4-2 所示。图 4-1 的金属板镂空面积不仅包括金属板的圆孔，还包括板与板之间的空隙。

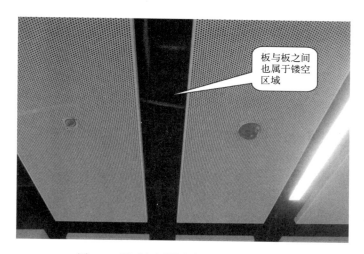

图 4-1　烟感探测器安装在金属镂空板下

《火灾自动报警系统设计规范》GB 50116—2013 第 6.2.18 条要求：

6.2.18　感烟火灾探测器在格栅吊顶场所的设置，应符合下列规定：

　　1　镂空面积与总面积的比例不大于 15％时，探测器应设置在吊顶下方。

　　2　镂空面积与总面积的比例大于 30％时，探测器应设置在吊顶上方。

　　3　镂空面积与总面积的比例为 15％～30％时，探测器的设置部位应根据实际试验结果确定。

图 4-1、图 4-2 烟感探测器设置位置的吊顶镂空面积与总面积的比例均远大于 30％，一旦发生火灾，烟雾将冲入吊顶内，而在吊顶下的烟感探测器将不能及时报警。

图 4-2　烟感探测器安装在镂空部分四周的框架上

因此，应重视感烟探测器在格栅（或镂空金属板）吊顶场所选择正确的安装方式，当镂空面积与总面积的比例大于 30％时，烟感探测器应设置在吊顶上方；并应注意当探测器设置在吊顶上方且火警确认灯无法观察到时，应在吊顶下方设置火警确认灯。

2　顶棚上有突出的梁时如何设置消防探测器问题

在实际工程中，有些比较高大的空间场所，其上部不做吊顶，但有突出顶板的结构梁，在梁与梁之间形成若干"梁窝"，是否需要在每一个"梁窝"里都设置消防探测器？

《火灾自动报警系统设计规范》GB 50116—2013 第 6.2.3 条有相应的规定：

6.2.3　在有梁的顶棚上设置点型感烟火灾探测器、感温火灾探测器时，应符合下列规定：

1　当梁突出顶棚的高度小于 200mm 时，可不计梁对探测器保护面积的影响。

2　当梁突出顶棚的高度为 200mm～600mm 时，应按本规范附录 F、附录 G 确定梁对探测器保护面积的影响和一只探测器能够保护的梁间区域的数量。

3　当梁突出顶棚的高度超过 600mm 时，被梁隔断的每个梁间区域应至少设置一只探测器。

4　当被梁隔断的区域面积超过一只探测器的保护面积时，被隔断的区域应按本规范第 6.2.2 条第 4 款规定计算探测器的设置数量。

5　当梁间净距小于 1m 时，可不计梁对探测器保护面积的影响。

从以上规定可以看出：

（1）当梁高小于 200mm 及梁间净距小于 1m 时，不考虑梁对探测器保护面积的影响。

（2）当梁高大于 600mm 时，每个"梁窝"均需设置探测器。

（3）当梁高在 200～600mm 时，需按《火灾自动报警系统设计规范》GB 50116—2013 附录 F、附录 G 确定，如图 4-3、表 4-1 所示。

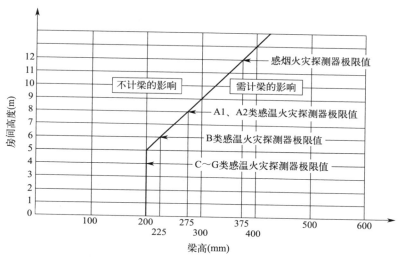

图 4-3　不同高度的房间梁对探测器设置的影响

按梁间区域面积确定一只探测器保护的梁间区域的个数　　　表 4-1

探测器的保护面积 A (m²)	梁隔断的梁间区域面积 Q (m²)	一只探测器保护的梁间区域的个数（个）
感温探测器	$Q>12$	1
	$8<Q\leqslant12$	2
20	$6<Q\leqslant8$	3
	$4<Q\leqslant6$	4
	$Q\leqslant4$	5
	$Q>18$	1
	$12<Q\leqslant18$	2
30	$9<Q\leqslant12$	3
	$6<Q\leqslant9$	4
	$Q\leqslant6$	5

探测器的保护面积 A（m²）		梁隔断的梁间区域 面积 Q（m²）	一只探测器保护的 梁间区域的个数（个）
感烟探测器	60	Q＞36	1
		24＜Q≤36	2
		18＜Q≤24	3
		12＜Q≤18	4
		Q≤12	5
	80	Q＞48	1
		32＜Q≤48	2
		24＜Q≤32	3
		16＜Q≤24	4
		Q≤16	5

第 6.2.3 条的条文说明解释如下：由附录 F（图 4-3）可以看出，房间高度在 5m 以上，梁高大于 200mm 时，探测器的保护面积受梁高的影响按房间高度与梁高之间的线性关系考虑。还可看出，C、D、E、F、G 型感温火灾探测器房高极限值为 4m，梁高限度为 200mm；B 型感温火灾探测器房高极限值为 6m，梁高限度为 225mm；A1、A2 型感温火灾探测器房高极限值为 8m，梁高限度为 275mm；感烟火灾探测器房高极限值为 12m，梁高限度为 375mm。若梁高超过上述限度，即图 4-3 所示线性曲线右边部分，均需计入梁的影响。

综合以上情况，针对感烟火灾探测器举例说明：当房间高度为 8m，梁高为 300mm 时，交叉点在线性曲线的右侧，需要考虑梁的影响；当房间高度为 10m，梁高仍为 300mm 时，交叉点在线性曲线的左侧，则不需要考虑梁的影响。

附录 G（表 4-1）反映的是按梁间区域面积确定一只探测器保护的梁间区域的个数。以保护面积为 60m² 的感烟探测器为例加以说明：当梁间区域面积 Q（"梁窝"）大于 36m² 时，一只探测器只能保护 1 个梁间区域（"梁窝"）；当梁间区域面积 Q（"梁窝"）大于 24m²、小于等于 36m² 时，一只探测器可以保护 2 个梁间区域（"梁窝"）；当梁间区域面积 Q（"梁窝"）大于 18m²、小于等于 24m² 时，一只探测器可以保护 3 个梁间区域（"梁窝"）；当梁间区域面积 Q（"梁窝"）大于 12m²、小于等于 18m² 时，一只探测器可以保护 4 个梁间区域（"梁窝"）；当梁间区域面积 Q（"梁窝"）小于等于 12m² 时，一只探测器可以保护 5 个梁间区域（"梁窝"）。

3　消防探测器安装位置距离空调送风口距离太近的问题

在工程后期装修过程中，为满足装修的整体效果，消防探测器的安装位置往往设置不当，影响其探测功能的发挥。尤其是在宾馆饭店、公寓，还有一些写字楼的房间，消防探测器（主要是烟感探测器）的安装位置经常出现与空调送风口距离太近的问题，而忽略了规范的规定。

《火灾自动报警系统设计规范》GB 50116—2013 第 6.2.8 条规定：点型探测器至空调送风口边的水平距离不应小于 1.5m，并宜接近回风口安装，如图 4-4 所示。

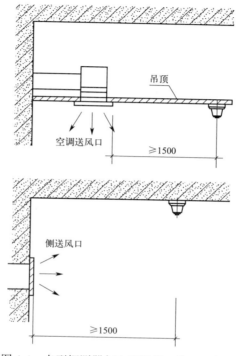

图 4-4　点型探测器与空调送风口位置示意图

此条规定说明：在设有空调的房间内，探测器不应安装在靠近空调送风口处，距离送风口应大于等于 1.5m，而距离回风口越近越好。

探测器距离空调送风口太近，将会产生两个问题：

（1）火灾时探测器不能及时报警。这是因为空调送风气流会将烟雾吹散，使极小的燃烧粒子不能扩散到探测器中去，使探测器不能及时探测到烟雾。

（2）平时可能使探测器（离子型）产生误报。这是因为通过探测器电离室的空调气流在某种程度上改变其电离模型，可能使探测器更灵敏而产生误报。

因此，装修工程中电气技术人员应关注探测器的安装位置，在保证探测器功能的前提下，尽量满足装饰效果的要求。

4　消防探测器直接安装在吊顶板上是否符合要求问题

在很多的工程项目中，消防探测器均直接用木螺钉固定在吊顶板上。吊顶板有的采用矿棉板，有的采用石膏板，经过一段时间以后，有的探测器出现了歪斜现象，甚至有的发生脱落。这是因为吊顶板不"吃钉"，消防探测器很难与吊顶板固定牢固。

除此之外，消防探测器直接用木螺钉固定在吊顶板上，还极易出现吊顶内明露导线的现象。《火灾自动报警系统设计规范》GB 50116—2013 第 11.2.7 条规定：从接线盒、线槽等处引到探测器底座盒、控制设备盒、扬声器箱的线路，均应加金属保护管保护。在其条文说明中解释：考虑到线路敷设的安全性，不穿管的线路易遭损坏。

华北标办图集《建筑电气通用图集 09BD9 火灾自动报警与联动控制》中，在吊顶板下安装消防探测器推荐了两种做法，如图 4-5、图 4-6 所示。

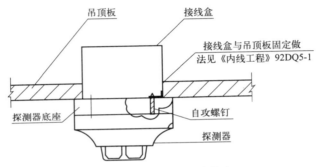

图 4-5　消防探测器安装做法一

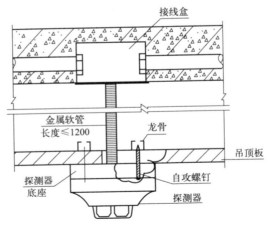

图 4-6　消防探测器安装做法二

这两种做法，一是探测器底座直接安装在接线盒上，二是探测器底座用自攻螺钉穿透吊顶板固定在龙骨上。两种做法均能达到消防探测器固定牢固且吊顶内不明露导线的目的。

5 消防探测器接线应注意的问题

　　消防探测器接线虽然是比较简单的，但也容易出现不恰当的接线方式。《〈火灾自动报警系统施工及验收标准〉图示》21X505-2 要求，消防探测器应采用如图 4-7 所示的接线方式，而不允许采用如图 4-8 所示的接线方式，并在注中明确：不允许利用探测器接线端子作回路分线盒。图 4-8 所示的接线方式相当于"串接"或"链式连接"，一旦某个端子压线出现问题，其后面的探测器均不能正常。因此，探测器应采用如图 4-7 所示的接线方式，将探测器并接在总线上。

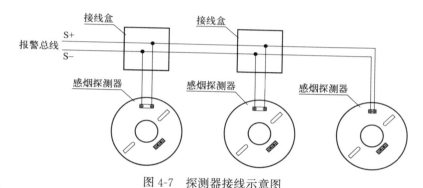

图 4-7　探测器接线示意图

图 4-8　探测器接线错误做法

6 极早期火灾报警系统吸气式采样支管是否可以带多个采样孔问题

　　现在很多数据中心和建筑内的超过 12m 的高大空间采用的是极早期火灾报警系统，由于采用主动吸气式的采样方式，通常具有很高的灵敏度。

在《火灾自动报警系统施工及验收标准》GB 50166—2019 第 3.3.9 条对其安装作出了如下规定。

3.3.9　管路采样式吸气感烟火灾探测器的安装应符合下列规定：

1　高灵敏度吸气式感烟火灾探测器当设置为高灵敏度时，可安装在天棚高度大于 16m 的场所，并应保证至少有两个采样孔低于 16m；

2　非高灵敏度的吸气式感烟火灾探测器不宜安装在天棚高度大于 16m 的场所；

3　采样管应牢固安装在过梁、空间支架等建筑结构上；

4　在大空间场所安装时，每个采样孔的保护面积、保护半径应满足点型感烟火灾探测器的保护面积、保护半径的要求，当采样管道布置形式为垂直采样时，每 2℃温差间隔或 3m 间隔（取最小者）应设置一个采样孔，采样孔不应背对气流方向；

5　采样孔的直径应根据采样管的长度及敷设方式、采样孔的数量等因素确定，并应满足设计文件和产品使用说明书的要求，采样孔需要现场加工时，应采用专用打孔工具；

6　当采样管道采用毛细管布置方式时，毛细管长度不宜超过 4m；

7　采样管和采样孔应设置明显的火灾探测器标识。

施工现场对采样主管分出的支管是否可以带多个采样孔产生了不一致的看法。探测器设置如图 4-9 中 L1a 所示。

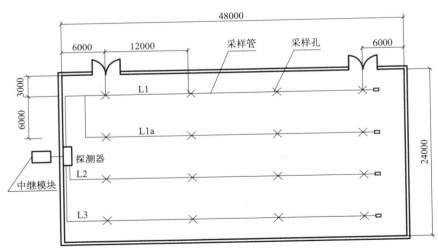

图 4-9　吸气式火灾感烟火灾探测器设置示意图

一种观点认为：不能做成上图 L1a 这样的，一个支管带多个采样孔，从主管分出的支带只能带一个采样孔。

其实，图4-9是《〈火灾自动报警系统设计规范〉图示》14×505-1给出的示意图。但是新出版的《〈火灾自动报警系统施工及验收标准〉图示》21X505-2进行了调整（图4-10），并给出了错误做法的图示（图4-11），还在注中强调主采样管不得在探测器外做分支。此变化应引起注意。

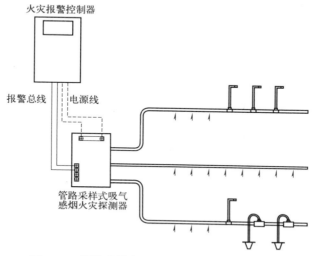

图4-10 管路采样式吸气感烟火灾探测器示意图

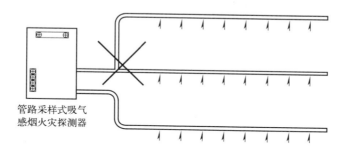

图4-11 管路采样式吸气感烟火灾探测器管路错误做法
注：主采样管不得在探测器外做分支。

7 总线短路隔离器设置应注意的问题

有的项目工程竣工时，发现火灾自动报警系统设置的总线短路隔离器数量比设计图的数量少，而且有多个短路隔离器所保护的火灾探测器、手动报警按钮、模块等设备数量远超过规范要求的32点。应该说这是施工人员未严格按设计图纸施工造成的，因此现场的技术质量管理人员应提出要求和检查。

对于总线短路隔离器的设置，《火灾自动报警系统设计规范》GB 50116—2013 第 3.1.6 条有明确规定：系统总线上应设置总线短路隔离器，每只总线短路隔离器保护的火灾探测器、手动火灾报警按钮和模块等消防设备的总数不应超过 32 点；总线穿越防火分区时，应在穿越处设置总线短路隔离器。

以下有关短路隔离器的作用、接线和设置要求应注意了解和遵守。

（1）短路隔离器的作用

短路隔离器应设置在火灾报警器系统的传输总线上，当传输总线的某一处发生短路或接地故障时，该处前端的短路隔离器动作，自动断开此部分的总线回路，使之不损坏控制器，也不影响总线上其他设备的正常工作。当这部分短路或接地故障消除时，能自动恢复这部分回路的正常工作。

（2）短路隔离器的接线

如图 4-12 所示。

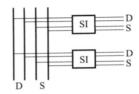

图 4-12　短路隔离器（树形结构）的接线

SI—短路隔离器；D—电源线；S—信号线

（3）短路隔离器的设置

总线穿越防火分区时，应在穿越处设置总线短路隔离器，如图 4-13、图 4-14 所示。

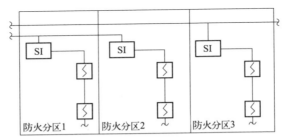

图 4-13　总线穿越防火分区时短路隔离器（树形结构）的设置

图 4-14 中，总线只是穿过防火分区，而在防火分区内不接任何设备时，在该防火分区内可不设短路隔离器。

系统总线上应设置总线短路隔离器，每只总线短路隔离器保护的火灾探测

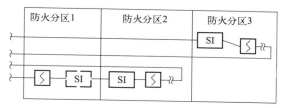

图 4-14　总线穿越防火分区时短路隔离器（环形结构）的设置

器、手动火灾报警按钮和模块等消防设备的总数不应超过 32 点，如图 4-15、图 4-16 所示。

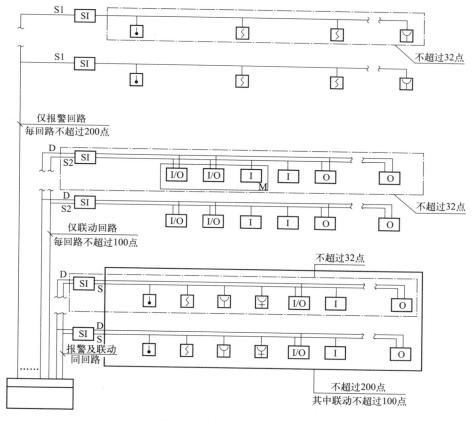

图 4-15　树形结构系统示意图

需要说明的是：当系统为环形结构，如传输总线的某一处发生短路或接地故障时，其两端的短路隔离器均动作，断开此部分线路。由于是环形系统，不影响总线上其他设备的正常工作。

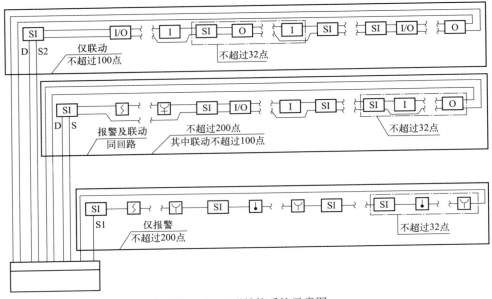

图 4-16　环形结构系统示意图

8　火灾自动报警系统金属导管、金属槽盒刷防火涂料的问题

　　在现场经常看到火灾自动报警系统的金属导管、槽盒明敷设时刷防火涂料的情况。

　　在已废止的国家标准《火灾自动报警系统设计规范》GB 50116—98 第10.2.2 条规定：消防控制、通信和警报线路采用暗敷设时，宜采用金属管或经阻燃处理的硬质塑料保护管，并应敷设在不燃烧的结构层内，且保护层厚度不宜小于 30mm。当采用明敷设时，应采用金属管或金属线槽保护，并应在金属管或金属线槽上采取防火保护措施。

　　国家标准《火灾自动报警系统设计规范》GB 50116—2013 取消了以上的规定，在第 11.2.3 条中只规定：线路明敷设时，应采用金属管、可挠（金属）电气导管或金属封闭线槽保护。未强调做防火处理。

　　《〈火灾自动报警系统设计规范〉图示》14X505-1 中的第 11.2.3 条特别提示：采用阻燃耐火电线电缆的供电线路、消防联动控制线路和采用阻燃电线电缆的传输线路明敷设时，其保护管或线槽可不采取防火措施。

　　结合以上规定，应该说当火灾自动报警系统的供电线路和消防联动控制线路未采用阻燃耐火电线电缆，传输线路未采用阻燃电线电缆时，其明敷设的金属导管、金属线槽才需要防火处理。

9 火灾自动报警系统电线耐压等级问题

住房和城乡建设主管部门于 2019 年 7 月承接了建设工程消防设计、审查、验收职责。北京相关监督管理部门也对消防工程加大了检查力度和深度。在其对一些项目进行检查、验收时，发现消防广播采用的双绞线（RVS）耐压等级与设计图纸不符，设计图纸要求 300V/500V，报验资料为 300V/300V。

通常电气设计图纸会对所用线缆的耐压等级提出要求，而且《火灾自动报警系统设计规范》GB 50116—2013 第 11.1.1 条也有明确规定：火灾自动报警系统的传输线路和 50V 以下供电的控制线路，应采用电压等级不低于交流 300V/500V 的铜芯绝缘导线或铜芯电缆。

《民用建筑电气设计标准》GB 51348—2019 第 13.8.2 条规定：火灾自动报警系统的传输线路和 50V 以下供电的控制线路，应采用耐压不低于交流 300V/500V 的多股绝缘电线或铜芯电缆。这与 GB 50116—2013 第 11.1.1 条的规定稍有差别，强调了采用"多股"电线。

RVS 产品执行标准为《额定电压 450/750V 及以下聚氯乙烯绝缘电缆电线和软线 第 3 部分：连接用软电线和软电缆》JB/T 8734.3—2016。该标准中明确了软电线和软电缆的额定电压等级，如表 4-2 所示。

软电线和软电缆规格 表 4-2

型号	额定电压（V）	芯数	导体标称截面积（mm²）
RVS	300/300	2	0.5～6
RVZ	300/300	2	0.5～6
RVV	300/500	2～41	0.5～10

从表 4-2 可以看出，RVS 和 RVZ 的额定电压为 300V/300V，RVV 的额定电压为 300V/500V。

当设计采用 RVS，并要求额定电压为 300V/500V 时，对照表 4-2 实际上是没有对应产品制造标准的。

因此，当出现以上问题时，应及时反馈给电气设计人员，避免出现不符合设计耐压等级要求的火灾自动报警系统的电线在工程上使用。

10 消防联动触发、联动控制、反馈信号及连锁触发、连锁控制信号问题

电气消防主要涉及火灾自动报警与消防联动控制两大部分，这两部分都非常重要，而且密不可分，缺少哪一部分，都不能有效完成及时发现火情并实施灭火

的任务。《火灾自动报警系统设计规范》GB 50116—2013 第 4.1.6 条规定：需要火灾自动报警系统联动控制的消防设备，其联动触发信号应采用两个独立的报警触发装置报警信号的"与"逻辑组合。针对此条规定，《〈火灾自动报警系统设计规范〉图示》14X505-1 给出了常见联动触发信号、联动控制信号及联动反馈信号表，如表 4-3 所示。

常见联动触发信号、联动控制信号及联动反馈信号表　　　　表 4-3

系统名称		联动触发信号	联动控制信号	联动反馈信号
自动喷水灭火系统	湿式和干式系统	报警阀压力开关的动作信号与该报警阀防护区域内任一火灾探测器或手动报警按钮的报警信号	启动喷淋泵	水流指示器动作信号、信号阀动作信号、压力开关动作信号、喷淋消防泵的启停信号
	预作用系统	同一报警区域内两只及以上独立的感烟火灾探测器或一只感烟火灾探测器与一只手动火灾报警按钮的报警信号	开启预作用阀组、开启快速排气阀前电动阀	水流指示器动作信号、信号阀动作信号、压力开关动作信号、喷淋消防泵的启停信号、有压气体管道气压状态信号、快速排气阀前电动阀动作信号
		报警阀压力开关的动作信号与该报警阀防护区域内任一火灾探测器或手动报警按钮的报警信号	启动喷淋泵	
	雨淋系统	同一报警区域内两只及以上独立的感温火灾探测器或一只感温火灾探测器与一只手动火灾报警按钮的报警信号	开启雨淋阀组	水流指示器动作信号、压力开关动作信号、雨淋阀组和雨淋消防泵的启停信号
		报警阀压力开关的动作信号与该报警阀防护区域内任一火灾探测器或手动报警按钮的报警信号	启动喷淋泵	
	水幕系统 / 用于防火卷帘的保护	防火卷帘下落到楼板面的动作信号与本报警区域内任一火灾探测器或手动火灾报警按钮的报警信号	开启水幕系统控制阀组	压力开关动作信号、水幕系统相关控制阀组和消防泵的启停信号
		报警阀压力开关的动作信号与该报警阀防护区域内任一火灾探测器或手动报警按钮的报警信号	启动喷淋泵	
	水幕系统 / 用于防火分隔	报警区域内两只独立的感温火灾探测器的火灾报警信号	开启水幕系统控制阀组	
		报警阀压力开关的动作信号与该报警阀防护区域内任一火灾探测器或手动报警按钮的报警信号	启动喷淋泵	
消火栓系统		消火栓按钮的动作信号与该消火栓按钮所在报警区域内任一火灾探测器或手动报警按钮的报警信号	启动消火栓泵	消火栓泵启动信号

系统名称	联动触发信号	联动控制信号	联动反馈信号
气体灭火系统	任一防护区域内设置的感烟火灾探测器、其他类型火灾探测器或手动火灾报警按钮的首次报警信号	启动设置在该防护区内的火灾声光警报器	气体灭火控制器直接连接的火灾探测器的报警信号
	同一防护区域内与首次报警的火灾探测器或手动火灾报警按钮相邻的感温火灾探测器、火焰探测器或手动火灾报警按钮的报警信号	关闭防护区域的送、排风机及送排风阀门,停止通风和空气调节系统,关闭该防护区域的电动防火阀,启动防护区域开口封闭装置,包括关闭门、窗,启动气体灭火装置,启动入口处表示气体喷洒的火灾声光警报器	选择阀的动作信号,压力开关的动作信号
防烟系统	加压送风口所在防火分区内的两只独立的火灾探测器或一只火灾探测器与一只手动火灾报警按钮的报警信号	开启送风口、启动加压送风机	送风口、排烟口、排烟窗或排烟阀的开启和关闭信号,防烟、排烟风机启停信号,电动防火阀关闭动作信号
	同一防烟分区内且位于电动挡烟垂壁附近的两只独立的感烟火灾探测器的报警信号	降落电动挡烟垂壁	
排烟系统	同一防烟分区内的两只独立的火灾探测器报警信号或一只火灾探测器与一只手动火灾报警按钮的报警信号	开启排烟口、排烟窗或排烟阀,停止该防烟分区的空气调节系统	
	排烟口、排烟窗或排烟阀开启的动作信号与该防烟分区内任一火灾探测器或手动报警按钮的报警信号	启动排烟风机	
防火门系统	防火门所在防火分区内的两只独立的火灾探测器或一只火灾探测器与一只手动火灾报警按钮的报警信号	关闭常开防火门	疏散通道上各防火门的开启、关闭及故障状态信号
电梯	—	所有电梯停于首层或电梯转换层	电梯运行状态信息和停于首层或转换层的反馈信号
火灾警报和消防应急广播系统	同一报警区域内两只独立的火灾探测器或一只火灾探测器与一只手动火灾报警按钮的报警信号	确认火灾后启动建筑内所有火灾声光警报器、启动消防应急广播	消防应急广播分区的工作状态

系统名称	联动触发信号	联动控制信号	联动反馈信号
消防应急照明和疏散指示系统	同一报警区域内两只独立的火灾探测器或一只火灾探测器与一只手动火灾报警按钮的报警信号	确认火灾后，由发生火灾的报警区域开始，顺序启动全楼消防应急照明和疏散指示系统	—

续表

除了以上的联动控制外，湿式或干式系统中压力开关直接启泵、消火栓系统中压力开关和流量开关直接启泵是消防系统自身完成的，此类控制不需要火灾自动报警系统参与，不依赖消防联动控制系统，也不受消防联动控制器处于自动或手动状态的影响，是通过专用线路实现的。通常将此类控制称为连锁控制。消防系统中常见连锁触发和连锁控制信号，如表4-4所示。

消防系统中常见连锁触发和连锁控制信号表　　　　表4-4

系统名称		连锁触发信号	连锁控制信号
自动喷水灭火系统	湿式和干式系统	压力开关动作信号	启动喷淋泵
	预作用系统		
	雨淋系统		
	水幕系统		
消火栓系统		系统出水干管上的低压压力开关、高位消防水箱出水管上的流量开关、报警阀压力开关的动作信号	启动消火栓泵
排烟系统		排烟风机入口处总管上设置的280℃排烟防火阀动作信号	关闭排烟风机

11　气体灭火系统电气联调控制问题

数据中心通常采用气体灭火系统进行消防保护，其控制系统有自动控制、手动控制和应急操作三种方式。三种操作方式的操作过程如下：

（1）自动控制

在每个气体灭保护区内都设有烟感探测器和温感探测器。发生火灾时，当烟感探测器报警，设在该保护区的警铃将动作；当温感探测器也报警时，设在该保护区的蜂鸣器及闪灯将动作，经过30s（可调）的延时后，气体灭火控制盘将启动钢瓶的电磁阀启动器和相应保护区的选择阀电磁启动器，使气体沿管道和喷头输送到发生火灾的相应保护区。

一旦气体释放后，安装在管道上的压力开关将气体已经释放的信号送回消防控制中心的气体灭火控制单元；而保护区域门外的蜂鸣器及闪灯在灭火期间将一直工作，警告所有人员不能进入保护区，直至确认火灾已经扑灭。

112

（2）手动操作

一般情况下，气体灭火系统处于自动状态，当保护区发生火灾时，可以直接拉动手拉启动器，控制盘发出声、光报警信号，并启动钢瓶电磁阀启动器及相应的选择阀电磁启动器，释放出气体，同时控制盘输出信号到消防控制中心。

（3）应急操作

应急操作是机械方式的操作，此种操作方式只有在控制系统失灵或遇断电（电池也没有电）时才使用。此时应先拉动相应保护区的区域选择阀手动启动器，再拉动相应的启动电磁阀手动启动器，使气体灭火系统启动。

在气体灭火过程中，还有一个环节往往容易被忽视，即气体释放前，还有一系列联动的工作要完成，包括关闭空调风管上的防火阀、保护区的电动防火门；切断空调系统的电源及其他非消防负荷。其中关闭空调风管上的防火阀、保护区的电动防火门是最重要的联动工作，因为气体灭火中每个保护区的气体量均是通过计算确定的，如果气体通过风管或防火门泄漏，将可能使保护区内气体的浓度低于灭火要求的浓度，以致不能达到有效灭火的目的。

气体灭火系统灭火流程如图 4-17 所示，可供参考。

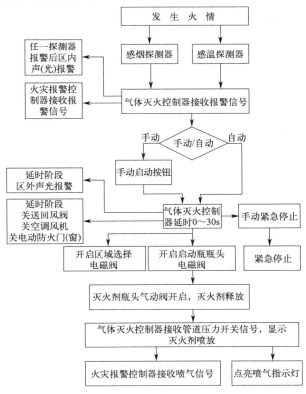

图 4-17　气体灭火系统灭火流程

12 电气线路穿防火墙、楼板的防火封堵问题

电气线路，包括电缆桥架、封闭母线等在穿越防火墙、楼板处的孔洞进行防火封堵是毋庸置疑的。但封堵后能不能达到应有的效果，一般很少有人进行关注。

防火墙、楼板由于所用材料不同、墙体或楼板厚度不同，其耐火极限也会有较大的差别。如：120mm厚钢筋混凝土墙的耐火极限为2.5h；同为120mm厚的轻质混凝土砌块墙的耐火极限只有1.5h；180mm厚钢筋混凝土墙的耐火极限为3.5h。《建筑设计防火规范》GB 50016—2014（2018年版）的附录，给出了各类建筑构件的燃烧性能和耐火极限。

由于不同防火墙、楼板的耐火极限不同，所以孔洞防火封堵的效果应不低于其耐火极限。

《建筑防火封堵应用技术标准》GB/T 51410—2020第3.0.1条规定：防火封堵组件的防火、防烟和隔热性能不应低于封堵部位建筑构件或结构的防火、防烟和隔热性能要求，在正常使用和火灾条件下，应能防止发生脱落、移位、变形和开裂。

《建筑防火封堵应用技术规程》CECS 154：2003第3.1.4条规定：贯穿防火封堵组件的耐火极限不应低于被贯穿物的耐火极限。

这就要求我们了解所用的防火封堵材料的耐火性能，是否满足防火墙、楼板的耐火极限。国家标准《防火封堵材料》GB 23864—2023对防火封堵材料的耐火性能提出了明确规定：

5.6 耐火性能

5.6.1 防火封堵材料的耐火性能按不同的火灾环境条件其耐火性能分级代号如表4所示，按耐火完整性（用E表示）时间分为：1h、2h、3h三个级别，同时满足耐火完整性和耐火隔热性（用EI表示）时间分为：1 h、2 h、3 h三个级别。

5.6.2 防火封堵材料的耐火性能应符合表4（见本书表4-5）的规定。

耐火性能分级代号　　　　　　　　　　　　　　　　　表4-5

耐火极限 F_r (h)	耐火性能分级代号			
	建筑纤维类火灾		电力火灾	
	满足耐火完整性	满足耐火完整性和耐火隔热性	满足耐火完整性	满足耐火完整性和耐火隔热性
$1.00 \leqslant F_r < 2.00$	F_{XH}-E1	F_{XH}-EI1	F_{DL}-E1	F_{DL}-EI1
$2.00 \leqslant F_r < 3.00$	F_{XH}-E2	F_{XH}-EI2	F_{DL}-E2	F_{DL}-EI2
$F_r \geqslant 3.00$	F_{XH}-E3	F_{XH}-EI3	F_{DL}-E3	F_{DL}-EI3

因此，在进行相关孔洞的防火封堵时，一定要弄清相关孔洞的防火墙或楼板

的耐火极限，然后再确定防火封堵材料的耐火性能。这样，封堵后才能满足防火封堵所要达到的效果。

13 消防水泵是否设置自动巡检装置的问题

消防水泵是水灭火系统中的重要组成部分，其特点是长期不运行，一旦使用就必须发挥其应有的作用。消防水泵由于长期处于闲置状态，且泵房环境比较潮湿，很容易发生水泵锈蚀、锈死的现象，以致火灾发生时，消防水泵不能正常运转，将造成无法弥补的损失。

针对消防水泵存在的这一问题，公安部曾经的行业强制性标准《固定消防给水设备的性能要求和试验方法 第2部分：消防自动恒压给水设备》GA 30.2—2002第5.4.4条对巡检功能作出了明确规定：

"5.4.4 巡检功能

消防泵长期处于非运行状态的设备应具有巡检功能，应符合下列要求：

5.4.4.1 设备应具有自动和手动巡检功能，其自动巡检周期应能按需设定。

5.4.4.2 消防泵按消防方式逐台启动运行，每台泵运行时间不少于2min。

5.4.4.3 设备应能保证在巡检过程中遇消防信号自动退出巡检，进入消防运行状态。

5.4.4.4 巡检中发现故障应有声、光报警。具有故障记忆功能的设备，记录故障的类型及故障发生的时间等，应不少于5条故障信息，其显示应清晰易懂。

5.4.4.5 采用工频方式巡检的设备，应有防超压的措施，设巡检泄压回路的设备，回路设置应安全可靠。

5.4.4.6 采用电动阀门调节给水压力的设备，所使用的电动阀门应参与巡检"。

从以上规定，可以看出消防水泵应设置自动巡检装置。

国家质量监督检验检疫总局和国家标准化管理局于2011年12月30日发布，2012年6月1日实施的《固定消防给水设备 第2部分：消防自动恒压给水设备》GB 27898.2—2011。该标准代替了《固定消防给水设备的性能要求和试验方法 第2部分：消防自动恒压给水设备》GA 30.2—2002。该标准第5.4.6规定：

5.4.6巡检

5.4.6.1设备应具有手动巡检和巡检提示功能，其巡检提示周期应能按需设定，但最长周期不应超过360h。

5.4.6.2巡检的操作方法应简便，且应在《操作指导书》中规定。

5.4.6.3 巡检过程中消防泵应逐台启动运行，每台泵在额定工况下运行时间不应少于 2min。

5.4.6.4 巡检中出现故障应有声、光报警。

5.4.6.5 采用电动阀门调节给水压力的设备，所使用的电动阀门应参与巡检。

从以上规定，可以看出消防水泵应设置手动巡检。

《民用建筑电气设计标准》GB 51348—2019 第 13.7.7 条规定：民用建筑内的消防水泵不宜设置自动巡检装置。

在其条文说明中解释：消防水泵变频低速巡检装置不能带来安全，反而增加隐患。其工作原理是平时变频低速巡检，火灾时，消防水泵控制箱接到启动信号，并在起泵前的 0.1s 将巡检装置的输出端与消防水泵的主回路断开，否则消防水泵将不能启动。巡检装置是电子设备，寿命有限，如故障不能使其安全地从消防水泵的主回路分离，消防水泵将不能启动，后果不堪设想。

《固定消防给水设备 第 2 部分：消防自动恒压给水设备》GB 27898.2—2011 及《民用建筑电气设计标准》GB 51348—2019 对于消防水泵是否设置自动巡检装置，规定是不一样的。作为电气技术人员应了解这些规定，可以征求设计意见，设置与否由电气设计人员确定。

14 消防应急照明和疏散指示系统蓄电池的初装容量问题

《消防应急照明和疏散指示系统技术标准》GB 51309—2018 第 3.2.4 条规定：

3.2.4 系统应急启动后，在蓄电池电源供电时的持续工作时间应满足下列要求：

1 建筑高度大于 100m 的民用建筑，不应小于 1.5h。

2 医疗建筑、老年人照料设施、总建筑面积大于 100000m² 的公共建筑和总建筑面积大于 20000m 的地下、半地下建筑，不应少于 1.0h。

3 其他建筑，不应少于 0.5h。

4 城市交通隧道应符合下列规定：

1）一、二类隧道不应小于 1.5h，隧道端口外接的站房不应小于 2.0h；

2）三、四类隧道不应小于 1.0h，隧道端口外接的站房不应小于 1.5h。

5 本条第 1 款~第 4 款规定的场所中，当按照本标准第 3.6.6 条的规定设计时，持续工作时间应分别增加设计文件规定的灯具持续应急点亮时间。

6 集中电源的蓄电池组和灯具自带蓄电池达到使用寿命周期后标称的剩余容量应保证放电时间满足本条第 1 款~第 5 款规定的持续工作时间。

从第 3.2.4 条第 6 款可以看出，消防应急照明和疏散指示系统供电时长的要求：蓄电池达到使用寿命周期后标称的剩余容量需满足的持续供电时间，并非出厂的初始供电时长。

在第 3.2.4 的条文说明也作出了解释：

蓄电池（组）在正常使用过程中要不断地进行充放电，蓄电池（组）的容量会随着充放电的次数成比例衰减，不同类别蓄电池（组）的使用寿命、在使用寿命周期内允许的充放电次数和衰减曲线不尽相同。在系统设计时，应按照选用蓄电池（组）的衰减曲线确定集中电源的蓄电池组或灯具自带蓄电池的初装容量，并应保证在达到使用寿命周期时蓄电池（组）标称的剩余容量的放电时间仍能满足设置场所所需的持续应急工作时间要求。

另外，还应特别注意第 3.2.4 条第 5 款提到的第 3.6.6 条的规定：

3.6.6 在非火灾状态下，系统主电源断电后，系统的控制设计应符合下列规定：

1 集中电源或应急照明配电箱应连锁控制其配接的非持续型照明灯的光源应急点亮、持续型灯具的光源由节电点亮模式转入应急点亮模式；灯具持续点亮时间应符合设计文件的规定，且不应超过 0.5h；

2 系统主电源恢复后，集中电源或应急照明配电箱应连锁其配接灯具的光源恢复原工作状态；灯具持续点亮时间达到设计文件规定的时间，且系统主电源仍未恢复供电时，集中电源或应急照明配电箱应连锁其配接灯具的光源熄灭。

所以，持续工作时间还应加上在非火灾状态下，主电源断电时的灯具持续应急点亮时间。

在国标图集《应急照明设计与安装》19D702-7 中给出了非常明确的表示，如表 4-6 所示。

蓄电池电源供电持续工作时间 $t = t_1 + t_2$　　　　　　　　　　表 4-6

火灾工况条件持续应急时间	t_1	非火灾状态，主电源断电持续应急时间 t_2	
高度大于 100m 的民用建筑	≥1.5h	场所推荐值	t_2
医疗建筑、老年人照料设施、总建筑面积大于 100000m² 的公共建筑和总建筑面积大于 20000m² 的地下、半地下建筑	≥1.0h	$t_2 \leqslant 0.5h$　　≤54m 住宅	10min
		>54m 住宅	15min
其他建筑	≥0.5h	一类高层民用建筑及人员密集场所	30min

注：本表 t_2 值是推荐值，具体设计文件中，t_2 可取 0～0.5h 内的任何值。

按以上规定：应急照明的供电时间应该是 t_1+t_2（也就是在达到使用寿命周期时蓄电池（组）的剩余容量还能持续放电的时间）。还应计入一个系数，以反映蓄电池的初始供电时长。此系数可由厂家提供，如无法提供，可参考有关文献资料，铅酸蓄电池系数取 0.3，锂电池取 0.5。

综上所述，为满足标准要求的供电时间，蓄电池的初装容量所能提供的初始供电时长应为：$(t_1+t_2)/$系数。

例 1：住宅建筑采用自带电源集控型系统，内置锂电池，住宅的非火灾应急时间为 10min，$(30+10)/0.5=80min$，也就是初始供电时长应不小于 80min。

例 2：医疗建筑、老年人照料设施、大于 10 万 m² 的公建、大于 2 万 m² 的地下、半地下建筑，采用集中电源集控型。集中电源采用铅酸电池组，非火灾应急时间为 30min，$(60+30)/0.3=270min$，也就是初始供电时长应不小于 270min。

现在很多厂家提供的技术资料其初始供电时长只有 90min，尤其是示例 2 中的建筑往往不能满足标准要求。如欲解决此问题，建议考虑以下两种办法：

（1）订货前，根据建筑具体情况，确定符合标准要求的初始供电时长，让厂家制造时满足要求。

（2）降容使用。可将集中电源（蓄电池组）进行降容计算，如原规格 1000VA、初始时长 90min 的，在达到使用寿命周期时蓄电池（组）的剩余容量为 1000VA×0.3=300VA。要想满足不小于 270min 的供电时长，只可带 300VA 的负荷。

所以，在确定消防应急照明和疏散指示系统蓄电池的初装容量时，要考虑蓄电池在达到使用寿命周期时的剩余容量，而剩余容量也要能够满足设计或标准要求的供电时长。

15 应急照明配电箱和集中电源的进、出线方式及防护等级问题

实际工程中，很多设计图纸将应急照明配电箱和集中电源设计在电气竖井内。对于设置在电气竖井内的应急照明配电箱和集中电源的进、出线方式及防护等级，国家标准《消防应急照明和疏散指示系统技术标准》GB 51309—2018 的相关条款提出了明确规定：

3.3.7 灯具采用自带蓄电池供电时，应急照明配电箱的设计应符合下列规定：

1 应急照明配电箱的选择应符合下列规定：

1）应选择进、出线口分开设置在箱体下部的产品；

2）在隧道场所、潮湿场所，应选择防护等级不低于 IP65 的产品；在电气竖井内，应选择防护等级不低于 IP33 的产品。

从第 3.3.7 条第 1 款第 1 项可以看出：应急照明配电箱进、出线口应设在箱体的下部。从第 3.3.7 条第 1 款第 2 项可以看出：电气竖井内的应急照明配电箱防护等级不应低于 IP33。

在条文说明中的解释：为防止因生活用水跑冒滴漏或者消防水灭火系统动作产生的水介质对应急照明配电箱内部电子元件、线路造成损坏，应选择进、出线口均设置在箱体下部的产品；同时，应根据设置场所的环境特点选择适宜防护等级的产品。

3.3.8 灯具采用集中电源供电时，集中电源的设计应符合下列规定：

1 集中电源的选择应符合下列规定：

3）在隧道场所、潮湿场所，应选择防护等级不低于 IP65 的产品；在电气竖井内应选择防护等级不低于 IP33 的产品。

从第 3.3.8 条第 1 款第 3 项可以看出：竖井内的集中电源防护等级不应低于 IP33。

4.4.1 应急照明控制器、集中电源、应急照明配电箱的安装应符合下列规定：

1 应安装牢固，不得倾斜；

2 在轻质墙上采用壁挂方式安装时，应采取加固措施；

3 落地安装时，其底边宜高出地（楼）面 100mm～200mm；

4 设备在气竖井内安装时，应采用下出口进线方式；

5 设备接地应牢固，并应设置明显标识。

从第 4.4.1 条第 4 款可以看出：应急照明配电箱、集中电源及应急照明控制器进、出线口均应设在箱体的下部。

在条文说明中的解释：火灾发生时，水灭火系统动作释放的水介质极易流进电气竖井中，为了防止水介质顺着管线流进设备中，对设备造成损坏，在电气竖井中设置的设备应采用下出口进线方式。

虽然建筑发生火灾是小概率事件，但各种原因造成的跑水还是时有发生。一旦发生跑水可能顺着电缆槽盒、导管流进配电箱内，易引起绝缘击穿或短路。

有的项目未注意《消防应急照明和疏散指示系统技术标准》GB 51309—2018 的相关规定，在箱体上方进行开孔，如图 4-18 所示。

因此，为避免类似情况出现，在设备采购时就应要求箱柜厂家将出线设在箱体的下方，杜绝进水发生电气事故的安全隐患。

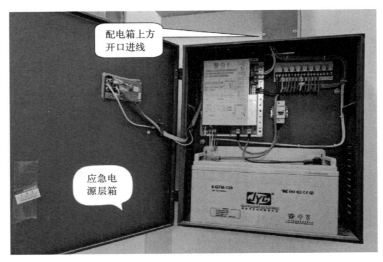

配电箱上方
开口进线

应急电
源层箱

图 4-18　箱体上方进行开孔

16　消防应急标志灯规格尺寸选择问题

消防应急标志灯是工程中常见的灯具，它主要包括安全出口标志灯、疏散方向标志灯和楼层标志灯。现在很多项目空间高大，安装的标志灯尺寸明显偏小，难以保证人员对标志灯指示信息的清晰识别。

《消防应急照明和疏散指示系统技术标准》GB 51309—2018 第 3.2.1 条第 6 款规定：

1）室内高度大于 4.5m 的场所，应选择特大型或大型标志灯；

2）室内高度为 3.5m～4.5m 的场所，应选择大型或中型标志灯；

3）室内高度小于 3.5m 的场所，应选择中型或小型标志灯。

在其条文说明中是这样解释的：为了有效保证人员对标志灯指示信息的清晰识别，可根据不同的设置高度选择适宜规格的标志灯。

从以上条文和条文说明可以看出，其条文的规定和条文说明的解释是矛盾的。那么在选择特大型、大型、中型或小型标志灯时，是依据室内高度还是安装高度呢？按照我国标准的规定：条文说明不具备与标注正文同等的法律效力。所以，选择特大型、大型、中型或小型标志灯时应按室内高度进行选择。

为验证这样做是否合理，笔者特意到高大空间的场所，如大型会堂及公建大堂，其高度均在 8m 以上，发现安装在距地 1m 以下疏散指示灯及 2m 多高的疏散门上方安装的出口标志灯，从视觉感受上采用特大型或大型标志灯是非常合理的。

对特大型、大型、中型、小型标志灯的具体面板尺寸，在国家标准《消防应急照明和疏散指示系统》GB 17945—2010 附录 C 的表 C.2 产品代号中有明确的规定，如表 4-7 所示。

产品代号   表 4-7

产品代号	含义
Ⅳ	消防标志灯中面板尺寸 $D>1000$mm 的标志灯,属于特大型
Ⅲ	面板尺寸 $1000 \geqslant D>500$mm 的标志灯,属于大型
Ⅱ	面板尺寸 $500 \geqslant D>350$mm 的标志灯,属于中型
Ⅰ	面板尺寸 $350 \geqslant D$ 的标志灯,属于小型

对特大型、大型、中型、小型标志灯的具体图形尺寸，在国标图集《应急照明设计与安装》19D702-7 中有明确要求，如图 4-19 所示。

类别	代码	含义	下限	上限
			mm	
特大型	Ⅳ	1. 安全出口指示标志边长(W) 2. 疏散方向指示标志边长(C) 3. 楼层显示标志文字的高度(H)	>300	—
大型	Ⅲ		>200	$\leqslant300$
中型	Ⅱ		>150	$\leqslant200$
小型	Ⅰ		—	$\leqslant150$

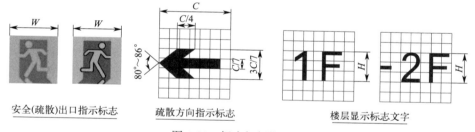

安全(疏散)出口指示标志   疏散方向指示标志   楼层显示标志文字

图 4-19　标志灯规格尺寸

因此，电气技术人员应关注消防应急标志灯设置场所的高度，对照以上的相关规定，正确判断应选择哪种规格尺寸的标志灯，做好预控工作。

17　消防应急标志灯安装方式及相关问题

某项目消防验收时，验收人员对吊链安装的消防应急标志灯要求整改，不允许沿吊链直接明敷设护套线，如图 4-20 所示。

《建筑设计防火规范》GB 50016—2014（2018 年版）第 10.1.10 条第 1 款规

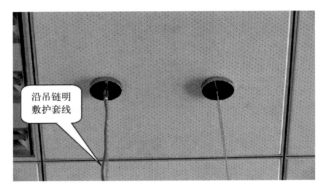

图 4-20　消防应急标志灯沿吊链直接明敷设护套线

定：消防配电线路明敷设时（包括敷设在吊顶内），应穿金属导管或封闭式金属槽盒保护，金属导管或封闭式金属槽盒应采取防火保护措施。

《消防应急照明和疏散指示系统技术标准》GB 51309—2018 第 4.3.1 条第 2 款规定：系统线路明敷设时，应采用金属管、可弯曲金属电气导管或槽盒保护。

根据以上规定，项目部将吊链安装的消防应急标志灯改为吊杆安装，将线路穿入吊杆内，通过了消防验收。

《消防应急照明和疏散指示系统技术标准》GB 51309—2018 第 4.3.1 条第 3 款还规定：灯具采用吊装式安装时，应采用金属吊杆或吊链，吊杆或吊链上端应固定在建筑构件上。

所以，也可保留吊链安装形式，沿吊链敷设可弯曲金属电气导管，将线路穿入可弯曲金属电气导管内。

还应注意，穿有线路的金属吊杆或可弯曲金属电气导管应做防火处理（如刷防火涂料），且应重视"吊杆或吊链上端应固定在建筑构件上"，避免灯具因安装不牢固而意外脱落。具体安装方式可参考国标图集《应急照明设计与安装》19D702-7 第 84 页、第 85 页，如图 4-21、图 4-22 所示。

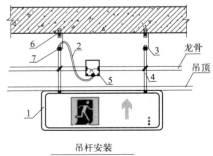

吊杆安装
（室内高度大于3.5m）

图 4-21　标志灯安装示意图之一（一）

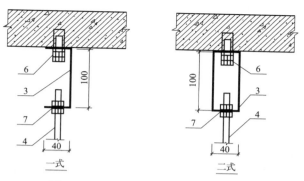

图 4-21　标志灯安装示意图之一（二）

1—灯具；2—可弯曲金属导管；3—吊架；4—灯具吊杆；5—接线盒；6—膨胀螺栓；7—螺栓

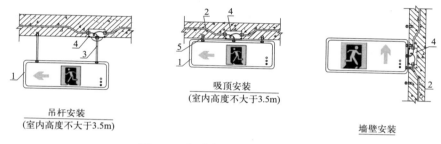

吊杆安装
（室内高度不大于3.5m）

吸顶安装
（室内高度不大于3.5m）

墙壁安装

图 4-22　标志灯安装示意图之二

1—灯具；2—金属管；3—吊杆；4—接线盒；5—膨胀螺栓

18　剩余电流式电气火灾监控系统接线问题

很多工程项目为预防电气火灾，设置了电气火灾监控系统，尤其是以探测剩余电流的方式最为常见。为有效探测电气线路的剩余电流，电气线路正确穿过剩余电流互感器至关重要，如有误，电气火灾监控系统将不能正常运行。图 4-23、图 4-24 所示是错误做法。

图 4-23 所示电源的 PEN 线穿过剩余电流互感器，故探测不到剩余电流。应将 PEN 线先分成 N 线和 PE 线，N 线与相线一起穿过剩余电流互感器，这样才能探测出线路的剩余电流。

图 4-24 所示剩余电流互感器只穿入三根相线，未穿入中性线（N 线），探测到的只是三相不平衡电流，不是与电气火灾相关的剩余电流。

如采用以上两种错误的接线方式，电气系统运行后，电气火灾监控系统均不能正常工作。按图 4-23 的接线方式，即使线路出现了大于设定值的剩余电流，系统也不会报警。因为，自相线泄漏的剩余电流又会从 PEN 线流回。即使发生相线碰

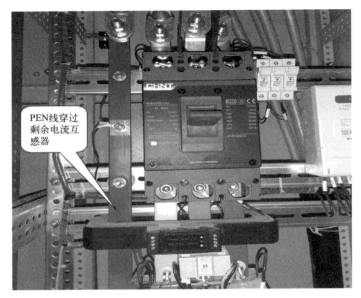

图 4-23　电源 PEN 线穿过剩余电流互感器

图 4-24　出线回路 N 线未穿过剩余电流互感器

外壳的接地故障，接地故障电流也会从 PEN 线流回，剩余电流互感器探测不到电流的变化，不能发出报警信号。按图 4-24 的接线方式，由于中性线（N 线）未穿过剩余电流互感器，探测到的是三相不平衡电流。通常三相电流多处于不平衡状态，剩余电流互感器探测到的电流会远大于报警设定值，系统总会处于报警状态。

正确的接线方式应是将配电回路的带电导体（L1、L2、L3、N）均穿过剩余电流互感器，这样探测到的才是此回路的剩余电流。当配电回路发生接地故障时，系统才能够及时报警，由电气维护人员进行处理，以避免引起更严重的电气火灾事故。

19 线路、设备固有泄漏电流对电气火灾监控系统的影响问题

此处所说的电气火灾监控系统，特指剩余电流火灾报警系统，亦称漏电火灾报警系统。相关标准也规定了设置电气火灾监控系统的场所。

《建筑设计防火规范》GB 50016—2014（2018 年版）第 10.2.7 条规定：

10.2.7 老年人照料设施的非消防用电负荷应设置电气火灾监控系统。下列建筑或场所的非消防用电负荷宜设置电气火灾监控系统：

1 建筑高度大于 50m 的乙、丙类厂房和丙类仓库，室外消防用水量大于 30L/s 的厂房（仓库）；

2 一类高层民用建筑；

3 座位数超过 1500 个的电影院、剧场，座位数超过 3000 个的体育馆，任一层建筑面积大于 3000m 的商店和展览建筑，省（市）级及以上的广播电视、电信和财贸金融建筑，室外消防用水量大于 25L/s 的其他公共建筑；

4 国家级文物保护单位的重点砖木或木结构的古建筑。

《民用建筑电气设计标准》GB 51348—2019 第 13.2.2 条规定：

13.2.2 除现行国家标准《建筑设计防火规范》GB 50016 规定的建筑或场所外，下列民用建筑或场所的非消防负荷的配电回路应设置电气火灾监控系统：

1 民用机场航站楼，一级、二级汽车客运站，一级、二级港口客运站；

2 建筑总面积大于 3000m² 的旅馆建筑、商场和超市；

3 座位数超过 1500 个的电影院、剧场，座位数超过 3000 个的体育馆，座位数超过 2000 个的会堂，座位数超过 20000 个的体育场；

4 藏书超过 50 万册的图书馆；

5 省级及以上博物馆、美术馆、文化馆、科技馆等公共建筑；

6 三级乙等及以上医院的病房楼、门诊楼；

7 省市级及以上电力调度楼、电信楼、邮政楼、防灾指挥调度楼、广播电视楼、档案楼；

8 城市轨道交通、一类交通隧道工程；

9 设置在地下、半地下或地上四层及以上的歌舞娱乐放映游艺场所，设置在首层、二层和三层且任一层建筑面积大于 300m² 歌舞娱乐放映游艺场所；

10 幼儿园，中、小学的寄宿宿舍，老年人照料设施。

电气火灾监控系统的特点在于漏电监测，属于先期预报警系统，其基本原理

125

是：当探测回路的漏电电流一旦超出设定值则发出报警信号。《电气火灾监控系统 第 2 部分：剩余电流式电气火灾监控探测器》GB 14287.2—2014 第 5.2.5 条规定：探测器的报警值应设定在 20～1000mA，在报警值设定范围内，报警值与设定值之差的绝对值不应大于设定值的 5%；具有实时显示剩余电流功能探测器的显示误差不应大于 5%。

有的项目设置电气火灾监控系统后，系统开通却不能正常运行，在设定的报警值，如：500mA，总是报警，只能将报警设定值提高。有的即使设定为 1000mA，仍然报警，以至于不得不将系统关闭，这完全失去了设置该系统的目的。

造成回路漏电电流过大，可能有多种原因，但线路、设备固有泄漏电流的影响的确不能忽视。根据有关资料介绍，线路、电动机、荧光灯、家用电器、计算机等固有泄漏电流，可按表 4-8～表 4-10 分别进行估算。

220/380V 线路每公里泄漏电流（mA） 表 4-8

绝缘材质	截面（mm²）												
	4	6	10	16	25	35	50	70	95	120	150	185	240
聚氯乙烯	52	52	56	62	70	70	79	89	99	109	112	116	127
橡皮	27	32	39	40	45	49	49	55	55	60	60	60	61
聚乙烯	17	20	25	26	29	33	33	33	33	38	38	38	39

电动机泄漏电流（mA） 表 4-9

运行方式	额定功率（kW）											
	1.5	2.2	5.5	7.5	11	15	19	22	30	37	45	55	75
正常运行	0.2	0.2	0.3	0.4	0.5	0.6	0.7	0.7	0.9	1	1.09	1.22	1.48
电动机启动	0.6	0.8	1.6	2.1	2.4	2.6	3	3.5	4.6	5.57	6.6	7.99	10.5

荧光灯、家用电器、计算机泄漏电流（mA） 表 4-10

设备名称	形式	泄漏电流（mA）
荧光灯	安装在金属构件上	0.1
	安装在木质或混凝土构件上	0.02
家用电器	手握式 I 级设备	≤0.75
	固定式 I 级设备	≤3.5
	II 级设备	≤0.25
	I 级电热设备	≤0.75～5
计算机	移动式	1
	固定式	3.5
	组合式	15

另外，对于电气线路还应了解以下情况：

电气线路的自然泄漏电流与电线电缆的绝缘电阻有关，而绝缘电阻又与温度、湿度密切相关。下面以 PVC 电缆为例，来说明温度对绝缘电阻的巨大影响。有资料介绍：

$$R_I(70℃)/R_I(20℃)=0.06$$
$$R_I(40℃)/R_I(20℃)=0.15$$

式中：$R_I(70℃)$——70℃时电缆的绝缘电阻；

$R_I(40℃)$——40℃时电缆的绝缘电阻；

$R_I(20℃)$——20℃时电缆的绝缘电阻。

假设 20℃线路的对地绝缘电阻为 0.5MΩ，即 $R_I(20℃)=0.5$MΩ，电压为 220V，下面计算不同温度下的自然泄漏电流：

20℃时自然泄漏电流计算如下：

$$I=U/R_I(20℃)=220/0.5=0.44(mA)$$

40℃时自然泄漏电流计算如下：

$$I=U/R_I(40℃)=220/(0.5×0.15)=2.93(mA)$$

70℃时自然泄漏电流计算如下：

$$I=U/R_I(70℃)=220/(0.5×0.06)=73.33(mA)$$

由以上计算可知，温度由 20℃升高到 40℃时，电线电缆的自然泄漏电流由原来的 0.44mA 升高到 2.93mA；温度升高到 70℃时，自然泄漏电流则升高至 73.33mA，可见温度对自然泄漏电流的影响是非常明显的；而电线电缆的温度与所带负荷的大小成正比，也就是说负荷越大，电线电缆的自然泄漏电流也就越大。

20 防火槽盒或耐火槽盒的支吊架是否需要做防火处理问题

消防配电回路的槽盒设计图纸通常要求采用防火处理，但对支吊架一般不提要求，所以很多项目都是采用普通支吊架。

北京市地方标准《建筑长城杯工程质量评审标准》DB11/T 1075—2014 第 8.2.6 条规定：防火槽盒、桥架的支吊架应有防火处理。

《电控配电用电缆桥架》JB/T 10216—2013 耐火电缆桥架术语反映了对支架的要求。

3.1.16 耐火电缆桥架：由电缆桥架的直线段、弯通、附件和支架等组成，用以支持电缆具有连续的刚性结构系统，该系统维持工作时能达到规定的耐火要求（有些场合可简称耐火槽盒）。

该术语的定义强调耐火电缆桥架是刚性结构系统，包括支架，都应达到规定的耐火要求。

通过以上标准的要求可以看出，防火槽盒或耐火槽盒的支吊架是需要做防火处理的。这样发生火灾时，整个桥架系统才能保证完整性，满足持续供电的需要，但具体的防火处理措施应由电气设计师提出。

21 电气竖井电缆槽盒穿墙壁防火封堵问题

有些项目，有关电气竖井防火封堵部位，项目相关参建单位产生了不一致的看法。对电气竖井的每层楼板的孔洞进行封堵，大家没有异议，但对穿竖井墙壁的槽盒等所形成的孔洞，施工等单位觉得没有必要进行防火封堵，认为只需要对防火分区的防火墙进行封堵。

众所周知，电气竖井是电气专业的重要场所，竖井墙耐火极限一般要求不低于 1h，槽盒穿墙所形成的孔洞如果不进行防火封堵，会破坏墙体的耐火性能。电气竖井火灾风险比较高，一旦出现火灾，如果防火封堵不到位，将会出现火势、烟雾蔓延，造成不可估量的损失。

经查，关于电气竖井防火封堵，国家相关标准有如下规定：

（1）《建筑设计防火规范》GB 50016—2014（2018 年版）第 6.2.9 条规定：建筑内的电缆井、管道井与房间、走道等相连通的孔隙应采用防火封堵材料封堵。

（2）《低压配电设计规范》GB 50054—2011 第 7.1.5 条规定：

7.1.5 电缆敷设的防火封堵，应符合下列规定：

1 布线系统通过底板、墙壁、屋顶、天花板、隔墙等建筑构件时，其孔隙应按等同建筑构件耐火等级的规定封堵；

2 电缆敷设采用的导管和槽盒材料，应符合现行国家标准《电气安装用电缆槽管系统 第 1 部分：通用要求》GB/T 19215.1、《电气安装用电缆槽管系统 第 2 部分：特殊要求 第 1 节：用于安装在墙上或天花板上的电缆槽管系统》GB/T 19215.2 和《电气安装用导管系统 第 1 部分：通用要求》GB/T 20041.1 规定的耐燃试验要求，当导管和槽盒内部截面积等于大于 710mm² 时，应从内部封堵；

3 电缆防火封堵的材料，应按耐火等级要求，采用防火胶泥、耐火隔板、填料阻火包或防火帽；

4 电缆防火封堵的结构，应满足按等效工程条件下标准试验的耐火极限。

电气技术人员应依据以上国家标准的规定，对穿竖井墙壁的槽盒等（包括母线槽）所形成的孔洞进行防火封堵（包括槽盒内部）。

第五章 防雷、接地及等电位常见问题

1 接地系统分类问题

常用的接地系统在很多的规范或参考书上均有介绍，接地系统分为：TN 系统、TT 系统和 IT 系统；TN 系统又分为：TN-C 系统、TN-C-S 系统和 TN-S 系统。国际标准对各系统的标准图画法，由于发布的时间不同而有一些不同的变化。先将现行国际标准（IEC 60364-1—2005）转换成国标（GB/T 16895.1—2008）的各系统的典型画法做一介绍，如图 5-1～图 5-8 所示。

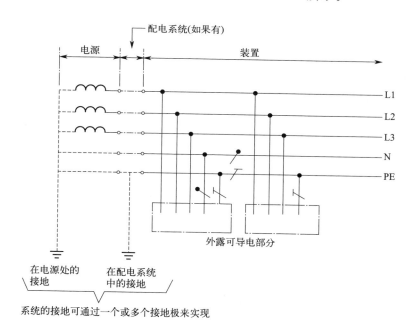

图 5-1 全系统将中性导体与保护导体分开的 TN-S 系统
注：对装置的 PE 导体可另外增设接地。

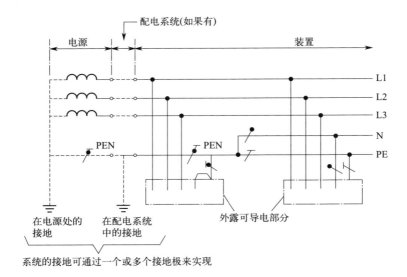

图 5-2　在装置非受电点的某处将 PEN 分离成 PE 和 N 的三相四线制的 TN-C-S 系统
注：对装置的 PEN 或 PE 导体可另外增设接地，在系统的一部分中，
中性导体和保护导体的功能合并在一根导体中。

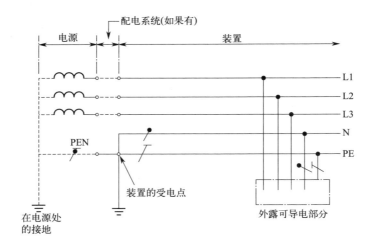

图 5-3　在装置的受电点将 PEN 分离成 PE 和 N 的三相四线制的 TN-C-S 系统
注：对配电系统的 PEN 和装置的 PE 导体可另外增设接地。

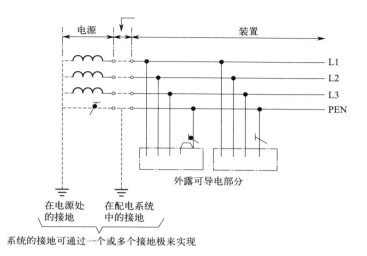

图 5-4 全系统采用将中性导体的功能和保护导体的功能合并于一根导体的 TN-C 系统

注：对装置的 PEN 可另外增设接地。

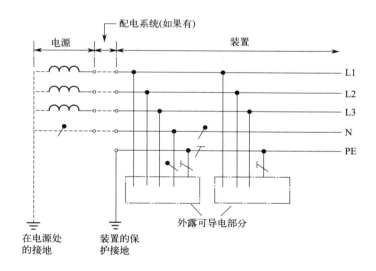

图 5-5 全部装置都采用分开的中性导体和保护导体的 TT 系统

注：对装置的 PE 可提供附加的接地。

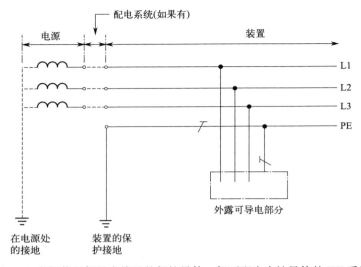

图 5-6 全部装置都具有接地的保护导体，但不配出中性导体的 TT 系统

注：对装置的 PE 导体可另外增设接地。

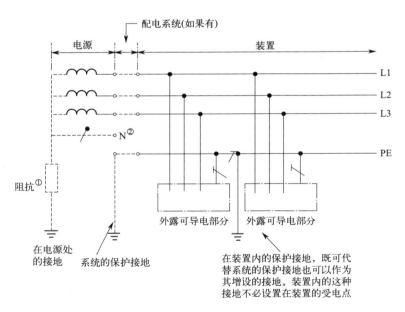

图 5-7 将所有的外露可导电部分采用保护导体相连后集中接地的 IT 系统

注：装置的 PE 导体可另外增设接地。

①该系统可经足够高的阻抗接地。例如，在中性点、人工中性点或相导体上都可以进行这种连接。

②可以配出中性导体也可以不配出中性导体。

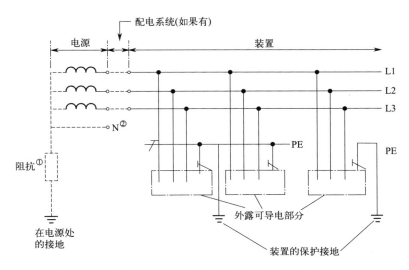

图 5-8　将外露可导电部分分组接地或独立接地的 IT 系统

注：对装置的 PE 导体可另外增设接地。

①该系统可经足够高的阻抗接地。

②可以配出中性导体也可以不配出中性导体。

2　关于"接地"作用的问题

在建筑电气工程施工过程中，经常遇到电气装置的外露可导电部分（金属外壳）"接地"的问题，但"接地"的作用是什么？有的人员并不十分清楚。我们遇到最多的是保护接地，保护接地的作用有两个：

（1）降低外露可导电部分的对地电压或接触电压

如图 5-9 所示，当电气设备发生相线碰外壳接地故障时，如果未做保护接地，故障电流没有返回电源的通路，设备外壳上的接触电压 U_t 即为 220V 相电压，使人电击致死的危险性非常大。

如果做了如图 5-10 所示的保护接地，当电气设备发生相线碰外壳接地故障时，形成的故障电流 I_d 将通过 R_A 和 R_B 返回电源，设备外壳所带电压为 220V 在 R_A 上的分压。当 R_A 和 R_B 电阻值相等时，设备外壳所带电压为 110V。由此还可以看出，接地电阻 R_A 越小，接触电压 U_t 越小，使人电击致死的危险性也在减小。

（2）使电气线路首端的保护电器动作，切断电源

电气装置的外露可导电部分（金属外壳）接地后，当发生相线碰外壳时，回路的故障电流 I_d 大幅上升，使回路首端的过电流防护电器或剩余电流动作保护器（又称漏电保护器）及时切断电源，接触故障设备的人不致电击致死。

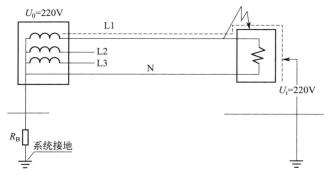

图 5-9　不作保护接地发生接地故障时的间接接触电压达 220V

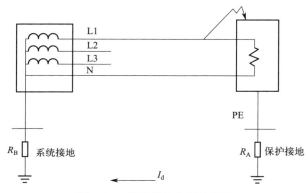

图 5-10　系统接地和保护接地

另外，在采用 TN-S 系统时，工程中还经常有如下两种情况：
①不单独设接地极，通过 PE 线接地，如图 5-11 所示。

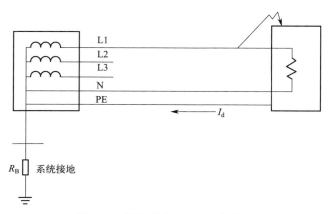

图 5-11　设备外壳通过 PE 线接地

134

②既通过 PE 线接地，又设接地极，如图 5-12 所示。

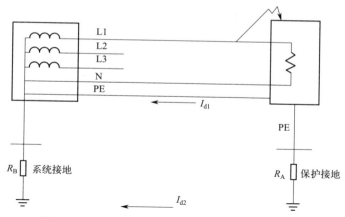

图 5-12　设备外壳既通过 PE 线接地，又设接地极

以上两图的保护接地做法，在工程上都有应用，当发生相线碰外壳时，图 5-11 回路的故障电流 I_d 将通过 PE 线返回电源；图 5-12 回路的故障电流 I_d（I_{d1} 和 I_{d2}）将通过并联的两个回路（PE 线及两个接地电阻的回路）返回电源，但 PE 线的电阻远小于两个接地电阻值和，因此，两个接地电阻回路的分流 I_{d2} 可忽略不计。

这两种情况，由于回路电阻都很小，因此，故障电流 I_d 比较大，将使回路首端的过电流保护电器迅速切断电源。

3　关于"工作接地"的问题

"工作接地"的叫法不是很规范，应称为系统接地（system earthing）（关于系统接地大部分引用王厚余先生的论述）。系统接地是为使系统正常和安全运行在带电导体上某点所做的接地，例如在变压器低压侧中性线或低压发电机中性线上某点的接地。系统接地的作用是给配电系统提供一个参考点位，对 220V/380V 的配电系统的中性点接地后，其对地电位就大体"钳住"220V 这一电压。当发生雷击时，配电线路感应产生大量电荷，系统接地可将雷电荷泄放入地，降低线路上的雷电冲击过电压，避免线路和设备的绝缘被击穿损坏。又如高低压共杆的架空线路，如果高压线路坠落在低压线路上，将对低压线路和设备产生危险，有了系统接地后，可构成高压线路故障电流通过大地返回高压电源的通路，使高压侧继电保护检测出这一故障电流而动作，从而消除这一危险。当低压线路发生接地故障时，系统接地也提供故障电流经大地返回低压电源的通路，使低压线路上的保护电器动作。

如果不做系统接地，如图 5-13 所示，当系统中一相发生接地故障时，另两相对地电压将高达 380V。由于没有返回电源的导体通路，故障电流仅为两非故障相线对地电容电流的相量和，其值甚小，通常的过电流防护电器不能动作，此故障过电压将持续存在，人体如触及无故障相线，接触电压将为线电压 380V，电击致死危险性很大。另外电气设备和线路也将持续承受 380V 的对地过电压，对其绝缘安全也是不利的。

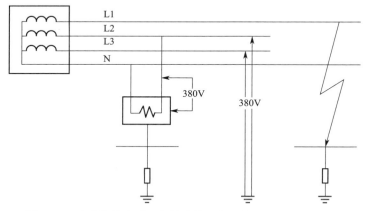

图 5-13　无系统接地时一相故障接地另两相对地电压达 380V

4　关于"重复接地"的问题

（1）"重复接地"不能解决设备烧毁问题

在建筑电气施工过程中还经常遇到"重复接地"的问题。但对"重复接地"的概念有的人还存在一定的误解，尤其是对中性线（俗称"零线"）要做"重复接地"的问题。他们认为做重复接地后，可用大地代替中断的中性线作为返回电源的通路，可避免烧毁电气设备，其实情况并非如此。大家都知道，三相四线配电回路中在三相负荷不平衡而中性线未断线时，各相电压均是相同的 220V，是不会烧毁设备的，只是出现了中性点飘移。当中性线断线时，各相电压则发生了很大变化，有的相高，有的相低，如图 5-14 所示。

从图中可以看出，无负荷的相电压高达 364V，15W 负荷的相电压为 345V，而 150W 负荷的相电压只有 35V，因此负荷越小的相，电压越高，也容易发生烧毁设备的事故。

当将中性线做重复接地后，用大地通路代替中断的中性线作返回电源的通路，是否可避免烧设备事故呢？答案是不可能的。因中性线阻抗以若干毫欧计，而大地通路阻抗则以若干欧计（系统接地通常要求不大于 4Ω，重复接地不大于

136

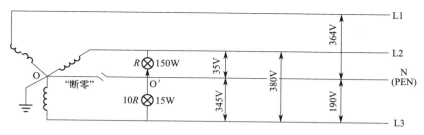

图 5-14　中性线断线后三相电压不平衡

10Ω），相差悬殊。因此，"断零"后三相电压依然严重不平衡，只是程度稍轻一些，烧坏设备的时间稍长一些而已。

（2）"重复接地"的设置问题

应该明确中性线是不应做"重复接地"的，因为 TN 系统的中性线（N 线）和保护地线（PE 线）一旦分开后，中性线（N 线）将与地绝缘，不能再接地，这是系统的要求。"重复接地"应是针对 PE 线而言的。重复接地应是电源端系统接地的重复设置。在 TN 系统中负荷端的设备外露可导电部分通过 PE 线实现了保护接地。但有的情况是：设备距离电源端较远，所以将 PE 线再做重复接地，使 PE 线在故障情况下更接近地电位，对电气安全是更有利的。

5　关于重复接地的接地电阻值问题

通常重复接地的接地电阻值要求不大于 10Ω，其实一般情况下，接地电阻值再大一些也是可以满足要求的。

当采用 TN 系统时，按《低压电气装置 第 4-41 部分：安全防护 电击防护》GB/T 16895.21—2020/IEC 60364-4-41：2017 的规定：当发生接地故障时，回路阻抗应满足下式要求：

$$Z_s \times I_a \leqslant U_0$$

式中　Z_s——故障回路的阻抗；

I_a——保证防护电器在规定时间内动作的最小电流；

U_0——相线对地标称电压。

因此，在 TN 系统内发生接地故障时，电源的切断只与回路的阻抗有关，而与接地电阻值无关。

当采用 TT 系统时，由于需配置剩余电流动作保护器，为满足预期接触电压超过 50V 时，故障电流 I_d 应大于剩余电流动作保护器在规定时间内切断电源的可靠电流，应满足下式要求：

$$R_A \times I_a \leqslant 50V$$

R_A——接地电阻；

I_a——保证剩余电流动作保护器在规定时间内动作的最小电流。

当剩余电流动作保护器的额定动作电流 $I_{\Delta n}$ 为 30mA 时，按上式计算，R_A 的电阻值可为 1666Ω。

当环境为潮湿环境，如施工现场，其预期接触电压为 25V 时，按公式 $R_A \times I_a \leqslant 25V$ 计算，R_A 的电阻值可为 833Ω。

当施工现场临电总配电箱中剩余电流动作保护器的额定动作电流 $I_{\Delta n}$ 为 500mA 时，按公式 $R_A \times I_a \leqslant 25V$ 计算，R_A 的电阻值可为 50Ω。

通过以上的计算可知，系统重复接地的接地电阻值要求并不是很高，而且也是比较容易实现的。

6　接地电阻的测量原理问题

接地电阻的测量一般是按式(5-1)来进行的：给接地装置输入一个电流 I，测出接地极上的电压 U，电压与电流相除，就得到了接地电阻。

$$R = \frac{U}{I} \tag{5-1}$$

式中　U——接地装置的对地电压，即接地体与大地零电位参考点之间的电位差；

　　　I——通过接地装置流入大地的电流。

式(5-1)中的 I 是指"通过接地装置流入大地的电流"，这个电流与导线中流过的电流是不一样的，导线中的电流是需要形成闭合回路的；而"通过接地装置流入大地的电流"是扩散到大地里，它是怎么形成闭合回路，以满足电流的连续性和闭合性规律呢？

如果这个电流是雷击形成的雷电流，这个电流是从雷云经过雷电放电通道进入接闪器和引下线，再经过接地装置向四周大地扩散传播，最后经过云-地之间的广大空间以位移电流的形式，回到雷云，满足电流的连续性与闭合性的规律，如图 5-15(a) 所示。

我们在进行接地电阻测试时，为了能够向接地装置输入测试电流，就必须解决电流的归路问题。这需要找到或人为制作一个电流回路。在测量接地电阻时需要在远方临时打一个辅助电流极，其目的就是为了给电流提供一个回路，如图 5-15(b) 所示。

式(5-1)中的电压 U 是指"接地装置与大地零电位参考点之间的电压"。大地零电位参考点在哪里，如何取得，是接地电阻测试中的另一个重要问题。显然我们不可能到无穷远的地方去找零电位参考点，而是要在一个较近的可以接受的

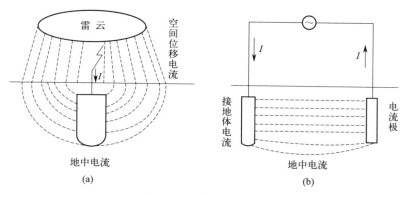

图 5-15　地中电流分布图

(a) 雷电流的分布；(b) 测量接地电阻时的电流分布

地方寻找零电位参考点。

在接地电阻测量中，需要在选做零电位参考点的地方打一个辅助电流极，用一根导线将参考电位取回来，它与接地装置的电位之差，就是我们需要的电压 U。

大地零电位参考点在哪里呢？有的人认为大地总是处于零电位的。其实，只要地中有电流流过，就有电压降，这里的地就不是零电位。没有电流流过的地，才是电气上的零电位地。因此，严格地说，零电位在离被测接地装置很远的地方。对于单根金属棒（管）接地极来说，离接地极的距离一般在 20m 以上才可以认为是零电位。这就是为什么辅助电流极要离开被测接地极 20m 距离的原因。

目前普遍使用的接地电阻测试仪（如 ZC-8）等多采用电位降方法，其测试原理如图 5-16 所示。

接地电阻测试仪（以 ZC-8 为例）的三个接线端子 E、P、C 分别通过测量导线接至待测接地体 G、电压极 P、电流极 C。测量时仪表产生一个恒定电流 I，该电流经待测接地极——地——电流极形成电流回路，测量 G、P 之间的电压 U，其电压 U 和电流 I 的比值就是待测接地极的接地电阻，即 $R_G = U/I$。

图 5-16 上部的待测接地体 G、电压极 P、电流极 C 分布在一条直线上。待测接地体 G 与电压极 P 之间的距离为 D_{GP}，电压极 P 与电流极 C 之间的距离为 D_{PC}。一般要求 $D_{GP} = D_{PC} = 20\text{m}$。此时，测得的接地电阻值为 R_0。

如果将电压极 P 插入沿 GC 两点的连线上的不同位置测量接地电阻时，就会得到一条接地电阻曲线（图 5-16 中部的曲线）。从该曲线中可以看出，其中有一水平段（R_1 和 R_2 之间），该段中所测得的接地电阻值是不变的，也就是说此电阻值就是该接地体的接地电阻值。

这一水平段 R_1 和 R_2 两点所对应的电压极位置为 P_1 和 P_2，这一水平段的接

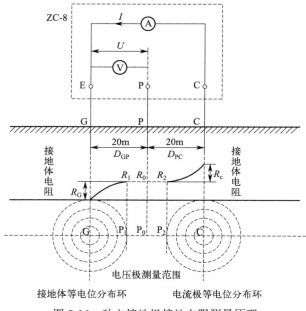

图 5-16 独立接地极接地电阻测量原理

地电阻不变，意味着电压极位置 P_1 和 P_2 之间的电位是相等的（电位为 0），已经不受输入电流的待测接地极和电流极的影响。

以待测接地极 G 和电流极 C 为中心，向四周扩散形成若干等电位分布环，如图 5-16 下部所示。

7 利用建筑物基础钢筋作接地体问题

针对建筑物基础钢筋作接地体，北京某项目分两次进行了地接电阻的实测。该项目的 3 号楼，没有地下室，底板面积大约 $900m^2$，底板用沥青卷材做防水，并做好保护层，底板钢筋绑扎完毕后，于 2014 年 11 月 21 日对基础钢筋进行了第一次接地电阻测量，电阻值为无穷大。

在底板钢筋浇筑完混凝土后，于 2014 年 11 月 25 日进行了第二次测量，接地电阻为 100Ω。

同一天还对同一项目另外几个楼的基础钢筋进行了测量。这几个楼有一层地下室，底板钢筋是连在一起的，面积很大，不小于 $10000m^2$。测量的接地电阻值为 $0.4\sim0.5\Omega$。

同时还对防水卷材的绝缘性能进行了测试，绝缘电阻为 $1000M\Omega$，说明防水卷材绝缘良好。

以上测量说明，未浇筑混凝土时，由于沥青卷材的绝缘作用，致使接地电阻很大。但混凝土浇筑后接地电阻大幅度下降，说明在潮湿状态下，混凝土导电性能是比较好的，沥青卷材的绝缘性能也大幅降低。以上测量还间接验证了《建筑物防雷设计规范》GB 50057—2010 的相关规定。

《建筑物防雷设计规范》GB 50057—2010 第 4.3.5 条第 2 款规定：当基础采用硅酸盐水泥和周围土壤的含水量不低于 4% 及基础外表面无防腐层或有沥青质防腐层时，宜利用基础内的钢筋作为接地装置……

在其条文说明中提到钢筋混凝土的导电性能，在干燥时，是不良导体，电阻率较大，但当具有一定湿度时，就形成了较好的导电物质，可达 $100\sim 200\Omega$m。潮湿的混凝土导电性能较好，是因为混凝土中的硅酸盐与水形成导电性的盐基性溶液。混凝土在施工过程中加入了较多的水分，成形后在结构中密布着很多大大小小的毛细孔洞，因此就有了一些水分储存。当埋入地下后，地下的潮气又可通过毛细管作用吸入混凝土中，保持一定的湿度。根据我国的具体情况，土壤一般可保持有 20% 左右的湿度，即使在最不利的情况下，也有 5%～ 6% 的湿度。

所以，通过实际工程的测量及《建筑物防雷设计规范》GB 50057—2010 规定，说明一般民用建筑工程利用基础内的钢筋作为接地装置的做法是可行的。

8 防雷装置的接地电阻应在哪里进行测量问题

防雷装置一般由接闪器、引下线和接地装置组成。接地装置的接地电阻可由设在首层外墙上的测试点进行测量，如果测量的电阻值符合设计要求，是否意味着整体防雷装置就满足要求呢？有的专家就提出，测量防雷接地的接地电阻必须到建筑物屋面上，以接闪器为测量点。

专家担心的可能是从接地装置→引下线→接闪器的连接不一定可靠，只有从接闪器处测量才能检验它们之间的连接可靠性。应该说专家的担心是有一定道理的。笔者 30 多年前从事电气施工时也是这么做的，即：将测量线与屋顶接闪器连接后，将测量线的另一端从屋顶放到地面，接到接地电阻测试仪上，在地面上另外打两根辅助接地极来测量防雷接地电阻。

随着城市建设的发展，建筑高度在不断提升，超高层建筑比比皆是，如还采用在接闪器处测量接地电阻，已变得越来越不现实。那我们应该如何测量接地电阻，来保证整个防雷系统的有效性呢？

笔者关注了多个项目接地电阻的测量情况，并关注了防雷检测机构的测量情况，结论如下：

项目上的接地电阻测量均是在测试点进行测量的，并未到屋面接闪器处进行测量。

北京市避雷装置安全检测中心的检测也是在测试点进行测量的。如某项目的测试情况，部分摘录如表 5-1 所示。

检测数据   表 5-1

建筑物名称	南楼			
防雷类别	二类		建筑结构	钢筋混凝土
接闪器类型	接闪带	敷设位置	女儿墙	位置高(m) 79.95
材料、规格	φ10 镀锌圆钢		敷设高(m)	0.1
外观状况	良好	保护确认	保护	
引下线形式	暗		材料规格	φ10 镀锌圆钢
间距及条数	<18m 6 条		连接状况	良好
测试基准点	接地测试端	接地电(Ω)	0.32	

楼顶					
序号	被测部位	过渡电(Ω)	序号	被测部位	过渡电(Ω)
1	接闪带	0.00	2	接闪带	0.00
3	接闪带	0.00	4	接闪带	0.00
5	引下线	0.00	6	引下线	0.00
7	引下线	0.00	8	引下线	0.00
9	引下线	0.00	10	引下线	0.00

通过表 5-1 可以看出，接地装置的接地电阻是在"接地测试端"进行测量的，接地电阻值为 0.32Ω。屋面接闪器之间的连接、接闪器与引下线之间的连接通过测量过渡电阻来检验其可靠性，表中的过渡电阻均为零。

根据检测机构的检测数据表，笔者认为可通过分段检测来判断整体防雷装置的有效性。即：通过设在外墙上的测试点来检测接地装置的有效性，通过测量接闪器与接闪器、接闪器与引下线之间的过渡电阻来检验接闪器与接闪器、接闪器与引下线连接的有效性。

引下线与引下线、引下线与接地装置的连接由于采用"土建施工的绑扎法、螺丝、对焊或搭接焊"，其连接可靠性是完全可以保证的。这也符合《建筑物防雷设计规范》GB 50057—2010 中第 4.3.5 条第 6 款以强制性条文形式进行的规定。屋顶接闪器之间、接闪器与引下线之间的连接均采用焊接方式，对于一个有经验的电气人员用肉眼完全可以判断其连接的可靠性，而检测机构检测的过渡电阻均为零，也就不足为奇了。

同样道理，对楼内的电子信息系统机房等相关场所要求的接地，也应采用上面分段测量的方式来进行保证。

9　测量接地电阻的辅助电压极、电流极不能满足规定距离如何处理问题

在测量接地电阻时，应尽量满足测量仪器规定的电压极、电流极与接地极的距离要求。但还有相当多的工程项目，由于工程占地面积较大，并受周围条件限制，无法满足相应的距离要求。此时应如何处理呢？在王常余老先生《接地技术 220 问》一书中，介绍了两种处理方法。

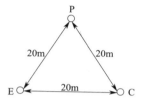

图 5-17　电压极、电流极与接地极三角形布置图

方法一：将电压极（P）、电流极（C）与接地极（E）布置成三角形，如图 5-17 所示。

方法二：当电压极、电流极打入位置是混凝土路面时，将两块平整的钢板（250mm×250mm）放在混凝土路面上，在钢板与路面之间浇水，测试线夹在钢板上。

书中介绍采用上述两种方法测得的接地电阻值与标准条件下测得的接地电阻值一致。这两种方法根据工程的具体情况可以尝试使用。

10　钳形接地电阻测试仪测量接地电阻问题

（1）测量原理

利用钳形接地电阻测试仪测量接地电阻时，在不断开接地线的情况下，把测试仪的钳口张开后夹住接地线，即可测出接地回路的电阻。

测试仪的钳口部分由电压线圈及电流线圈组成。电压线圈提供激励信号，并在被测回路上感应一个电动势 E。在 E 的作用下将在被测回路产生电流 I。测试仪对 E 和 I 进行测量，并通过计算 $R = E/I$，得出被测回路电阻 R。

如果回路的接地电阻 R 满足设计要求，则被测接地装置的接地电阻必然满足要求。

（2）测量方法

①多点接地系统

对多点接地系统，如杆塔的接地，通过架空地线连接，组成了接地系统。如图 5-18 所示。

利用钳形接地电阻测试仪测量接地电阻时，其等效电路如图 5-19 所示。

图 5-19 中：R_1——被测接地装置的接地电阻；

　　　　　　R_0——所有其他杆塔的接地电阻并联后的等效电阻。

由于，R_0 是所有其他杆塔的接地电阻并联后的电阻，其值比 R_1 要小得多，

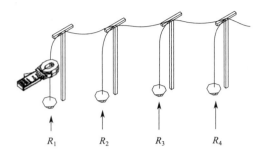

图 5-18 多点接地系统测量接地电阻示意图

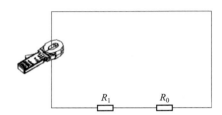

图 5-19 钳形接地电阻测试仪测量接地电阻等效电路示意图

甚至可忽略，因此，测得的电阻可认为就是 R_1。

②单点接地系统

由于钳形接地电阻测试仪只能测量回路电阻，对单点接地是测不出来的。需利用一根测试线及单点接地附近的接地极，人为制造一个回路进行测试。

a）二点法

如图 5-20 所示。在被测接地体 R_A 附近找一个独立的接地较好的接地体 R_B。将 R_A 和 R_B 用一根测试线连接起来。

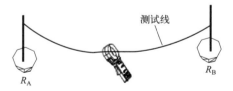

图 5-20 二点法测量接地电阻示意图

钳形接地电阻测试仪测量的阻值是两个接地电阻的串联值（忽略测试线电阻）。如果表的测量值小于接地电阻的允许值，那么这两个接地体的电阻值都是合格的。

b）三点法

如图 5-21 所示。在被测接地体 R_A 附近找两个独立的接地体 R_B、R_C。将 R_A 和 R_B 用一根测试线连接起来，如图 5-21（a）测得数据 R_1。同理按图 5-21（b）、

144

图 5-21(c) 可测得 R_2、R_3。

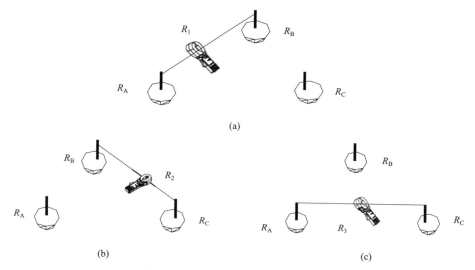

(a)

(b)　　　　　　　　　　　　　　(c)

图 5-21　三点法测量接地电阻示意图

每一步测得的都是两个接地电阻的串联值，即分别为：

$$R_1 = R_A + R_B$$
$$R_2 = R_B + R_C$$
$$R_3 = R_C + R_A$$

根据以上方程，求得 $R_A = (R_1 + R_3 - R_2)/2$。

c）测量点的选择

利用钳形接地电阻测试仪测量接地电阻时，一定要选择正确的测量点，否则得到的数值不是真实的接地电阻值，如图 5-22 所示。

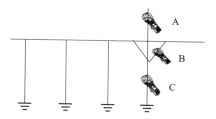

图 5-22　在不同点测量接地电阻值

在 A 点测量时，所测的支路未形成回路，仪表显示"0LΩ"。

在 B 点测量时，所测的支路是金属导体形成的回路，仪表显示的是此回路的电阻，其数值会很小。

在 C 点测量时，所测的是该支路下的接地电阻值。

现在很多建筑工程的接地装置的接地电阻测量按规范的方法进行测试难度越来越大，尤其是城市的城区。一是由于建筑体量很大，建筑面积从几万到十几万甚至上几十万平方米，接地网的面积就很大。二是新建建筑物周围除了建筑物就是道路，无法按标准要求的距离打辅助接地极。

根据笔者的经验，推荐使用钳形接地电阻测试仪测量接地电阻时，寻找两个比较可靠的低电阻的辅助接地极。一是护坡桩，二是旁边已有建筑物的接地电阻测试点。

护坡桩一般很深，而且多是永久性的，其接地电阻是很低的。有的工程在将基础钢筋网作为接地装置时，还将护坡桩也作为接地体的一部分，通过热浸镀锌扁钢或圆钢进行连接，组成综合接地体。这样可以用钳形接地电阻测试仪在扁钢或圆钢上直接进行测量。

已有建筑物的接地电阻一般也是很低的，可以用测试线将两个建筑物的测试点连接起来，在测试线上进行测试。

11　接地装置的接地体需埋至冻土层以下的问题

《建筑电气工程施工质量验收规范》GB 50303—2015 第 22.2.1 条规定：当设计无要求时，接地装置顶面埋设深度不应小于 0.6m，且应在冻土层以下。《电气装置安装工程 接地装置施工及验收规范》GB 50169—2016 第 4.2.1 条规定：接地网的埋设深度与间距应符合设计要求。当无具体规定时，接地极顶面埋设深度不宜小于 0.8m。《低压电气装置 第 5-54 部分：电气设备的选择和安装 接地配置和保护导体》GB/T 16895.3—2017/IEC 60364-5-54：2011 第 542.2.4 条规定：在选择接地极类型和确定其埋地深度时，应考虑到的机械损伤和当地条件，以便将土壤干燥和冻结的影响降至最低。

由于我国幅员辽阔，在北方有的地区 0.8m 甚至更深还属于冻土层，接地体埋地深度应按上述标准设在冻土层以下，因为接地装置的接地电阻要低于一定数值才能保证电气系统或人身安全。而电阻的温度系数是负的，也就是说土壤温度下降时，如果它所含的水分不变，那么温度越低电阻越大，土壤冻结后的接地电阻是相当大的。因此，为保证所需的低接地电阻值，应根据当地条件将接地体埋设在冻土层以下。

12　埋入土壤中的钢接地极的腐蚀问题

在土壤中埋入人工钢接地极的情况较为常见，而且钢接地极多采用热浸镀锌处理。采用钢接地极的成本比较低廉，施工也较便利，再加上表面采用了热浸镀锌处理，通常认为防腐蚀效果还不错。

（1）电气相关规范中对采用钢接地极的规定

《建筑物防雷设计规范》GB 50057—2010 第5.4.2条规定：埋于土壤中的人工垂直接地体宜采用热镀锌角钢、钢管或圆钢；埋入土壤中的人工水平接地体宜采用热镀锌扁钢或圆钢。

《交流电气装置的接地设计规范》GB/T 50065—2011 第8.1.2条规定：耐腐蚀和机械强度要求的埋入土壤中常用材料接地极的最小尺寸如表5-2所示。

耐腐蚀和机械强度要求的埋入土壤中钢接地极的最小尺寸（摘录） 表5-2

表面		形状	最小尺寸				
			直径(mm)	截面积(mm²)	厚度(mm)	镀层厚度(μm)	
						单个值	平均值
钢材热镀锌或不锈钢	热镀锌	带状	—	90	3	63	70
		型材	—	90	3	63	70
		深埋接地极用的圆棒	16	—	—	63	70
		浅埋接地极用的圆棒	10	—	—	—	50
		管状	25		2	47	55

《低压电气装置 第5-54部分：电气设备的选择和安装 接地配置和保护导体》GB/T 16895.3—2017/IEC 60364-5-54：2011 第542.2.1条规定：对于常用的接地极材料，按抗腐蚀和机械强度要求，埋入土壤或混凝土内的常用接地极的最小尺寸见表5-3。

考虑腐蚀和机械强度的埋入土壤或混凝土内的常用接地极的最小尺寸（摘录）

表5-3

材料和表面	形状	直径(mm)	截面积(mm²)	厚度(mm)	镀层重量(g/mm³)	护层厚度(μm)
热浸镀锌钢	带状或成型带		90	3	500	63
	垂直安装的圆棒	16			350	45
	水平安装的圆线	10			350	45
	管状	25		2	350	45

《建筑电气工程施工质量验收规范》GB 50303—2015 第 3.2.15 条规定：埋入土壤中的热浸镀锌钢材应检测其镀锌层厚度不应小于 63μm。

目前，很多电气设计图纸要求利用建筑物基础钢筋做接地极，当接地电阻不能满足要求时，在室外土壤中增设钢制人工接地体，并与基础钢筋进行连接，但钢制人工接地体的耐腐蚀问题往往被忽视。

（2）钢接地极的腐蚀情况

在土壤中埋设钢接地极，但实际效果确实不容乐观，尤其是水平敷设的接地极的防腐性能。图 5-23～图 5-25 反映的是工程还未竣工，在进行室外管线施工时，将直接埋在土壤中的镀锌接地扁钢挖出后出现的腐蚀情况。

图 5-23　镀锌扁钢腐蚀情况（一）

图 5-24　镀锌扁钢腐蚀情况（二）

笔者还看到过多年以前竣工的项目，后来在其周边挖土，挖出的接地扁钢锈蚀非常严重，甚至有的部位即将锈断，可惜当时没有留下照片。

（3）钢接地极的锈蚀原因分析

①直接腐蚀

钢接地极的锈蚀以水平敷设的接地扁钢最为严重。接地扁钢虽然经过热浸镀锌处理，但由于直接与土壤接触，而土壤可能呈现酸性或碱性，必然会对其产生腐蚀。另外，有些镀锌扁钢镀锌质量比较差，镀锌层厚度达不到表5-2、表5-3和GB 50303—2015规定的63μm，导致扁钢本体被腐蚀的速度更快。

②电化学腐蚀

一般人工钢接地极要与建筑基础钢筋进行连接。在《建筑物防雷设计规范》GB 50057—2010第5.4.5条的条文说明中介绍"当混凝土基础中的钢材与土壤中的钢材连接在一起时，会产生约1V的化学电池电压，它将引发腐蚀电流从地中钢材经土壤流到潮湿混凝土内的钢材，而使土壤中的钢材溶解到土壤中产生腐蚀作用"。由此可知，埋在土壤中的钢接地极必然受到腐蚀。

《建筑电气与智能化通用规范》GB 55024—2022第7.2.8条第4款也有相应规定：接地装置采用不同材料时，应考虑电化学腐蚀的影响。在条文说明中也特别强调：接地装置中采用不同材料时，应考虑电化学腐蚀对接地产生的不良影响。为了防止电化学腐蚀，当利用建筑物基础作为接地装置时，埋在土壤内的外接导体应采用铜质材料或不锈钢材料，不应采用热浸镀锌钢材。

（4）应采取的相应措施

①采用合格的钢接地极。

埋在土壤中的水平钢接地极，现场检测其镀锌层厚度应达到规范规定的不小于63μm。

②钢接地极采用水泥砂浆保护。

采用水泥砂浆保护的水平钢接地极，可避免与带酸性或碱性的土壤接触而受腐蚀。钢接地极的水泥砂浆保护层厚度不应小于50mm，如图5-25所示。

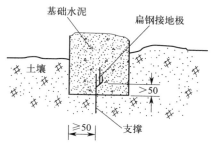

图5-25　在水泥砂浆内敷设接地极

③采用铜、铜包钢或不锈钢接地极

《建筑物防雷设计规范》GB 50057—2010第5.4.5条的条文说明中提到在土壤中的接地体连接到混凝土基础内的钢材情况下，土壤中的接地体宜采用铜、外表面镀铜的钢或不锈钢导体。因为混凝土中的钢产生化学电池的电位接近于铜在土壤中的电位，这样使铜不易像钢那样被腐蚀。

综上，在土壤中直接埋设钢接地极，应充分考虑两种腐蚀因素：一是酸性或碱性土壤对其进行的腐蚀；二是电化学腐蚀。所以，水平敷设的钢接地极除采用热浸镀锌处理并保证镀锌层厚度外，还可以用水泥砂浆进行保护，保护层厚度不应小于50mm。为有效解决接地极电化学腐蚀问题，还可以采用铜、包铜钢或不锈钢接地极。

13　TN-C-S系统的PEN线在建筑物电源进线处转换成N线和PE线的做法问题

TN-C-S系统的PEN线在建筑物电源进线处转换成N线和PE线时，是先接至中性线（N线）母排，还是PE线母排？目前较常见的做法如图5-26所示。

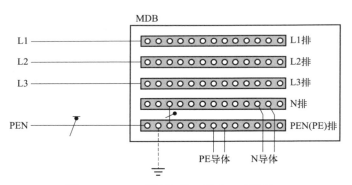

图5-26　PEN线转换成N线和PE线例一

PEN线先接至PE母排，然后通过连接母排接至中性线（N线）母排。这一做法的优点是：当连接母排连接不良，中性线电路不导通，设备不能工作，故障可及时发现并修复，不致发生电气事故。

如按图5-27所示接线，PEN先接至中性线（N线）母排，如果连接母排连接不良，则整个系统内的设备都失去PE线的接地，而设备仍正常工作，存在的不接地的隐患不能被及时发现，对人身安全十分不利。

图5-28也是一种接线方式，PEN线先接至PEN母排，然后自PEN母排引出两个连接母排分别接至中性线（N线）母排和PE母排。

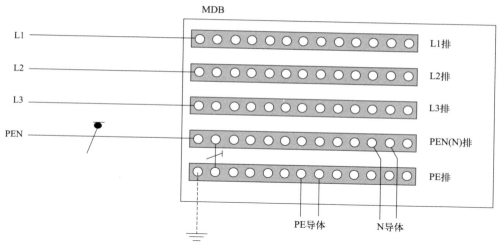

图 5-27　PEN 线转换成 N 线和 PE 线例二

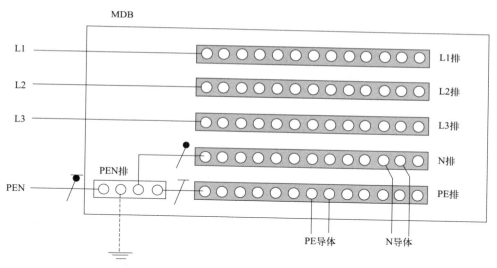

图 5-28　PEN 线转换成 N 线和 PE 线例三

　　需要说明的是，图 5-26～图 5-28 所示的这三种连接方式均是国家标准《低压电气装置 第 5-54 部分：电气设备的选择和安装　接地配置和保护导体》GB/T 16895.3—2017/IEC 60364-5-54：2011 标准中的范例，都是可以采用的。笔者认为应优先采用第一种方式，优点不再赘述。关于第二、第三种方式也可以采用的原因，笔者认为可能是考虑所有的连接均由母排进行连接，且由专业人员进行操作，可靠性应该也是有保证的。

14 如何理解 TT 系统中 $R_A I_a \leqslant 50V$ 或 $R_A I_a \leqslant 25V$ 的问题

TT 系统为防间接接触电击，要求防护电器——RCD 的动作特性应符合：干燥环境，$R_A I_a \leqslant 50V$ 或潮湿环境，$R_A I_a \leqslant 25V$。50V 和 25V 分别为干燥和潮湿条件下预期接触电压，也就是说当发生相线碰外壳接地故障时，外壳对地电压达到 50V 或 25V 时，RCD 一定要动作，从而保证人身安全。

将公式 $R_A I_a \leqslant 50V$ 转换为：

$R_A \leqslant 50/I_a$。

式中　R_A——设备接地电阻（Ω）；

　　　I_a——RCD 动作电流（A）；

　　　50——干燥条件下预期接触电压（人体安全电压，V）。

当剩余动作电流为 30mA（即 0.03A）时，通过上式计算，设备接地电阻 R_A 为 1667Ω。有人认为发生相线碰外壳接地故障时，外壳对地电压，也就是人可能接触到的就是 50V。这种理解应该说是不正确的。此时，设备外壳对地的电压应接近相电压。假设变压器中性点的接地电阻为 4Ω，发生相线碰外壳时，不计相线电阻，外壳的对地电压为：

$$\frac{1667}{1667+4} \times 220 \approx 220V$$

当设备的接地电阻降低，如：也为 4Ω，则外壳的对地电压为：

$$\frac{4}{4+4} \times 220 = 110V$$

此值仍远高于 50V，为使外壳对地为 50V，需要进一步降低设备接地电阻值，可由下式求得：

$$\frac{R_A}{4+R_A} \times 220 = 50$$

$$R_A = \frac{200}{170} = 1.2\Omega$$

也就是说，在变压器中性点的接地电阻值为 4Ω 时，要想使设备外壳的对地电压降低至安全电压 50V，需使设备的接地电阻降至 1.2Ω。

$$\frac{1.2}{4} = 0.3$$

即设备的接地电阻只有不大于 0.3 倍的变压器中性点的接地电阻值时（假设该电阻值为 4Ω），才能保证设备外壳的对地电压不大于 50V。

但对 TT 系统来讲，由于配电回路设有 RCD，不必追求过低的设备接地电阻值，通常一根接地极的接地电阻值也不会超过 100Ω，而对于剩余动作电流为

30mA 的 RCD，理论上 1667Ω 就可以满足要求，所以，100Ω 的接地电阻值完全可以保证 RCD 可靠动作，而 100Ω 的接地电阻值在实际工程中是很容易达到的。此时的漏电电流为：

$$\frac{220}{4+100}=2.115(A)$$

对于漏电动作电流为 30mA 的 RCD，2.115A 的电流应能使 RCD 瞬时动作，以使触碰设备外壳的人体免遭电击的伤害。

15 非镀锌电缆桥架跨接线的截面积如何确定问题

《建筑电气工程施工质量验收规范》GB 50303—2015 第 11.1.1 条规定：非镀锌梯架、托盘、槽盒本体之间连接板的两端应跨接保护联结导体，保护联结导体的截面积应符合设计要求。

从以上规定可以看出，对保护联结导体的截面积没有直接提出具体值，但规定应符合设计要求。一般设计图纸也不具体要求。此时可参照国标图集 18D802《建筑电气工程施工安装》中"非镀锌金属槽盒本体间连接示意图"说明的要求：当设计无要求时，保护联结导体可采用不小于 4mm² 铜编织带或黄绿色铜芯绝缘软导线。

16 电缆桥架过建筑物变形缝跨接线截面积如何确定问题

《建筑电气工程施工质量验收规范》GB 50303—2015 没有提及电缆桥架过建筑物变形缝跨接线截面积的具体要求。以下两个标准对跨接线截面积提出了要求，但并不一致。

国标图集《建筑电气工程施工安装》18D802 中金属槽盒、梯架过建筑物变形缝示意图要求跨接的保护联结导体为不小于 4mm² 铜编织带或黄绿色铜芯绝缘软导线。

《钢制电缆桥架工程技术规程》T/CECS 31—2017 第 4.8.2 条规定：在伸缩缝或连续铰连接处应采用铜软导线或编织铜线连接，其截面积不应小于 16mm²。

一般理解电缆桥架过建筑物变形缝处的跨接属于等电位范畴，无机械保护时等电位联结线最小截面积采用 4mm² 铜芯绝缘软导线是符合标准规定的。而在《钢制电缆桥架工程技术规程》T/CECS 31—2017 中规定采用截面积不应小于 16mm² 铜软导线，据标准起草人介绍，主要是考虑此处桥架断开，满足机械强度要求。

《钢制电缆桥架工程技术规程》T/CECS 31—2017 为团体标准，当设计文件或施工合同明确采用此标准时，跨接线截面积应按此标准执行。

17 沿电缆桥架敷设保护导体问题

金属电缆桥架类似于电气设备的外露可导电部分，按电气相关标准要求应进行接地。但电缆桥架与一般电气设备的外露可导电部分又不太一样，它本身长度较长，达到几十米也很常见。当桥架中间某处发生相线碰壳接地故障时，由于回路阻抗比较大，若采用过电流兼作接地故障保护，保护电器因回路阻抗大，故障电流小，有可能不动作，所以它的接地与一般电气设备的接地也有较大差别。

《建筑电气工程施工质量验收规范》GB 50303—2015 第 11.1.1 条规定：梯架、托盘和槽盒全长不大于 30m 时，不应少于 2 处与保护导体可靠连接；全长大于 30m 时，每隔 20～30m 应增加一个连接点，起始端和终点端均应可靠接地。该条的条文说明特别提到：有的施工设计在金属梯架、托盘或槽盒内，全线敷设一支铜或钢制成的保护导体，且与梯架、托盘或槽盒每段有数个电气连通点，则金属梯架、托盘或槽盒与保护导体的连接十分可靠。

由于有了上面的规定，沿电缆桥架敷设一根镀锌扁钢的做法比较常见，扁钢的规格多采用 25×4(mm) 或 40×4(mm)。但是也有例外，有的设计图纸并没有要求做这根镀锌扁钢，但施工单位为了保证工程验收，增加了这根镀锌扁钢。由于电缆桥架的量很大，增加镀锌扁钢的造价达 100 多万元。为此，设计单位提出质疑，认为设计规范没有规定要做这根保护导体，增加这根镀锌扁钢是施工单位自己的行为。沿桥架敷设这根保护导体是否有必要已争论多年，但一直得不到权威的解释。

问题的焦点是：是否考虑桥架中间某处发生相线碰壳接地故障时保护电器的灵敏度，尤其是采用过电流兼作接地故障保护时保护电器的灵敏度。

一种观点是应该考虑。如果考虑，从电气安全性角度看，应该是比较完美的。但此时需要考虑，这根保护导体材质和截面积的选择，最好应按电缆桥架内敷设的线缆最大的 PE 导体截面积或同等性能选择。

另一种观点是不需要特别考虑。认为金属电缆桥架的作用是支撑、保护电缆的装置，将每一节之间应做好等电位联结即可。如：非镀锌桥架，除每节之间一般通过连接板和螺栓进行连接外，还需单设一条跨接线，一般采用不小于 $4mm^2$ 铜芯软导线。按这一做法，应该说是满足了等电位联结要求。此观点认为此时电缆桥架相当于电气设备的外露可导电部分，应将电缆桥架作为一个整体进行考虑，将其接好地，即满足了规范要求。

这两种观点各有其道理，如何选择，应在施工前由电气专业设计师明确。

18 母线槽金属外壳接地问题

母线槽金属外壳属于设备的外露可导电部分，按相关标准的规定应进行接地，即应与母线槽内的 PE 排进行连接。

根据母线槽产品，通常有两种情况。

（1）在母线槽设计时，每一单元母线槽已考虑了通过 PE 排实现外壳接地问题，母线槽内的 PE 排与每一单元的外壳已进行有效连接。因此，这种情况，母线槽单元只要正常连接即可满足要求，不用再做其他处理。

（2）母线槽外壳未与 PE 排进行连接。所有单元母线槽金属外壳均属于外露可导电部分，因此所有母线槽单元外壳应连成一个整体，除了自身的机械连接外，通常还用跨接线进行跨接，一般采用 16～25mm² 铜导体。

已连接成整体的母线槽外壳要在起始端进行接地，也就是在起始端，母线槽外壳与其内的 PE 排进行有效连接。

《低压母线槽应用技术规程》T/CECS 170—2017 第 3.0.6 条第 7 款对母线槽外壳接至接地网的保护导体进行了如下规定。

母线槽金属外壳与接地网连接的连接保护导体截面积不应小于表 5-4 的规定：

连接保护导体截面积（mm²）　　　　　　　　表 5-4

母线槽相导体截面积 S	连接保护导体截面积
S≤16	与母线槽相导体的截面积相同
16<S≤120	16
S≥150	25

表 5-4 的规定，与《建筑电气工程施工质量验收规范》GB 50303—2015 第 17.1.3 条的表 17.1.3 对电力电缆的屏蔽层或铠装层使用铜绞线或镀锡铜编织线作为连接导体与保护导体连接接地，其连接导体要求的截面积是一致的，如表 5-5 所示。

电缆终端保护联结导体的截面（mm²）　　　　表 5-5

电缆相导体截面积	保护联结导体截面积
≤16	与电缆相导体截面积相同
>16,且≤120	16
≥150	25

从以上两个表可以看出，《低压母线槽应用技术规程》T/CECS 170—2017 把母线槽的外壳看成是电缆的屏蔽层或铠装层，所以连接保护导体的截面积是相等的。

母线槽外壳起始端的接地和其他单元连接时的跨接线，所采用的 16～25mm² 铜导体，其作用只能是母线槽外壳形成整体，并实现接地。并不能保证当发生母线槽相线碰外壳的接地故障时，其前端设置的过电流保护电器能够瞬时动作，因为 16～25mm² 铜导体可能与母线槽内的 PE 排截面积相差很大，造成回路阻抗很大。

通过以上分析，应该说母线槽外壳的接地符合第一种情况是最好的。也就是在母线槽制造时，就考虑好通过 PE 排实现外壳接地问题，使母线槽内的 PE 排与每一单元的外壳均进行有效连接。因此，这种情况的优势，既可实现母线槽外壳可靠接地，又免除了现场的安装工作。

19 变压器中性点接地线截面积问题

在电气设计图纸中，变压器低压侧的相线、PEN 线及 N 干线、PE 干线通常都有明确的规格要求；而变压中性点接至接地装置的接地线的导体型号规格一般没有明确要求。施工时，大多都是凭施工人员的经验决定。

有人可能会提出，变压器的中性点不能就地接地，从变压器中性点引出的是 PEN 导体应在低压配电柜处进行一点接地。这是 IEC 标准要求的做法，我国标准《民用建筑电气设计标准》GB 51348—2019 也有这方面的规定。

虽然有 IEC 标准的要求，但实际工程中，尤其是电力公司施工的变电所，变压器的中性点就地接地还是非常普遍的；而且《民用建筑电气设计标准》GB 51348—2019 也允许变压器的中性点就地接地，《民用建筑电气设计标准》GB 51348—2019 第 12.4.11 条第 6 款、第 7 款的规定如下：

12.4.11　TN 接地系统接地应符合下列要求：

6　TN 接地系统中，变电所内配电变压器低压侧中性点，可采用直接接地方式。

7　TN 接地系统中，低压柴油发电机中性点接地方式，应与变电所内配电变压器低压侧中性点接地方式一致，并应满足以下要求：

1）当变电所内变压器低压侧中性点，在变压器中性点处接地时，低压柴油发电机中性点也应在其中性点处接地；

2）当变电所内变压器低压侧中性点，在低压配电柜处接地时，低压柴油发电机中性点不能在其中性点处接地，应在低压配电柜处接地。

当变压器中性点就地接地时，接地线不仅直接接至接地装置，还与变压器外壳接地端子相连。此处的接地既是系统接地（工作接地），也是设备外露可导电部分的保护接地。此时的保护接地又有两层含义：一是高压设备的保护接地，二是低压设备的保护接地。有人认为，当高压侧为中性点不接地系统时，变压器外壳发生高压接地故障时，接地电流及接地电压很小，如 10kV 系统，接地电流不大于 30A（目前一般要求不大于 10A，35kV 系统接地电流要求不大于 10A），因此，中性点的接地线截面积可以要求很低，只要满足其机械强度即可。

上述想法是有待商榷的。高压中性点不接地系统，发生单相接地故障时可继续运行 2h，如果在这期间又发生单相异相接地，形成相间接地短路，通过接地线的电流应按三相短路电流的 0.87 倍考虑。低压侧相线与变压器外壳发生接地故障，单相短路电流有可能接近相间短路电流，短路电流要动作高压侧保护开关，高压侧保护开关即使瞬时动作，也有一个固有动作时间，因此应考虑中性点接地线的热稳定要求。有文献资料根据计算和变压器容量给出了接地线截面积的选择表，如表 5-6 所示。

变压器低压中性点接地线截面积（铜导体） 表 5-6

变压器容量(kVA)	400	500	630	800	1000	1250	1600	2000	2500
0.4kV 侧额定电流(A)	577	721	909	1154	1443	1804	2309	2886	3670
相线截面积(mm²)	40×5	50×6	60×6	80×6	100×8	120×8	120×10	2(100×10)	2(120×10)
中性点至接地极的接地线截面积	35	50	70	95	30×5	30×5	40×4	40×5	40×5

表 5-6 变压器低压中性点接地线截面积（铜导体）数值可供参考，但最好还由设计人员确定。

20 变压器（或发电机）中性点应如何进行接地问题

现在有一些工程的电气设计图纸中的要求变压器的低压侧中性点直接连接与接地装置连接，如图 5-29 所示。

从图 5-29 可以看出，变压器的中性点通过 YJV-0.6/1kV 1×240 单芯电缆接至接地装置。

很多工程发电机的中性点与变压器中性点一样的处理方式，如图 5-30 所示。

从图 5-30 可以看出，发电机已就地接地，自发电机输出柜引出的接地导体为 5 芯母线槽，其中包括 PE 母排。

国家标准《低压电气装置 第 1 部分：基本原则、一般特性评估和定义》GB/T 16895.1—2008/IEC 60364-1：2005 对多电源系统接地有严格的要求，它不允许在变压器的中性点或发电机的中性点直接对地连接，还规定自变压器（或发电机）中性点引出的 PEN 线（或 N 线）必须绝缘，并只能在低压总配电柜内与接地的 PE 母排连接，而实现系统的单点接地，在这一点以外不得再在其他处接地，不然中性线电流将通过不正规的并联通路而返回电源，这部分中性线电流被

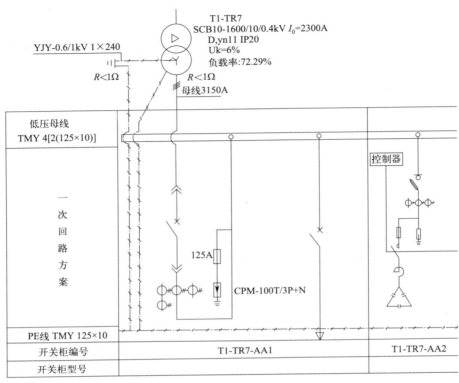

图 5-29　变压器中性点接地示意图

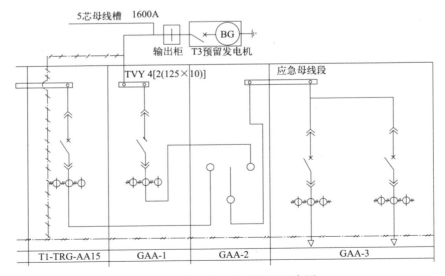

图 5-30　发电机中性点接地示意图

称作杂散电流，它可能引起火灾、腐蚀、电磁干扰等危害，如图 5-31 所示。

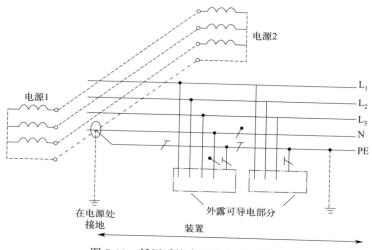

图 5-31　低压系统中系统接地示意图

王厚余先生编著的《低压电气装置的设计安装和检验》（第三版）给出了更适合阅读习惯的系统图，如图 5-32 所示。

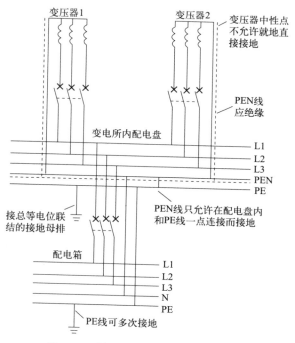

图 5-32　低压系统中系统接地的实施

159

通过以上对比说明，现在一些工程的电气设计图纸对变压器（或发电机）中性点的接地做法，与已转换成国标的 IEC 标准《低压电气装置 第 1 部分：基本原则、一般特性评估和定义》GB/T 16895.1—2008 并不一致，IEC 标准更科学，提出了不这样实施而产生杂散电流所带来的危害。王厚余先生在其专著《低压电气装置的设计安装和检验》（第三版）中对杂散电流的电气危害进行了详细的解释：

（1）杂散电流可能因不正规通路导电不良而打火，引燃可燃物起火。

（2）杂散电流如以大地为通路返回电源，可能腐蚀地下基础钢筋或金属管道等金属部分。

（3）杂散电流通路与该中性线正规回路两者形成已封闭的大包环绕，环内的磁场可能干扰环内敏感信息技术设备的正常工作。

21 LED 灯是否接地问题

现在建筑电气照明灯具采用 LED 灯非常普遍，但对 LED 灯的金属外壳是否应该接保护接地导体（PE 线），很多项目的处理是有安全隐患的。

按防触电保护型式，灯具应分为Ⅰ类、Ⅱ类、Ⅲ类。Ⅰ类灯具的金属外壳应接地，而Ⅲ类灯具的金属外壳不应接地。Ⅲ类灯具是由安全特低电压（AC50V 及以下、DC120V 及以下）供电的，它能有效地防止直接接触电击或间接接触电击，其金属外壳不需要接地。

很多使用的 LED 灯，都是通过外置的电子控制装置（LED 开关电源或驱动电源）将 220V 电压降至安全特低电压，但却将由安全特低电压供电的灯具的金属外壳接了 PE 线，如图 5-33 所示。

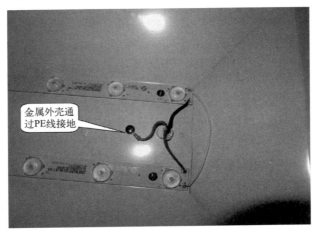

图 5-33 Ⅲ类 LED 灯具的金属外壳接了 PE 线

如果Ⅲ类灯具的金属外壳与 PE 线连接实现接地，一旦别处的Ⅰ类设备或灯具发生接地故障，PE 线将带危险电位，将导致与 PE 线连接的Ⅲ类灯具金属外壳也带危险电位，人如果触及，将可能发生电击事故。

因此，电气技术人员要特别关注灯具的类别，做到灯具外壳是否接地的正确判断。

另外还应注意，LED 灯电子控制装置（LED 开关电源或驱动电源）的 220V 线路部分，不应直接裸露，应穿管进行保护。

22 有内装式控制装置的Ⅰ类灯具金属外壳接地问题

Ⅰ类灯具金属外壳需要通过电源 PE 线实现接地是毋庸置疑的。但有的Ⅰ类灯具内设有控制装置，称为"内装式控制装置"，控制装置外壳也为金属材质。有一些灯具的生产厂家将"内装式控制装置"自带的接地线与电源的接地线连接，而"内装式控制装置"再与灯具外壳连接，达到灯具外壳接地的目的。应注意这样的接地做法是不符合国家灯具制造标准《灯具 第 1 部分：一般要求与试验》GB 7000.1—2015 规定的。

《灯具 第 1 部分：一般要求与试验》GB 7000.1—2015 第 7.2.1 条规定：灯具保护接地的连接不允许借助于内装式控制装置。也就是说灯具外壳通过内装式控制装置接地是不允许的。按照《灯具 第 1 部分：一般要求与试验》GB 7000.1—2015 的规定，一种合格的做法是先将灯具的接地线与灯具金属外壳连接，再将内装式控制装置的接地线与灯具的接地线连接，如图 5-34 所示。

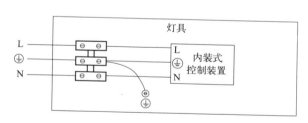

图 5-34 具有内装式控制装置的灯具接地示意图

《灯具 第 1 部分：一般要求与试验》GB 7000.1—2015 第 7.2.1 条还规定：内装式控制装置可以通过将控制装置固定到灯具的接地金属部件进行接地。也就是内装式控制装置的接地可以通过自带的接地线直接与接地的灯具金属外壳连接而实现。

23　屏蔽电缆单端接地还是两端接地问题

为了减少空间电磁场对通信线路的影响，往往采用屏蔽电缆。

屏蔽电缆的屏蔽原理不同于双绞线的平衡抵消原理。屏蔽电缆是在四对双绞线的外面加多一层或两层铝箔，利用金属对电磁波的反射、吸收和趋肤效应原理，有效的防止外部电磁干扰进入电缆。

有资料介绍：实验表明，频率超过 5MHz 的电磁波只能透过 38μm 厚的铝箔。如果让屏蔽层的厚度超过 38μm，上述电磁波就不能够透过屏蔽层进入电缆内部。电磁干扰的频率主要在 5MHz 以下，而对于 5MHz 以下的低频干扰可应用双绞线的平衡原理有效抵消。

屏蔽电缆的屏蔽层一般需要接地，这样外部的干扰信号可被该层导入大地。屏蔽层的接地是采用单端接地还是两端接地？

当屏蔽层两端（或多点）接地时，因为不同的接地点电位不同，会形成电位差，从而在屏蔽层形成电流，不但起不到屏蔽作用，反而可能引进干扰。当干扰中含有各种高次谐波分量，造成影响更大。

因此，一般情况下屏蔽层应采取一点接地，另一端悬空的办法。这样能够避免在屏蔽层中产生电流，也就能够避免外部信号对通信线路干扰形成。

国家标准《电力工程电缆设计标准》GB 50217—2018 第 3.7.8 条也有相关的规定：计算机监控系统的模拟信号回路控制电缆屏蔽层不得构成两点或多点接地，应集中式一点接地。

24　防雷引下线设置的问题

众所周知，建筑物防雷装置通常由接闪器、引下线、接地装置等组成，而引下线是连接接闪器和接地装置的重要环节，其设置是否合理是涉及建筑物内部设备及人身安全的关键问题。有的工程不仅利用建筑物四周柱内钢筋做引下线，而且还利用建筑物内柱子钢筋做引下线，建筑物内引下线穿过屋顶防水层与接闪网格相连接，这样的做法应该说是不符合防雷理念的。

按《建筑物防雷设计规范》GB 50057—2010 之要求（以二类防雷为例）：专设引下线不应少于两根，并沿建筑物四周和内庭院四周均匀对称布置，其间距沿周长计算不应大于 18m。当建筑物的跨度较大，无法在跨距中间设引下线时，应在跨距两端设引下线并减小其他引下线的间距，专设引下线的平均间距不应大于 18m。

通过以上规定可以看出，建筑物防雷引下线应设在建筑物的四周，一旦建筑物遭受雷击，通过引下线将巨大的雷电流从建筑物的四周引入地下，而不将雷电流引入室内，从而保护了建筑物内的设备及人身安全。犹如下雨天人穿了蓑衣一样，蓑衣将雨引下，使人体免受雨水淋湿。

接闪装置接闪时，引下线会立即升至高电位，会对其周围的金属物、设备、人产生旁侧闪击，对人员和设备构成危害。有资料介绍：对于引下线，在 1.8m 高的地方，有 180kV 对地电压，这个电压足以击穿 0.4m 的空气间隙。

2007 年 5 月 23 日，重庆市开义县和镇兴业村小学遭遇雷击，造成该校 7 名学生死亡、40 多人受伤的不幸事件。事后通过分析得知：遭雷击时教室屋顶的高压在 100 万伏～120 万伏，四周的墙体净高 4m，此电压产生的雷电流沿墙体下泄，墙体每米高度约承受 25 万伏～30 万伏。靠窗坐的学生被这 25 万伏～30 万伏电压从身旁击中，也就是旁侧闪击，导致 7 名学生死亡。其他学生也依其与窗口的距离和位置的不同而伤情不同，坐在教室中间的学生则幸免于难。

因此，利用建筑物内柱子做防雷引下线确实存在很大的危险性，不应采取此种做法。但如果由于建筑结构本身的原因而无法避免时，需要采取相应的防范措施。

为了减少这种旁侧闪击危险，最简单、有效的办法是采取均压处理措施，即将其周围的金属体、设备的金属外壳及地板的钢筋网做好等电位连接。这样在雷电流通过时，使所有设施立即形成一个等电位体，保证导电部件之间不产生有害的电位差，不发生旁侧闪击放电。完善的等电位连接还可以防止雷电流入地造成的地电位升高所产生的反击。

通过以上的分析可知，将雷电流引入室内会对人和设备产生很大的危险性，尤其是对人员密集和具有众多智能化弱电设备的建筑，一旦发生雷击，巨大的雷电流和高电压将产生旁侧闪击或反击，损失会更加严重。防雷系统是保证建筑物、人员、设备安全的重要系统，需严格按照《建筑物防雷设计规范》GB 50057—2010 进行设计，而对引下线的设置，应结合建筑结构的具体形式，分析其特点，作出恰当的选择，并辅以相应的措施。

25 利用结构钢筋做防雷装置，连接处是否需要焊接问题

一般钢筋混凝土建筑，电气设计都采用结构柱内钢筋做引下线、底板钢筋做接地体。在施工过程中，经常遇到钢筋采用绑扎和直螺纹连接的方式，但连接处是否需要焊接或跨接焊的问题，电气技术人员经常出现不一致的看法。

国家标准《建筑物防雷设计规范》GB 50057—2010 第 4.3.5 条第 6 款（强制性条款）规定：利用建筑物钢筋做防雷装置时，构件内有箍筋连接的钢筋或呈网状的钢筋，其箍筋与钢筋、钢筋与钢筋应采用土建施工的绑扎法、螺丝、对焊

或搭焊连接。单根钢筋、圆钢或外引预埋连接板、线与构件内钢筋应焊接或采用螺栓紧固的卡夹器连接。

从以上的规定可以看出，利用建筑物钢筋做防雷装置（包括引下线、接地装置）时，钢筋与钢筋连接采用绑扎、直螺纹和焊接均是满足要求的。而且在条文说明中明确"钢筋之间的普通金属丝连接对防雷保护来说是完全足够的"。

国家标准《建筑物防雷工程施工与质量验收规范》GB 50601—2010 第 3.2.3 条（强制性条文）规定：除设计要求外，兼做引下线的承力钢结构构件、混凝土梁、柱内钢筋与钢筋的连接，应采用土建施工的绑扎法或螺丝扣的机械连接，严禁热加工连接。

从以上规定可以看出，利用柱内钢筋做引下线时，如果设计不要求，钢筋连接处不允许焊接。在条文说明中的解释：采用焊接连接时可能降低建筑物结构的负荷能力。

综上所述，利用建筑物钢筋做防雷装置时，钢筋与钢筋连接采用绑扎或直螺纹的连接方式是可以满足防雷要求的，不需要进行搭接焊或跨接焊，而且从结构承载力角度看也不提倡采用焊接的方式。

有一点需要说明，自引下线引至屋面接闪器的镀锌圆钢（或镀锌扁钢）还是尽量采用焊接方式，不仅增加可靠性，而且也不存在降低结构承载力的问题。

26 玻璃幕墙防雷应关注的重要节点问题

建筑工程中很多采用玻璃幕墙进行外装饰。由于玻璃幕墙围裹在建筑物四周，是极易遭受雷击的部位，而如何对玻璃幕墙进行防雷，现行的设计及施工验收规范阐述得并不十分明确，各玻璃幕墙承包单位对此重视程度也不够，所采取的措施也很不一致。为有效保障玻璃幕墙及建筑物的安全，在依据《建筑物防雷设计规范》GB 50057—2010、《建筑物防雷工程施工与验收规范》GB 50601—2010 及设计图纸编制玻璃幕墙防雷专项方案的基础上，还应关注以下重要方面：

（1）建筑物自身的防雷体系如何与玻璃幕墙的防雷体系有效连接。

（2）竖向主龙骨的贯通连接措施。

注：按国标图集 15D503《利用建筑物金属体做防雷及接地装置安装》要求：幕墙金属垂直立柱约每隔 3m 将立柱连贯导通，在其断开处，应用截面积大于等于 25mm² 多股软铜线跨接。

（3）竖向主龙骨与横向龙骨的贯通连接措施。

（4）金属屋面与防雷引下线的连接措施。

（5）不同金属的压接要采取防电化腐蚀措施。

（6）所有节点做法要有示意图，并注明所用材料的规格、型号。

（7）必须贯彻样板引路的精神，经相关各方鉴定合格后，再进行大面积安装。

（8）玻璃幕墙安装完成后，宜由权威检测机构进行测试，接地电阻值必须满足规范及设计图纸要求。

《玻璃幕墙工程技术规范》JGJ 102—2003 还有如下规定：

（1）玻璃幕墙的金属框架应与主体结构的防雷体系可靠连接，连接部位应清除非导电保护层。

（2）玻璃幕墙的铝合金立柱，在不大于 10m 范围内宜有一根柱采用柔性导线上、下连通，铜制导线截面积不宜小于 $25mm^2$，铝制导线截面积不宜小于 $30mm^2$。

（3）在主体建筑有水平均压环的楼层，对应导电通路立柱的预埋件或固定件应采用圆钢或扁钢与水平均压环焊接连通，形成防雷通路，焊缝和连线应涂防锈漆。扁钢截面不宜小于 $5mm \times 40mm$，圆钢直径不宜小于 12mm。

（4）兼有防雷功能的幕墙压顶板宜采用厚度不小于 3mm 的铝合金板制造，压顶板截面不宜小于 $70mm^2$（幕墙高度不小于 150m 时）或 $50mm^2$（幕墙高度小于 150m 时）。幕墙压顶板体系与主体结构屋顶的防雷系统应有效连通。

（5）幕墙的防雷装置设计应经建筑设计单位认可。

27　玻璃幕墙金属龙骨在底端是否与防雷装置连接问题

现很多建筑工程，设计要求在 45m 或 60m 开始，利用结构钢筋做均压环，均压环与引下线焊接，并与玻璃幕墙金属龙骨进行连接，而在玻璃幕墙的底端是否与防雷装置进行连接，却没有明确。

在建筑物遭雷击时，雷电流应通过引下线向大地疏散。此时引下线将包括两部分：包裹在建筑外的幕墙的金属龙骨及建筑结构钢筋。建筑结构钢筋与接地装置直接相连，而幕墙的金属龙骨除了在均压环以上的部位与结构钢筋相连接外，到了底端却没有与结构钢筋相连接，相当于雷电流到了底端以后没有疏散的通路，可能瞬间会有高电位产生，存在人被电击的可能。

在《建筑物防雷设计规范》GB 50057—2010 第 4.3.9 条明确规定：外墙内、外竖直敷设的金属管道及金属物的顶端和底端，应与防雷装置等电位连接。在条文说明中的解释：由于两端连接，使其与引下线成了并联路线，必然参与导引一部分雷电流，并使它们之间在各平面处的电位相等。

此规定足以说明，玻璃幕墙金属龙骨在底端应与防雷装置连接。所以，结构施工期间应在首层预留与作为引下线的柱筋连接的扁钢或圆钢。

28　屋面金属栏杆是否可作为接闪器问题

　　在许多建筑物屋面的四周均设置了金属栏杆，但金属栏杆能不能直接作为防雷装置的接闪器呢？有的技术人员认为不能作为接闪器，因为原《建筑物防雷设计规范》GB 50057—94（2000 版）第 4.1.5 条规定：钢管的壁厚不小于 2.5mm 时，才能作为接闪器。《民用建筑电气设计标准》GB 51348—2019 第 11.6.3 条也规定：接闪杆宜采用热浸镀锌圆钢或钢管制成，钢管壁厚不应小于 2.5mm。但工程上应用的金属栏杆，不论普通钢管栏杆还是不锈钢钢管栏杆的壁厚均不满足 2.5mm 的要求，以至于在许多工程上将金属栏杆作为接闪器后，一些质量验收部门验收时要求整改。将所有金属栏杆均换成为壁厚不小于 2.5mm 的金属栏杆，一般情况下很难做到。但为满足验收的要求，只好在屋面女儿墙上方，且远低于金属栏杆顶的部位增加接闪带，然后再将接闪带与金属栏杆焊接。

　　这种处理方式，从防雷角度来讲，应该是没有问题的。但问题是这样做是否有实际意义？增加的接闪带是否有实际作用？金属栏杆远高于后增加的接闪带，在雷击发生时，金属栏杆会先于接闪带而起到接闪作用，雷电流一定会通过金属栏杆引至防雷引下线。问题的关键是壁厚小于 2.5mm 的后果是什么？原《建筑物防雷设计规范》GB 50057—94（2000 版）的条文说明并没有解释。笔者认为，可能更多的是从机械强度的角度考虑，当发生雷击时，巨大的雷电流可能会使金属栏杆遭到损害。笔者认为，万一发生雷击时，金属栏杆遭到损害是可以接受，因为栏杆修复是很容易的。

　　在新版《建筑物防雷设计规范》GB 50057—2010 第 5.2.8 条规定：除第一类防雷建筑物和本规范第 4.3.2 条第 1 款的规定外，屋面上永久性金属物宜作为接闪器，但其各部件之间均应连成电气贯通。用过此规定可以看出，屋面上长期安装的金属栏杆是可以作接闪器的，其间是通过焊接而成为一整体的。

　　该规范还规定：旗杆、栏杆、装饰物、女儿墙上的盖板等，其截面应符合本规范表 5.2.1 的规定，其壁厚应符合本规范第 5.2.7 条的规定。

　　第 5.2.7 条内容为：

　　5.2.7 除第一类防雷建筑物外，金属屋面的建筑物宜利用其屋面作为接闪器，并应符合下列规定：

　　1　板间的连接应是持久的电气贯通，可采用铜锌合金焊、熔焊、卷边压接、缝接、螺钉或螺栓连接。

　　2　金属板下面无易燃物时，铅板的厚度不应小于 2mm，不锈钢、热镀锌钢、钛和铜板的厚度不应小于 0.5mm，铝板的厚度不应小于 0.65mm，锌板的厚度不应小于 0.7mm。

3　金属板下面有易燃物时，不锈钢、热镀锌钢和钛板的厚度不应小于 4mm，铜板的厚度不应小于 5mm，铝板的厚度不应小于 7mm。

4　金属板应无绝缘被覆层。

注：薄的油漆保护层或 1mm 厚沥青层或 0.5mm 厚聚氯乙烯层不应属于绝缘被覆层。

通过内容可以看出，第 5.2.7 条只规定屋面板的厚度，并未规定金属栏杆管材的具体厚度。从另外一个角度可以看出，金属栏杆的壁厚比第 5.2.7 条第 2 款规定的不锈钢、热镀锌钢板要求的 0.5mm 厚度要大得多。因此，利用屋面的金属栏杆作接闪器，应该没有问题，而不必再在金属栏杆下方做接闪带。

29　建筑物防雷措施中防侧击问题

以二类防雷为例。一般电气设计要求建筑物高度超过 45m 时，应采取防侧击措施，要求从 45m 开始每三层做一圈均压环，并要求将 45m 及以上外墙上的栏杆、金属门窗等较大金属物与防雷装置连接。《建筑物防雷设计规范》GB 50057—2010 第 4.3.9 条第 2 款对防侧击是这样规定的：

2　高于 60m 的建筑物，其上部占高度 20% 并超过 60m 的部位应防侧击，防侧击应符合下列规定：

1）在建筑物上部占高度 20% 并超过 60m 的部位，各表面上的尖物、墙角、边缘、设备以及显著突出的物体，应按屋顶上的保护措施处理。

2）在建筑物上部占高度 20% 并超过 60m 的部位，布置接闪器应符合本类防雷建筑物的要求，接闪器应重点布置在墙角、边缘和显著突出的物体上。

3）外部金属物，当其最小尺寸符合本规范第 5.2.7 条第 2 款的规定时，可利用其作为接闪器，还可利用布置在建筑物垂直边缘处的外部引下线作为接闪器。

4）符合本规范第 4.3.5 条规定的钢筋混凝土内钢筋和符合本规范第 5.3.5 条规定的建筑物金属框架，当作为引下线或与引下线连接时，均可利用其作为接闪器。

从上面的规定可以看出：建筑物 60m 以上且 60m 以上的高度占建筑高度（h）≥20% 时，即应满足 $h/(h+60)=20\%$，求得 $h=15(m)$，也就是说建筑高度≥75m（60m+15m）才需要采取防侧击措施。

在《建筑物防雷设计规范》GB 50057—2010 第 4.3.9 条的条文说明提到 IEC 62305-3：2010 的规定：

5.2.3.1　高度低于 60m 的建筑物

研究显示，小雷击电流击到高度低于 60m 建筑物的垂直侧面的概率是足够低的，所以不需要考虑这种侧击。

5.3.3.2　高60m及高于60m的建筑物

高于60m的建筑物，闪击击到其侧面是可能发生的，特别是各表面的突出尖物、墙角和边缘。

注：通常，这种侧击的风险是低的，因为它只占高层建筑物遭闪击次数的百分之几，而且其雷电流参数显著低于闪电击到屋顶的雷电流参数。

高层建筑的上面部位（例如，通常是建筑物高度的最上面20%部位，这部位要在建筑物60m高以上）及安装在其上的设备应装接闪器加以保护。

综上所述，按《建筑物防雷设计规范》GB 50057—2010 的规定，建筑物高度超过45m时，不需要每三层做一圈均压环作为防侧击措施。当建筑高度达到75m及以上并超过60m的部位，应采取防侧击措施，各表面上的尖物、墙角、边缘、设备以及显著突出的物体，应按屋顶上的保护措施处理。

30　电涌保护器（SPD）两端连接线及相关问题

（1）电涌保护器的作用

电涌保护器的作用是将雷电流泄放入地，并将雷电冲击电压幅值降低到要求的水平，这一电压水平被称作 SPD 的电压保护水平（U_p）。

（2）电涌保护其种类

一般常用的电涌保护器分限压型电涌保护器和开关型电涌保护器，还有组合型电涌保护器。

限压型电涌保护器：无电涌出现时为高阻抗，随着电涌电流和电压的增加，阻抗连续变小，也称为"箝压型"电涌保护器；具有连续的电压、电流特性。

开关型电涌保护器：无电涌出现时为高阻抗，当出现电压电涌时突变为低阻抗；具有不连续的电压、电流特性。

（3）电涌保护器的有效电压保护水平

电涌保护器的有效电压保护水平，《建筑物防雷设计规范》GB 50057—2010 第6.4.6条规定：

1　对限压型电涌保护器：$U_{p/f}=U_p+\Delta U$

2　对电压开关型电涌保护器，应取下列公式中的较大者：$U_{p/f}=U_p$ 或 $U_{p/f}=\Delta U$

式中　$U_{p/f}$——电涌保护器的有效电压保护水平（kV）；

　　　U_p——电涌保护器的电压保护水平（kV）；

　　　ΔU——电涌保护器两端引线的感应电压降，即 $L\times(d_i/d_t)$，户外线路进入建筑物处可按1kV/m计算，在其后的可按 $\Delta U=0.2U_p$ 计算。

3 为取得较小的电涌保护器有效电压保护水平，应选用有较小电压保护水平值的电涌保护器，并应采用合理的接线，同时应缩短连接电涌保护器的导体长度。

（4）需要保护的线路和设备额定冲击电压值

按《建筑物防雷设计规范》GB 50057—2010 第6.4.4条的规定：

需要保护的线路和设备的耐冲击电压，220/380V 三相配电线路可按表6.4.4 的规定取值。

建筑物内 220/380V 配电系统中设备绝缘耐冲击电压额定值　　表 6.4.4

设备位置	电源处的设备	配电线路和最后分支线路的设备	用电设备	特殊需要保护的设备
耐冲击电压类别	Ⅳ类	Ⅲ类	Ⅱ类	Ⅰ类
耐冲击电压额定值 U_w(kV)	6	4	2.5	1.5

注：1　Ⅰ类——含有电子电路的设备,如计算机、有电子程序控制的设备；

2　Ⅱ类——如家用电器和类似负荷；

3　Ⅲ类——如配电盘,断路器,包括线路、母线、分线盒、开关、插座等固定装置的布线系统,以及应用于工业的设备和永久接至固定装置的固定安装的电动机等的一些其他设备；

4　Ⅳ类——如电气计量仪表、一次线过电流保护设备、滤波器。

（5）电涌保护器两端连接线的长度问题

我们知道，被保护设备所承受的雷电压等于 SPD 残压与 SPD 两端连接线上电压降之和。SPD 残压由产品性能决定，一旦选定产品，其残压值就已经确定。而连接线上的电压降 $\Delta U = L \times (d_i/d_t)$（$L$ 为 SPD 两端连接线的电感，它与连接线的长度成正比，d_i/d_t 为雷电冲击电流变化的陡度），因此，可通过减少连接线的长度，来减少连接线的电感，也就是减少了连接线上的电压降。

按《建筑电气工程施工质量验收规范》GB 50303—2015 第5.1.10条规定：SPD 的连接导线应平直、足够短，且不宜大于 0.5m。这样的规定主要是考虑连接线如果过长，在其上产生的电压降会过大。例如：假设某电涌保护器 U_p＝2.5kV，两端导线长度分别为 1m。另据《建筑物防雷设计规范》GB 50057—2010 第6.4.6条的规定：电涌保护器两端引线的感应电压降，可按 1kV/m 进行计算。以此得到：$U_{p/f} = U_p + \Delta U = 2.5 + 1 + 1 = 4.5$kV。对照"表6.4.4 建筑物内 220/380V 配电系统中设备绝缘耐冲击电压额定值"（本书表5-7）中的Ⅲ类设备和线路来说是难以承受的。而且，可以看出连接线所占的电压降达到总电压降的 44%，影响是很大的。因此，为保护设备和线路的需要，必须限制电涌保护器两端连接线的长度。

基于以上的分析，配电箱、柜内 SPD 最好直接安装在带电导体母排和 PE 母排之间，连接线的长度为最小。现在 SPD 产品很多已按配电箱内微型断路器的模数来制作，可直接安装在配电箱内，这对缩短 SPD 两端连接线的长度十分有利，如图 5-35 所示。

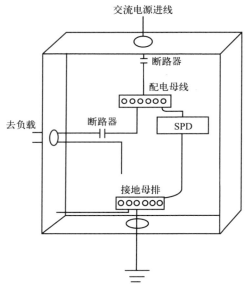

图 5-35　配电箱内 SPD 接线示意图之一

（6）电涌保护器的凯文接线问题

凯文接线也称为"V"形接线。如果仅运用传统的 SPD 接线方式，由于实际条件的一些限制，连接线的长度可能难以满足规范的规定；而凯文接线可达到缩短连接线的目的。凯文接线法是将电源进线与被保护设备进线线路均接至 SPD 进线端，将电源进线端的 PE 线与被保护设备的 PE 线均接至 SPD 出线端，如图 5-36 所示。

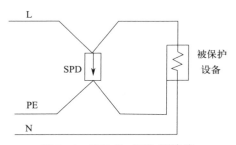

图 5-36　SPD 的"V"形接线

从图 5-36 可以看出，SPD 连接线的长度几乎为零，是一种理想的接线方式，如果对照实际工程很多情况下是难以实现的。在容量较大的配电系统中，电源引线有的是大截面电缆，有的甚至是封闭母线，而 SPD 的接线端子容量有限，无法直接连接，因此，其应用受到极大的限制，只有在小容量的系统中才有实际应用价值。

另外，还有一点值得关注，在小容量的系统中，实际的接线也不是按图 5-36 的接法，实际的接法应该是：电源进线端的 PE 线直接接至配电箱内的 PE 排，而被保护设备的 PE 线也自 PE 排引出，如图 5-37 所示。

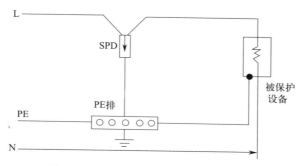

图 5-37 配电箱内 SPD 接线示意图之二

如果一定要达到 SPD 的"V"形接线的要求，只能将进出 PE 线压在一个端子上，然后压在 SPD 的出线端。但当有多个设备同时需要保护时，将所有 PE 线压在一个端子上，也会带来很多问题：有可能 SPD 的端子过小压不上，还会出现需更换某一设备 PE 线时，需要将压线端子拆开，影响其他设备的 PE 线的电气连续性。

凯文接线应该说在减少 SPD 两端连接线上的电压降方面具有非常明显的优势，在小容量的系统中应优先采用。

31 燃气管入户后，绝缘段两端跨接火花放电间隙问题

（1）燃气管道需要做总等电位联结

根据《低压配电设计规范》GB 50054—2011 中第 5.2.4 条规定，建筑物内的水管、燃气管、供暖和空调管道等各种金属干管应做总等电位连接。其目的在于降低建筑物内间接接触电击的接触电压和不同金属部件间的电位差，并消除自建筑物外经电气线路和各种金属管道引入的危险故障电压的危害。当不做总等电位联结，发生接地短路时，在接地故障持续的时间内，与它有联系的电气设备的金属外壳和金属管道、结构等装置外可导电部分相互间存在故障电压，此电压可使人身遭受电击，也可因对地的电弧或火花引起火灾或爆炸，造成严重生命财产损失。

（2）燃气管道插入绝缘段的目的

国标图集《等电位联结安装》15D502 规定：为避免用燃气管道作接地极，燃气管入户后应插入一绝缘段（例如在法兰盘间插入绝缘板），以与户外埋地的燃气管隔离，如图 5-38 所示。

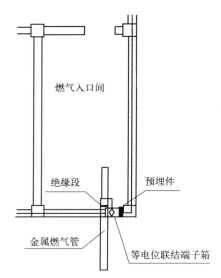

图 5-38 燃气管入户后插入一绝缘段示意

（3）燃气管道绝缘段跨接火花放电间隙的作用

国标图集《等电位联结安装》15D502 规定：为防雷电流在燃气管道内产生电火花，在绝缘段两端应跨接火花放电间隙，此项工作由燃气公司确定。

据了解，燃气管道绝缘段及火花放电间隙有两种类型：绝缘接头内置火花放电间隙和绝缘接头与外置火花放电间隙组合形式。所以，采用这两种形式均是可以的。

需要说明的是：燃气管道需要做总等电位联结的部分只是绝缘段以内的室内部分，绝缘段至室外的部分不能做等电位联结，否则燃气管道又不可避免地作接地极。

32 卫生间局部等电位问题

（1）哪些卫生间需要做局部等电位联结

关于卫生间局部等电位联结，首先应该明确：只有具备洗浴功能的卫生间或浴室才需要做局部等电位，而公共卫生间不需要做局部等电位。由于人在沐浴时，人体皮肤湿润，阻抗大幅度下降，如果此时自金属管道引入危险电位，人被电击致死的危险很大。因此需在具备洗浴功能的卫生间或浴室内将各种金属管道和构件用导体相互连通，使卫生间或浴室局部范围内形成等电位，不产生电位差，使人免受电击的伤害；而在公共卫生间，非淋浴状态，人体皮肤干燥，不具备浴室内的电击危险条件，因此，公共卫生间不需做等电位。

（2）关于浴室局部等电位做法问题

通常需在浴室墙上设置局部等电位端子盒，盒内设铜端子排，而需要将哪些金属构件接至端子排，实际工程的做法可以说是差别很大，其中问题较大的做法有如下几种：

①自端子排引出镀锌扁钢接至强电竖井内的 PE 干线。

②自端子排引出镀锌扁钢接至防雷引下线。

③自端子排引出铜线接至浴室吊顶内的镀锌扁钢（镀锌扁钢已接至浴室顶板钢筋）。

④自端子排引出铜线接至卫生间内散热器（散热器的进出水管为 PPR 管）。

这几种做法，都是有问题的。①和②的做法均引出浴室，首先打破了局部等电位的概念，其次自 PE 干线和防雷引下线可能引高电位进入室内，应该说有害无益。卫生间做局部等电位联结，是为防止自外面进入卫生间的金属管线引入高电位，而使地面和其他金属物之间不产生电位差，也就不会发生电击事故。有的电气技术人员认为卫生间局部等电位应接地，所以将其接至防雷引下线，完成所谓接地。这种认识是有一定问题的，首先，卫生间做好局部等电位，已完全可以满足防止人身发生电击事故的初衷，其次将卫生间局部等电位接至防雷引下线，可能会将雷电流引入卫生间，造成不必要的人身伤害。③的做法没有意义，因为在浴室内沐浴的人不可能接触浴室的顶板。④的做法没有必要，因为 PPR 管是塑料管，危险电位不可能自 PPR 管引至散热器。

必须接至等电位端子排的应该是：

——浴室地板钢筋网。

——进入浴室的金属管道。

——浴室内插座的 PE 线。

人在沐浴时会身体表皮湿透，人体电阻很低，如有高电位引入，电击致死的危险性很大，而人在沐浴时，必然要与地面相接触，因此，浴室底板钢筋网应接至等电位端子排。进入浴室内的金属管道可能引入危险电位，因此，金属管道应接至等电位端子排。浴室内的插座有可能接用 I 类电气设备，而当设备故障时有可能使其外壳带危险电位，因此浴室内插座的 PE 线应接至等电位端子排。

需要说明的是：在浴室内孤立的金属导体可不用纳入等电位联结范畴，如：毛巾杆、浴巾架、扶手、肥皂盒等，因为这些孤立的金属导体不会像金属管道那样会引入危险电位。

（3）关于浴室局部等电位测试问题

等电位联结安装完成后，应进行导通性测试。采用低阻抗的欧姆表对等电位联结端子板与等电位联结范围内的金属管道等金属体末端之间的导通性进行测试，等电位联结端子板与等电位联结范围内的金属管道等金属体末端之间的电阻值不应超过3Ω，可认为等电位联结是有效的。如发现导通不良的管道连接处，应做跨接线。

33 数据中心等电位型式及网络机柜等电位联结问题

数据中心或智能化系统机房通常均要等电位联结网络。按《数据中心设计规范》GB 50174—2017 第 8.4.5 条规定：电子信息设备等电位联结方式应根据电子信息设备易受干扰的频率及数据中心的等级和规模确定，可采用 S 型、M 型或 SM 混合型。

S 型（星形结构、单点接地）等电位联结方式适用于：易受干扰的频率在 0～30kHz（也可高至 300kHz）的电子信息设备的信号接地。从配电箱 PE 母排放射引出的 PE 线兼作设备的信号接地线，同时实现保护接地和信号接地。对于 C 级数据中心中规模较小（建筑面积 100m² 以下）的主机房，电子信息设备可以采用 S 型等电位联结方式。

M 型（网形结构、多点接地）等电位联结方式适用于：易受干扰的频率大于 300kHz（也可低至 30kHz）的电子信息设备的信号接地。电子信息设备除连接 PE 线作为保护接地外，还采用两条（或多条）不同长度的导线尽量短直地与设备下方的等电位联结网格连接，大多数电子信息设备应采用此方案实现保护接地和信号接地。

SM 混合型等电位联结方式是单点接地和多点接地的组合，可以同时满足高频和低频信号接地的要求。具体做法为设置一个等电位联结网格，以满足高频信号接地的要求；再以单点接地方式连接到同一接地装置，以满足低频信号接地要求。

S 型、M 型及 SM 混合型如图 5-39 所示。

关于网络机柜的等电位联结（M 型、SM 混合型），有一点往往被忽略或遗忘，就是《数据中心设计规范》GB 50174—2017 第 8.4.6 条规定的"每台电子信息设备（机柜）应采用两根不同长度的等电位联结导体就近与等电位联结网格

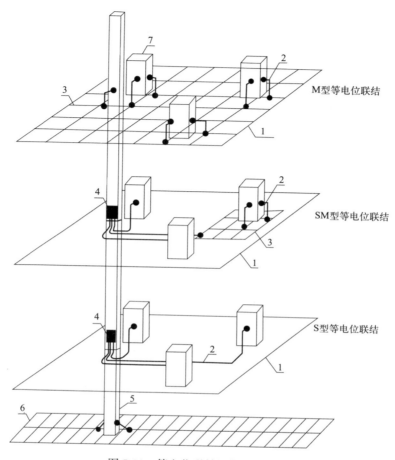

图 5-39　等电位联结网络示意图一

1—等电位联结带；2—等电位联结导体；3—等电位联结网格；4—等电位联结端子箱；
5—建筑金属结构；6—建筑基础；7—机柜

连接"。

在条文说明中的解释：要求每台电子信息设备有两根不同长度的连接导体与等电位联结网格连接的原因是：当连接导体的长度为干扰频率波长的 1/4 或其奇数倍时，其阻抗为无穷大，相当于一根天线，可接收或辐射干扰信号，而采用两根不同长度的连接导体，可以避免其长度为干扰频率波长的 1/4 或其奇数倍，为高频干扰信号提供一个低阻抗的泄放通道。

因此，网络机柜应采用两根不同长度，且截面积不小于 6mm² 的铜导线与等电位联结网格连接，如图 5-40 所示。

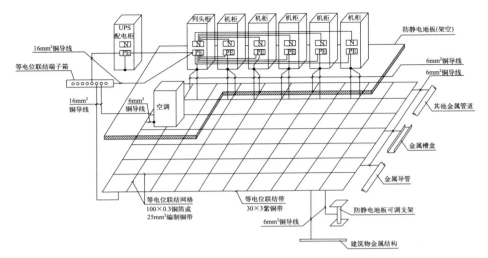

图 5-40　等电位联结网络示意图二

第六章　电动机的有关问题

1　电动机直接启动与变压器容量的关系问题

（1）电动机直接启动的原则条件

交流异步电动机的启动方式有多种，常用的有直接启动、Y/Δ启动、软启动、变频启动等，在条件允许的情况下，直接启动应该是最佳方式，尤其是带消防负荷的电动机。当发生火灾情况下，由消防联动主机发出信号，切掉相关非消防负荷，启动消防水泵、消防风机等消防设备，而消防设备的快速、可靠启动至关重要，无疑没有任何中间环节的直接启动是最佳选择。但直接启动需要满足相关的条件，《民用建筑电气设计标准》GB 51348—2019 第 9.2.4 条规定：电动机启动时，其端子电压应能保证机械要求的启动转矩，且在配电系统中引起的电压波动不应妨碍其他用电设备的工作。第 9.2.5 条规定：

交流电动机启动时，其配电母线上的电压应符合下列规定：

1　电动机频繁启动时，不宜低于额定电压的 90%；电动机不频繁启动时，不宜低于额定电压的 85%；

2　当电动机不频繁启动且不与照明或其他对电压波动敏感的负荷合用变压器时，不应低于额定电压的 80%；

3　当电动机由单独的变压器供电时，其允许值应按电动机启动转矩的条件确定。

上述条款对电动机直接启动提出了两点基本原则：既保证自身能启动的基本要求，又不影响其他设备的正常工作。

（2）90% 和 85% 的额定电压应是指哪一级配电母线

从上述条款可知，电动机启动时配电母线上的电压降不宜超过 90% 和 85%，但配电母线是哪一级配电母线呢？是变电所低压母线？还是电动机控制柜母线？按照上述条款要求，能体现"在配电系统中引起的电压波动不应妨碍其他用电设备的工作"的初衷，应该说只有变电所低压母线上的电压不低于额定电压的 90% 和 85%，是易于计算的，才能够达到"不妨碍其他设备的工作"。因此，90% 和 85% 的额定电压应为变电所低压配电母线更为合理。

（3）电动机启动时变电所低压母线电压降的计算

有关资料推荐采用如下公式进行估算：

$$\Delta u\% = \frac{I_y + kI_e}{I_n} u_k\%$$

式中　$\Delta u\%$——电动机启动时母线压降百分数；

$\quad\quad I_y$——变压器二次原有电流；

$\quad\quad I_e$——电动机额定电流；

$\quad\quad k$——电动机直接启动电流倍数；

$\quad\quad I_n$——变压器低压额定电流；

$\quad u_k\%$——变压器阻抗压降（也称为短路阻抗或短路电压百分数）。

　　例如，一台1250kVA变压器，$u_k\% = 6\%$，$I_n = 1806A$，直接启动130kW电动机额定电流250A，启动电流倍数为6，变压器原处于半载状态，启动时母线压降能否满足规范要求？电动机为不频繁启动。

　　根据公式母线启动时压降百分数为：

$$\Delta u\% = \frac{I_y + kI_e}{I_n} u_k\% = \frac{\frac{1806}{2} + 6 \times 250}{1806} \times 6\% = 7.98\% < 15\%$$

　　按规范要求，电动机不频繁启动时，不宜低于额定电压的85%，即电压降不超过15%，因此，启动时母线电压降（7.98%）能够满足规范要求（15%）。说明在此种情况下，1250kVA变压器的容量，完全可以满足130kW的电动机直接启动的要求。如果大容量电动机直接启动或多台电动机直接启动，同样可以利用上面的公式计算来选择合适容量的变压器。

　　例如，一台130kW的电动机，额定电流为250A，需要直接启动，启动电流倍数为7，应选多大容量的变压器才能满足要求？

　　根据母线启动时压降百分数公式可得：

$$I_n = \frac{I_y + kI_e}{\Delta u\%} u_k\% = \frac{0 + 7 \times 250}{15\%} \times 6\% = 700A$$

　　要达到题中要求变压器低压额定电流应为700A，400kVA变压器低压额定电流约为$400 \times 1.5 = 600A < 700A$，不能满足要求，500kVA变压器低压额定电流约为$500 \times 1.5 = 750A > 700A$，可以满足要求。因此，需要选择500kVA及以上容量的变压器才能满足130kW的电动机直接启动的要求。

　　当采用Y/△启动时，启动电流只有直接启动的1/3，此例I_n只有233A，选择200kVA即可满足130kW的电动机启动的要求。

　　因此，电动机的启动方式与变压器的容量有密切关系，选择合适的启动方式可以降低变压器的容量，但如前所述，在变压器容量许可的情况下，消防类设备应尽量采用直接启动的方式。

2 电动机所配热继电器设置位置及整定值问题

（1）热继电器工作原理

热继电器是为电动机提供过载保护的保护电器。它由发热元件、双金属片、触点及一套传动和调整机构组成。发热元件是一段阻值不大的电阻丝，串接在被保护电动机的主电路中。双金属片由两种不同热膨胀系数的金属片辗压而成。下层一片的热膨胀系数大，上层的小。当电动机过载时，通过发热元件的电流超过整定电流，双金属片受热向上弯曲脱离扣板，使常闭触点断开。由于常闭触点是接在电动机的控制电路中的，它的断开会使得与其相接的接触器线圈断电，从而接触器主触点断开，电动机的主电路断电，实现了过载保护。

（2）热继电器设置位置及整定值问题

国家标准《通用用电设备配电设计规范》GB 50055—2011 第 2.3.9 条规定：热过载继电器或过载脱扣器整定电流应接近但不小于电动机的额定电流。所以，通常热继电器整定值选为电动机额定电流的 1.05～1.2 倍。

但对工程上应用普遍的星-三角（Y/△）启动，热继电器的整定值一定要结合其安装位置予以确定，如不加区分，均按电动机额定电流的 1.05～1.2 倍进行整定，将不能有效对电动机实现过载保护。

《工业与民用供配电设计手册》（第四版）对此有明确叙述：

电动机采用星-三角启动时，热继电器的可能装设位置有三个，如图 6-1 中的 B1 或 B2 或 B3，其整定电流也不同。

①通常，热继电器与电动机绕组串联（B1），整定电流应为电动机额定电流乘以 0.58。这种配置能使电动机在星形启动时和三角形运行中都能受到保护。

②热继电器装在电源进线上（B2），整定电流应为电动机额定电流。由于线电流为相电流的 3 倍，在星形启动过程中，热继电器的动作时间将延长 4～6 倍，故不能提供完全的保护，但能提供启动失败的保护。

③热继电器装在三角形电路中（B3），整定电流应为电动机额定电流乘以 0.58。在星形启动过程中，没有电流流过热继电器，这相当于解除了保护，可用于启动困难的情况。

将热继电器装设在位置 B1 是比较常见的，施工现场临时消防水泵的控制柜也是如此。由于位置 B1 热继电器和位置 B3 热继电器都接于电动机△绕组内，通过的电流只是电动机额定电流的 $1/\sqrt{3}=0.58$ 倍。因此，位置 B1 热继电器和位置 B3 热继电器应按电动机额定电流的 1.05～1.2 倍进行整定。这样才能有效地实现电动机过载保护。

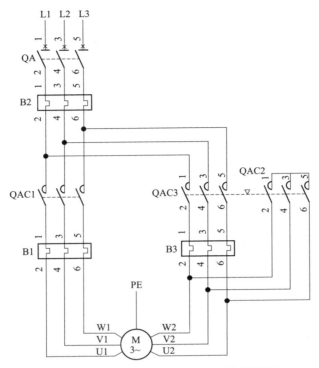

图 6-1   星-三角启动电路中热继电器的装设位置

3   星-三角启动转化过程中二次冲击电流问题

在电动机启动由星形转换至三角形过程中,电动机绕组断电,在三角形运行时,重新接电,不可避免会出现二次冲击电流,其值可达到直接启动电流的70％以上。但在此时,电动机已接近额定转速,在转换过程中虽有瞬时失电,但电动机依靠惯性,还在继续转动,一旦接入三角形运行,很快能达到正常运行状态。电动机的冲击转矩及所拖动电动机轴的轴应力,都是按电动机直接启动的条件考虑的,只要能承受直接启动,通常也能承受二次冲击电流。

但有时可能也出现特殊情况,所以对于星-三角启动方式的绕组切换过程及产生的二次冲击电流,还是应予以特别关注。对此,《工业与民用供配电设计手册》(第四版)有明确论述。

星-三角启动电动机的转矩-转速和电流-转速曲线如图 6-2 所示。可以看出,由 $33\%U_{\text{M}}$ 曲线转换到 $100\%U_{\text{M}}$ 曲线时,电流出现很高的跃升,远远大于起始值。更有甚者,在这个电流上还要叠加一个暂态冲击值。

普通星-三角启动接线如图 6-3 所示。在从星形转换到三角形时,为了防止通

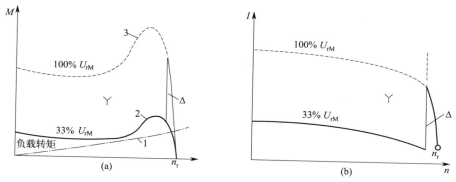

图 6-2　星-三角启动电动机的转矩-转速和电流-转速曲线

（a）$M\text{-}n_r$ 曲线；（b）$I\text{-}n$ 曲线

1-轻载启动；2- 一般负载启动；3-重载启动

过星形接触器发生相间短路，必须有一个转换间歇。计及接触器的机械动作和熄弧时间，转换间歇应为 50ms 左右。由于转换中电动机电流完全中断并导致转速降低，在接通三角形接触器时，电网的相位有可能与电动机的磁场相反。这一暂态过程会引起很高的转换电流峰值，甚至造成接触器触头熔焊。

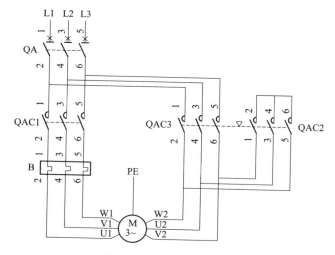

图 6-3　普通星-三角启动

（启动时间不超过 10s）

QAC1-主接触器，电流为 $0.58I_{rM}$；QAC2-星形接触器，电流为 $0.33I_{rM}$；QAC3-三角形接触器，电流为 $0.58I_{rM}$

　　为避免出现过高的转换电流峰值，可采用不中断转换的星-三角启动方式，其主回路接线如图 6-4 所示。电动机在星形启动结束后，通过过渡接触器和过渡电阻，维持电流不中断；经 50ms 后无间歇地转换到三角形接线。

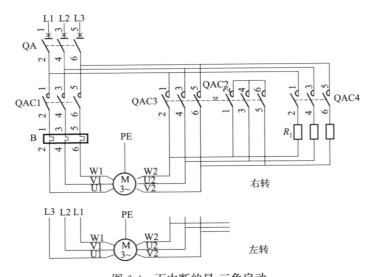

图 6-4 不中断的星-三角启动

QAC1-主接触器，电流为 $0.58I_M$；QAC2-星形接触器，电流为 $0.58I_{rM}$

（为分断过渡电阻的电流，需较大规格）；QAC3-三角形接触器，电流为 $0.58I_{rM}$；

QAC4-过渡接触器，电流为 $0.26I_{rM}$；R_1-过渡电阻

4 双速风机（平时排风兼消防排烟）长时间高速运行是否为正常状态的问题

很多工程在相关的场所都设置双速风机，平时排风，消防状态下排烟。在实际使用过程中，有可能出现低速排风不能满足要求，需要高速排风。多年前北京某大型公交场站正式投入使用后，由于正处于闷热的夏季，已有的双速风机进行低速排风不能满足要求，从而将风机开至高速进行排风，使室内闷热的环境得到缓解。在运行过程中，出现了三台风机被烧毁的事故，因此有人认为，在使用过程中，开高速不是风机的正常运行状态，有可能造成风机损坏，这个观点是错误的。其实双速风机的核心设备是双速电动机，根据《YD 系列（IP44）变极多速三相异步电动机技术规范（机座号 63～315)》JB/T 7127—2022 可知，YD 系列变极多速异步电动机是利用换接引线的方法来控制转速变化的，无论低速运转还是高速运转均为正常状态，如果只有低速运转才为正常状态，消防紧急情况下高速运转的可靠性将无法得到保证，一旦发生火灾，不能可靠地快速排烟，势必造成严重的后果。

5 双速风机烧毁的原因问题

导致电动机烧毁的原因很多,现对以下可能的原因进行分析:

(1) 缺相。电动机在运行中如果缺失一相,仍会保持原方向运转,此时缺失相的线电流为零,未缺失两相的线电流相等且增大,电流增加的程度与电动机所带负载的性质和大小有关,两相电流过大,容易烧毁电动机绕组。缺相是电动机的杀手,质量一般的电动机最多十几分钟就损坏了。

(2) 受潮。因为进水或受潮造成的电动机绕组绝缘降低,也是常见的损坏原因。由于绝缘降低容易引起绕组短路,从而烧毁电动机。

(3) 过载。电动机过载运行使电动机电流增大,当超过电动机额定电流时,会超过允许温升,损坏绕组绝缘,严重时会烧毁电动机。如果加装合适的热继电器保护功能正常,一般不会发生烧毁电动机的后果。但是,要注意的是,因热继电器无法校验,并且保护数值也不十分精确,选型不合适等原因,加上人为设置成自动复位,所以电动机需要保护的时候,热继电器往往起不到作用,也可能热继电器多次保护以后,没有找到真正原因,人为调高保护数值,致使热继电器保护失效,产生电动机烧毁的后果。

(4) 电压过高或过低。电源电压过高,会危及电动机的绝缘,使其有被击穿的危险。电源电压过低时,电磁转矩就会大大降低,如果负载转矩没有减小,转子转数过低,这时转差率增大造成电动机过载而发热,长时间会影响电动机的寿命。总之无论电压过高或过低都可能引起电动机损坏。所以按照国家标准电动机电源电压应在额定值$\pm5\%$的范围内。

(5) 电动机内部原因,因轴承损坏,造成端盖磨损、主轴磨损、转子扫膛、造成线包损伤烧毁也是可能的原因。

(6) 运行人员操作问题

对于双速风机,操作人员在运行过程中,可能将高速直接转为低速。一般在电动机厂家提供"产品使用维护说明书"中要求:在高速转切换为低速的过程中,必须待电动机停转后才能接通低速绕组的电源以减少对电动机及负载的冲击。在实际运行过程中,由于风机低速运转不能满足需要时,操作人员才将低速转为高速,以加速排风。当情况好转后,很有可能将高速再直接转为低速,从而可能引起电动机的损坏。

6 双速风机低速运行时功率因数、效率低的问题

通过有的工程实际测试结果表明,双速风机在低速运行时,功率因数只有

0.5 左右，明显偏低，原因何在呢？

功率因数表明了在输入电动机的视在功率中真正消耗掉的有功功率所占比例的大小，也可以说是定子电流中有功分量与总电流之比。功率因数越高，说明有功电流分量占总电流的比例越大，电动机的效率也越高。电动机运行中，功率因数随负载的变化而变化。空载运行时，功率因数很低，约为 0.2。带负载运行时，定子绕组电流中有功分量增加，功率因数也随之提高。当电动机在额定负载下运行时，功率因数达到最大值，一般为 0.8～0.9。因此，电动机应避免空载或轻载运行。

电动机的效率（η）是电动机的输出功率（P_2）与输入功率（P_1）之比，即
$\eta = P_2 / P_1 = (P_1 - \sum P)/P_1 = 1 - \sum P/P_1$。

式中　　P_1、P_2——电动机的输入、输出功率，kW；

　　　　$\sum P$——电动机的总损耗，kW。

电动机从空载运行到额定负载运行，由于主磁通和转速变化很小，铁损 P_{Fe} 和机械损耗 P_j 变化很小（通常称为不变损耗），而定子、转子的电阻损耗 P_{cu1}、P_{cu2}（分别与定、转子电流平方成正比）和附加损耗 P_{fj} 是随负载而变化的。由于空载时 $P_2 = 0$，故 $\eta = 0$，当负载从零开始增加时，总损耗 $\sum P$ 增加较慢，效率曲线上升较快。直到可变损耗与不变损耗（即 $P_{cu1} + P_{cu2} + P_{fj} = P_{Fe} + P_j$）相等时，效率达到最大值。若负载继续增加，由于定子、转子的电阻损耗增加较快，电动机的效率反而下降。

从图 6-5 所示的电动机运行特性曲线可知，当负载率为 $P_2/P_1 = 1$ 左右时，功率因数 $\cos\Phi$ 最高，随着负载率的降低，功率因数 $\cos\Phi$ 明显下降，无功损失必

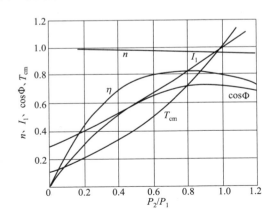

图 6-5　电动机运行特性曲线图

n-异步电动机转速；I_1-异步电动机定子电流；T_{cm}-异步电动机电磁转矩；

$\cos\Phi$-异步电动机功率因数；η-异步电动机效率

184

然加大；当负载率为 0.8 左右时，电动机效率（η）曲线达到峰值，机械效率最高。此点右边，虽然负载率从 0.8 增至 1，但电动机效率曲线却稍有下降，所以，电动机额定效率并不是电动机的最高效率。负载率从 0.8 至 0.6 电动机效率曲线也是稍有下降，下降的程度和负载率从 0.8 至 1 时电动机效率曲线下降的程度相近，负载率小于 0.6 时曲线下降的陡度加大，机械效率降低得比较明显。因此，机械设计中在选定电动机这个环节，基本都是按负载率 0.8 来确定电动机的配置。这样，既可保证电动机的负载有一定裕度，不至过载，又可保证电动机的工作点处于较高的机械效率，以利节能。

7 高压电动机最低绝缘电阻值问题

《建筑电气与智能化通用规范》GB 55024—2022 第 9.2.2 条规定：高压电动机和 100kW 以上低压电动机应做交接试验且应合格。

在条文说明中提到：建筑电气工程中电动机的容量一般不大，但目前随着建筑面积和建筑体量的增大，低压 100kW 及以上电动机和 10kV 高压电动机的运用成为趋势，特别是冷水机组，已逐步采用 10kV 高压电动机，电动机运行前的试验应符合现行国家标准《电气装置安装工程 电气设备交接试验标准》GB 50150—2016 的规定。但高压电动机机组一般为成套设备，且启动控制也不甚复杂，交接试验内容主要是绝缘电阻检测、大电动机的直流电阻检测、绕组直流耐压试验和泄漏电流测量。需要注意的是，高压电动机机组的绝缘电阻测试应选用 2500V 或 5000V 电压等级的兆欧表。

从条文说明可以看出，高压电动机的绝缘电阻是应检测的项目，但没有明确最低的绝缘值。

《建筑电气工程施工质量验收规范》GB 50303—2015 第 6.1.2 条规定：低压电动机的绝缘电阻值不应小于 0.5MΩ。

《电气装置安装工程 电气设备交接试验标准》GB 50150—2016 第 7 章 "交流电动机" 第 7.0.3 条测量绕组的绝缘电阻第 1 款规定：额定电压为 1000V 以下，常温下绝缘电阻值不应低于 0.5MΩ；额定电压为 1000V 及以上，折算至运行温度时的绝缘电阻值，定子绕组不应低于 1MΩ/kV，转子绕组不应低于 0.5MΩ/kV。绝缘电阻温度换算可按本标准附录 B 的规定进行。

从以上规定可以看出，高压电动机的（定子绕组）绝缘电阻不应低于 1MΩ/kV，对 10kV 的电动机而言，其绝缘电阻不应低于 10MΩ。另外，此 10MΩ 应是按《电气装置安装工程 电气设备交接试验标准》GB 50150—2016 附录 B 换算后的值，并非实际测量值。

附录 B 的 B.0.1 规定：电动机定子绕组绝缘电阻值换算至运行温度时的换算

系数应按表 B.0.1（表6-1）的规定取值。

电动机定子绕组绝缘电阻值换算至运行温度时的换算系数表　　　表6-1

定子绕组温度(℃)		70	60	50	40	30	20	10	5
换算系数 K	热塑性绝缘	1.4	2	5.7	11.3	22.6	45.3	90.5	128
	B级热固性绝缘	4.1	6.6	10.5	16.8	26.8	43	68.7	87

注：本表的运行温度，对于热塑性绝缘为75℃，对于B级热固性绝缘为100℃。

附录 B 的 B.0.2 规定：当在不同温度测量时，可按本标准表 B.0.1（表6-1）所列温度换算系数进行换算。

由附录 B 的 B.0.1 和 B.0.2 可以看出，10kV 电动机的绝缘电阻不应低于 10MΩ，是折算至运行温度（热塑性绝缘为 75℃，B 级热固性绝缘为 100℃）时的绝缘电阻值。以 B 级热固性绝缘 10kV 电动机为例进行说明：

（1）绝缘电阻最低值为 10MΩ（运行温度 100℃）；

（2）当测量时的温度为 10℃，实测绝缘电阻值为 1000MΩ。

将实测绝缘电阻值 1000MΩ 折算为运行温度 100℃ 时的绝缘电阻值为：1000MΩ/68.7＝14.56MΩ，大于最低值 10MΩ，是合格的。

当测量时的温度为 10℃，实测绝缘电阻值为 500MΩ。将实测绝缘电阻值 500MΩ 折算为运行温度 100℃ 时的绝缘电阻值为：500MΩ/68.7＝7.28MΩ，小于最低值 10MΩ，是不合格的。

由以上计算可知，高压电动机对绝缘电阻要求是很高的，而且实测值需要进行折算。

根据以上内容，通过折算可直接得出 10kV 电动机的最低绝缘电阻值，如表6-2 所示。

10kV 电动机定子绕组最低绝缘电阻值表　　　表6-2

定子绕组温度(℃)		70	60	50	40	30	20	10	5
绝缘电阻值(MΩ)	热塑性绝缘	14	20	57	113	226	453	905	1280
	B级热固性绝缘	41	66	105	168	268	430	687	870

注：本表的运行温度，对于热塑性绝缘为75℃，对于B级热固性绝缘为100℃。

表6-2 中绝缘电阻值是用 10MΩ×换算系数 K 得出的。

除以上规定外，为保证电动机能够安全运行，还应重视并了解现行国家标准《中小型旋转电机通用安全要求》GB 14711—2013 的规定：

23　绝缘电阻

23.1　电机绕组的绝缘电阻在热状态或热试验后应不低于式（1）的值：

$$R=\frac{U}{1000+P/100} \tag{1}$$

式中　R——电机绕组的绝缘电阻，单位为兆欧（MΩ）；

U——电机绕组的额定电压，单位为伏（V）；

P——电机的额定功率，单位为千瓦（kW）或千伏安（kVA）。

按式（1）计算的绝缘电阻低于 0.38MΩ，则按 0.38MΩ 考核。

23.2 对额定电压交流 1000V 及以下、直流 1500V 及以下电机，冷态绝缘电阻应不低于 5MΩ。对额定电压交流 1000V 以上直流 1500V 以上电机，冷态绝缘电阻应不低于 50MΩ。

从《中小型旋转电机通用安全要求》GB 14711—2013 第 23 章 "绝缘电阻" 的规定可以看出：

（1）电机绕组在热状态或热试验后，最小绝缘电阻不应低于 0.38MΩ；

（2）低压电机（额定电压交流 1000V 及以下、直流 1500V 及以下）冷态最小绝缘电阻不应低于 5MΩ。

（3）高压电机（额定电压交流 1000V 以上、直流 1500V 以上）冷态最小绝缘电阻不应低于 50MΩ。

第七章 弱电系统常见问题

1 网络机柜在活动地板上直接安装问题

目前很多的建筑工程都设有网络、综合布线等弱电机房，而这些机房绝大部分装有防静电活动地板。很多工程的机柜、机架、配线架直接放在活动地板上，这样的做法是否合适呢？笔者认为是有一定缺陷的，由于这些设备没有固定，因此很不稳固，一旦有较大的外力作用，设备和线缆有可能造成损坏，影响网络等系统的正常运行。其实，相关的标准、规范也是有明确规定的。

《综合布线系统工程设计规范》GB 50311—2016 第 7.7.3 条规定：机柜、机架、配线箱等设备的安装宜采用螺栓固定。

《综合布线系统工程验收规范》GB/T 50312—2016 第 5 章"设备安装检验"第 5.0.1 条第 5 款规定：机柜、配线箱及桥架等设备的安装应牢固，如有抗震要求时，应按抗震设计进行加固。

《建筑电气与智能化通用规范》GB 55024—2022 第 8.6.1 条规定：智能化设备的安装应牢固、可靠，安装件必须能承受设备的重量及使用、维修时附加的外力。吊装或壁装设备应采取防坠落措施。

在条文说明中也特别强调：（智能化设备）不得安装在防静电架空的地板、墙面装饰板等表面。

因此，网络机柜不应直接安装在活动地板上，应按设备底平面尺寸制作底座，底座直接与地面固定，机柜等设备固定在底座上，底座高度应与活动地板高度相同。

2 综合布线系统水平电缆超长问题

综合布线系统的水平电缆是指：楼层配线设备到信息点之间的连接缆线。有的工程楼层配线设备到信息点之间的距离较长，致使系统信号衰减增大，影响了传输质量。

《综合布线系统工程设计规范》GB 50311—2016 第 3.3.2 条规定：布线系统信道应由长度不大于 90m 的水平缆线、10m 的跳线和设备缆线及最多 4 个连接器件组成,永久链路则应由长度不大于 90m 水平缆线及最多 3 个连接器件组成。连接方式如图 7-1 所示。

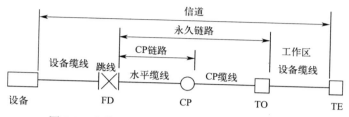

图 7-1 布线系统信道、永久链路、CP 链路构成

《综合布线系统工程验收规范》GB/T 50312—2016 附录 B 中关于综合布线系统工程电气测试方法及测试内容规定:各等级的布线系统应按照永久链路和信道进行测试。测试按图 7-2、图 7-3 进行连接。

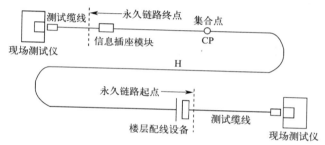

图 7-2 永久链路方式

H-从信息插座至楼层配线设备(包括集合点)的水平电缆,H≤90m

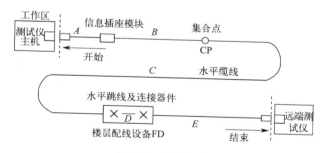

图 7-3 信道方式

A-工作区终端设备电缆;B-CP 缆线;C-水平缆线;D-配线设备连接跳线;

E-配线设备到设备连接电缆 B+C≤90m   A+D+E≤10m

在附录 B 的第 B.0.2 条第 2 款特别强调:布线链路及信道缆线长度应在测试连接图所要求的极限长度范围之内。

以上《综合布线系统工程设计规范》GB 50311—2016 和《综合布线系统工程验收规范》GB/T 50312—2016 都规定了：水平电缆最长90m。在实际工程中，水平电缆的路由往往较为复杂，中间由于各种障碍物可能出现多处水平和垂直的弯曲，因此，在规划水平电缆的路由时，就应考虑要满足最长90m 的要求，避免出现影响信号传输质量的问题。

3 风机盘管加新风系统的监测与自动控制问题

风机盘管加新风系统是空调系统普遍采用的一种形式。通过风机盘管不断地循环室内空气，使之通过盘管而被冷却或加热，从而调节室内的温度。另外利用新风机组将室外的空气通过处理后，送至各房间，使房间内有足够的新风量。

风机盘管的风机转速通常分为"高、中、低"三速，在风机盘管的回水管上设置电动两通阀，可调节各房间的温度。风机转速和电动两通阀均由安装于室内的温控器控制。

（1）新风机组运行参数的监测

监控原理图如图 7-4 所示。

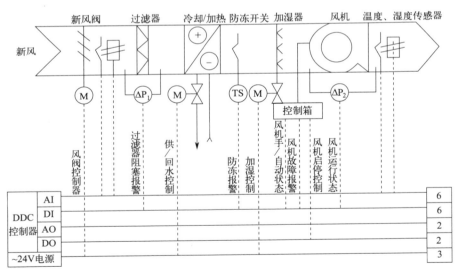

图 7-4　新风机组监控原理图

①新风机组进口温、湿度

在新风机组进口处安装温、湿度传感器，以测量新风温度和湿度。

②新风机组出口温、湿度

在新风机组出口处安装温、湿度传感器，以测量机组出风温度和湿度。

③过滤网两端压差

在过滤网两侧安装压力开关，以测量过滤网两端的压力差，并将压力差传至DDC。当压力差超过设定值，压差开关闭合报警，提醒维护人员清洗过滤网。

④防冻开关

在冷热水盘管后安装防冻开关，作为盘管的防冻保护措施。当温度低于5℃时，防冻开关动作，回水管上的电动阀门自动开启一定开度，同时向管理中心报警。

⑤回水电动阀调节开度

取电动调节阀反馈0～10V信号作为回水电动阀门开度显示。

⑥蒸汽加湿电动阀调节开度

取电动调节阀反馈0～10V信号作为蒸汽加湿电动阀门开度显示。

⑦风机的状态显示、故障报警

取风机的前后压差，用以反映风机运行或停止状态；取风机主回路热继电器辅助接点做故障报警。

⑧电动风阀工作状态

监测新风阀的工作状态，以确定其是否打开或关闭。

（2）新风机组的单机调试

①在手动位置确认新风机已正常运行。

②按监控原理图，检查安装在新风机组上的温、湿度传感器、压差开关、防冻开关、电动调节阀、电动风阀等前端设备安装位置和相关的接线是否正确，并验证输入、输出信号的类型、量程是否和设置相一致。

③确认DDC送电后，观察DDC控制器和相关元件状态是否正常。

④确认DDC控制器和I/O模块的地址设置是否正确。

⑤用笔记本电脑或手提检测器检测模拟量输入点（温度、湿度等）的量值，并判断其数值是否正确。测试数字量输入点（压差开关、防冻开关等）工作状态是否正常。重置所有的模拟量输出点，确认相关的电动调节阀工作是否正常，观察其位置调节是否随之变化。重置所有的数字量输出点，确认相关的风机、风阀等工作是否正常。

⑥启动新风机，新风阀门应连锁打开。

⑦模拟送风温度大于房间温度设定值，这时热水调节阀开度应逐渐减小，直至全部关闭（冬天工况）；或者冷水调节阀开度逐渐加大，直至全部打开（夏天工况）。模拟送风温度小于房间温度设定值，确认其冷（热）水调节阀运行工况与上述完全相反。

⑧进行湿度调节，使模拟送风湿度小于房间湿度设定值，这时加湿器应按预定要求投入工作，使送风湿度趋于设定值。

⑨如果新风机是变频调速，应模拟送风温度、湿度趋于房间设定值，风机转速应之变化（减小）。

⑩新风机停止运转，则新风阀门及冷（热）水调节阀、加湿阀等应回到全关位置。

（3）新风机组运行参数的自动控制

新风系统工作流程如图 7-5 所示。

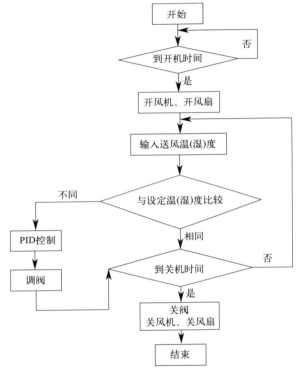

图 7-5　新风系统工作流程图

1）新风机组的温度自动调节

将温度传感器测量的新风机出口风温送入 DDC 控制器，并与设定值进行比较，计算出偏差 ΔT，然后由 DDC 通过 PID 控制，规律调节冷（热）水回水电动调节阀开度，以达到控制冷（热）水量，使房间温度保持在设定值。

2）新风机组的湿度自动调节

将湿度传感器测量的新风机出口送风湿度送入 DDC 控制器，并与设定值进行比较，计算出偏差，然后由 DDC 通过 PID 控制，规律调节加湿阀开度以达到控制喷气量，使房间湿度保持在设定值。

当被调房间温、湿度均偏离设定值时，DDC 应比较温、湿度偏差大小，优先调节偏差大的参数。

在过渡季节，当新风机组进口处的温、湿度传感器检测到的温、湿度符合设定值的要求，DDC 将发出指令关闭相应的电动调节阀，室外空气不需经过温、湿处理，直接进入室内。

3）风机盘管控制

风机盘管的控制是由带三速开关的室内温控器来实现的，温控器安装在需要进行空气调节的房间内。温控器上的恒温器有通/断（ON/OFF）两个工作位置。当恒温器拨到"通（ON）"的位置，风机电源被接通，风机盘管的回水电动两通阀打开，为房间提供空气再处理需要的冷（热）源。温控器上有温度调节旋钮，可控制电动两通阀的开度。

当将温控器上三速开关拨至"高、中、低"的某一挡，风机盘管内的风机按相应的风速向房间送风，使室内温度保持在所需的范围。另外，温控器上设有冬、夏运行选择开关，夏季运行时，将选择开关拨至"COOL（冷）"档，冬季运行选择"HEAT（热）"档，当选择开关拨在"OFF"档时，电动两通阀因失电而关闭，风机电源也同时被切断，风机盘管停止运转。

4 某工程新风系统电动水阀问题

某工程为高档写字楼，建筑面积超 3 万 m^2。当时该工程的空调新风系统运行已历经两个冬季，但新风系统送风温度一直降不下来，不能达到使用及设计要求。随着客户入住率增加，对新风要求逐步提高，而效果却更加难以尽如人意。

（1）对电动水阀及控制系统的检测发现的问题

在相关方大力支持和协助下，尤其是楼控系统施工单位和电动水阀厂家技术人员积极配合下，对电动水阀及控制系统进行了全面的检测。通过检测发现，弱电控制系统输出至电动水阀端的电压、电流完全符合要求；而大部分水阀存在下列问题：当弱电控制系统输出 0～10V 的电信号，电动水阀对应的开度应为 0（完全关闭状态）～100%（完全打开状态），但大部分电动水阀在得到 0V 电信号后，未能全部关闭。

（2）原因分析

新风系统电动水阀应为等比例线性调节阀，阀体本身应在开度 0～100%范围内实现线性调节，从而控制水流量，使温度逐步上升或下降。通过查阅阀门厂家提供的电动阀运行特性曲线，应该说符合要求。但实际运行结果却与运行特性曲线不相符。从厂家提供的电动阀运行特性曲线看出：当阀的开度在 0～40%时，温升在 10℃范围以内；40%～60%时，温升在 10℃范围以内；60%～80%时，温升增加至 30℃范围以内；而实际的测量结果为：当控制系统输出 0.3V

（不包括 0.3V）以下电信号时，阀体不动作，全部处于关闭状态；当电信号加至 0.3V（对应 3%开度）时，阀体动作，开度状态基本符合阀体本身标尺，但温度一下上升了 15℃，即由关闭状态的 15℃上升至 30℃；当电信号依次加至 0.4V、0.5V、0.6V（对应开度 4%、5%、6%）时，温度才上升了 3℃，即 33℃；当电信号加至 10V（对应开度 100%）时，温度同样为 33℃。应该说与其说明书提供的运行特性曲线极为不符。因此可以判定，该阀在实际运行状态下，不能实现温度随开度的变化进行线性调节。由于温度从 15℃到 30℃几乎是突变的，无法进行调节，才导致如上所述"温度一直降不下来"的结果发生。

通过进一步深入研究分析，发现阀体本身的材质选择可能存在一定的问题。如：水阀限位轮与限位行程齿的选材不同，限位轮为金属材质，限位行程齿为塑料材质；主传动轮与辅助传动轮材质不同，主传动轮为塑料材质，辅助传动轮为金属材质。当两种不同材质的配件咬合运行一段时间后，将可能出现磨损偏差，从而产生丢齿、脱齿等现象，导致阀门开度的运行误差加大，控制精度降低。

由以上试验和分析可知，电动水阀不能按照输入电信号的变化而打开相应的开度，以致无法对水流量进行等比例控制，从而导致送风温度失调。

（3）处理措施

原因找到后，通过研究，将所有电动水阀（原为国产）全部更换为进口电动水阀。通过调试，电动水阀满足使用要求，送风温度可调，达到设计及使用功能要求。

（4）总结

建筑设备监控系统是智能建筑工程的重要系统，尤其是空调监控系统，它对于提高空调设备运行的可靠性、安全性，提供舒适性环境、节约能源有着重要的作用；而前端设备，如电动水阀的性能、质量是否可靠是关系到系统能否正常运行、满足使用要求的关键，因为它必须随着负荷的变化随时进行调整。

国产产品这几年随着技术的进步、工艺水平的提高，虽然有了较大的改进，但通过本工程说明国产产品质量还需有大的提高，才能满足系统可靠运行的需要。

另外，对前端设备如电动水阀，应在系统运行前测试核对其在零开度、50%、80%的行程处与控制指令是否一致，如不一致应及时进行处理，以免影响系统的正常运行。

5 VAV 变风量空调系统的监测与自动控制问题

VAV 变风量空调系统属于全空气送风方式，其特点是送风温度不变，而改变送风量来满足空间对冷热负荷的需要，就是说冷（热）水盘管回水调节阀开度恒定不变，用改变送风机的转速来改变送风量。

（1）VAV 变风量空调系统运行参数的监测

VAV 变风量空调系统监控原理如图 7-6 所示。

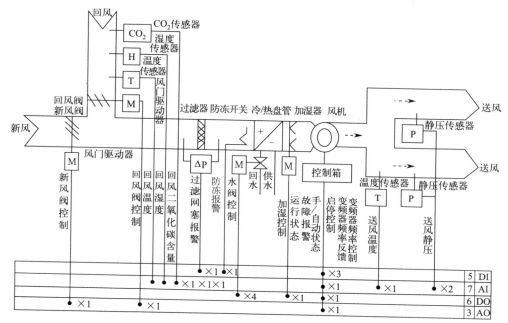

图 7-6　VAV 变风量空调系统监控原理图

1）送风主干风道的静压

在送风主干风道的末端设置静压传感器，测量送风主干风道静压，通过变频器调节风机转速以改变风机送风量。

2）回风 CO_2 浓度

在回风管上安装 CO_2 浓度探测器，监测回风 CO_2 浓度。

3）回风温度

在回风管上安装温度传感器，测量回风管风温，用来调整冷（热）水回水电动调节阀的开度。

4）回风湿度

在回风管上安装湿度传感器，测量回风湿度，控制加湿器的启停。

5）送风温度

在送风管上安装温度传感器，监测送风温度。

6）防冻报警

在热水盘管后安装防冻开关，作为盘管的防冻保护措施。当温度低于设定值时，防冻开关动作，控制器触发联动一系列的防冻保护动作，如关闭新风阀，并打开热水阀等，同时向管理中心报警。

7）过滤网阻塞报警

在过滤网两侧安装压差开关，以测量过滤网两端的压力差，并将压力差传至DDC。当压力差超过设定值，压差开关闭合报警，提醒维护人员清洗过滤网。

8）送风机的运行状态、故障报警、手自动状态、变频器频率反馈

采用送风机主回路接触器辅助接点作为开机、关机状态显示；取送风机主回路热继电器常开接点做故障报警信号；取手自动转换开关辅助接点，来监视风机是在手动状态还是自动状态；取变频器的频率反馈信号来监测变频器的频率。

（2）VAV 变风量空调系统的自动控制

1）送风量的自动控制

在 VAV 变风量系统中，通常把系统送风主干风道末端的静压作为变风量系统的主调节参数，根据主参数的变化来调节送风机的转速，以稳定末端静压。稳定末端静压的目的就是要使系统末端的空调房间有足够的风量来进行调节，使风量能够满足末端房间对冷（热）负荷的要求，系统其他部位的房间也就自然能够满足要求了。

如果系统为单区系统［即只有一根主干风道为一个区域供冷（热）的系统］就取系统端 70％～100％段管道静压做主参数。

如果系统为多区系统［即空调机组出口有两根以上主干风道为两个以上的区域供冷（热）的系统］，将每根主干风道末端的静压取出输入到 DDC 控制器进行最小值选择，把最小静压作为变频器的给定信号，变频器根据此信号调节送风机的转速以稳定系统静压。

以某工程为例：该工程每层设两台空调机组，一台机组为本层的内区供冷（热），另一台为本层的外区供冷（热）。本工程 VAV 变风量系统为多区系统，从每台空调机组出口接出两根主干风道，在每根主干风道的末端设置静压传感器。

该工程送风量的自动控制过程：室内温度通过 VAV 末端装置设在房间的温控器进行设定，温控器本身自带温度检测装置，当房间的空调负荷发生变化，实际值偏离设定值时，VAV 末端装置根据偏离程度通过系统计算，确定送入房间的风量，从而调整进风口风阀的开度。送入房间的实际风量可以通过 VAV 的检测装置进行检测，如果实际送风量与系统计算的送风量有偏差，则 VAV 末端装置自动调整进风口风阀开度以调整送风量。由于房间送风量的变化，必将引起主干风道的静压变化，静压传感器采集到的数值与风管静压设定值进行比较，并将信号输入到变频器，通过变频器调整风机转速，使风管保持恒定的静压。

例如，当夏季室内温度高于设定值时，VAV 末端装将开大风阀提高送风量，此时主送风道的静压 P 将下降，并通过静压传感器把实测值输入到现场 DDC 控

制器，控制器将实测值与设定值进行比较后，控制变频风机提高送风量，以保持主送风道的静压。如果室内温度低于设定值时 VAV 末端装置将减小送风量，结果仍是要保持主送风道的静压。冬季和夏季的调节方式相同，但调节过程相反。

VAV 变风量空调系统控制过程如图 7-7 所示。

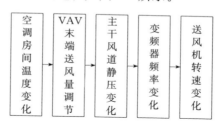

图 7-7　VAV 变风量空调系统控制过程

2）送风温度的自动控制

通过测量回风管的回风温度，其与设定值进行比较，进行 PID 运算，由 DDC 控制器输出信号至冷（热）水回水电动调节阀用来调整调节阀的开度，实现对送风温度的控制。

3）送风湿度的自动控制

通过测量回风管的回风湿度，其与设定值进行比较，经 DDC 控制器中 ON/OFF 模块的计算，控制加湿器的启停，以满足整个空调系统的湿度要求。

4）新风阀、回风阀的比例控制

调节新、回风阀门，冬夏季节在保证空调空间新风量需求的情况下，尽量减少室外新风的引入，以达到充分节能的目的。在过渡季节，通过调节新、回风阀门，充分利用室外新风，一方面可推迟用冷（热）的时间，可达到节能的目的，另一方面可增加空调区域内人员的舒适感。

5）VAV 变风量末端装置的自动控制

VAV 变风量末端装置是补偿室内负荷变化，调节房间送风量以维持室温的重要设备。当该空间内空调负荷改变时，调节室内温控器在新的设定值，DDC 控制器根据空间内温度传感器的信号，并与设定值进行比较，通过 PID 计算，直接控制末端装置的调节阀开度，来调节供风量以适应空间的需要。对于任一给定的设定，不管进风口中静压是否改变，DDC 控制器将控制变风量末端装置保持恒定的空气流量，这一模式被称为"与压力无关"。

第八章　施工现场临时用电常见问题

1　临时用电应采用何种供电系统问题

在建筑行业标准《施工现场临时用电安全技术规范》JGJ 46—2005 第 1.0.3 条规定：建筑工程施工现场临时用电工程必须采用 TN-S 接零保护系统。此要求为强制性，但是否完全合理呢？下面对相关的系统作一些分析。

TN-S 系统：TN-S 系统为电力系统中，中性点直接接地的系统，电气装置的外露可导电部分通过保护导体与该接地点相连接，整个系统的 N 线和 PE 线是分开的。TN-S 系统的 PE 线正常情况下不通过负荷电流，所以 PE 线和设备外壳正常不带电压，只有在发生接地故障时才可能有电压；TN-S 系统发生接地故障时故障电流较大，可用断路器或熔断器来切除故障。

TN-C-S 系统：在装置的受电点以前中性导体和保护导体是合一的，即 PEN 线，在装置的受电点以后，N 线和 PE 线是分开的。因此，采用 TN-C-S 系统同样是可行的。

TT 系统：TT 系统为电力系统有一点直接接地（工作接地），电气设备的外露可导电部分通过保护线接至与电力系统接地点无关的接地装置（保护接地）。有些施工现场供电范围较大，较分散，采用 TT 系统在场地内可分设几个互不关联的接地极引出其 PE 线，可避免故障电压在场地范围内传导，减少电击事故的发生。因 TT 系统接地故障电流小，应在每一回路上装设剩余电流保护器。

通过以上分析，施工现场采用何种供电系统应根据现场的实际情况进行选择，TN-S 系统、TN-C-S 系统、TT 系统都是可以采用的，TN-S 系统绝不是唯一选择，其中 TT 系统在有些情况下，还有一定的优势。

另外，有的施工现场由于不具备接入市电条件，采用移动发电车作为临时供电的电源，其发电机的中性点通常不进行接地，实际形成的是 IT 系统；而从中性点配出了 N 线，如图 8-1 所示。这种情况下采用 IT 系统是否绝对不可用？

IT 系统的电源端（发电机中性点）不做接地，在发生第一次相线对地的接地故障时，由于故障电流没有返回电源的通路，故障电流仅为两非故障相对地电容电流的相量和，其值很小。因此，在保护接地的接地电阻 R_A 上产生的对地故障电压（即设备外壳所带电压）很低，远小于接触电压限值 U_L，不致引发电击

198

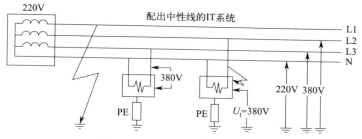

图 8-1　配出中性线的 IT 系统

事故。如图 8-2 所示。

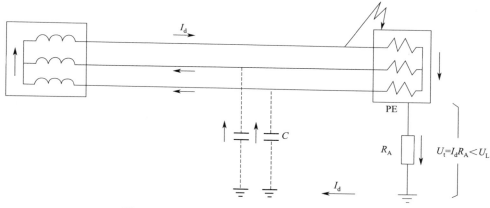

图 8-2　IT 系统第一次接地故障时故障电流流向

　　虽然，此时不致直接引发电击事故，但也带了一些潜在的危险因素。如图 8-1 所示，当配出中性线的 IT 系统中的一相接地时，另两相对地电压将升至 380V，中性线对地电压将升至 220V，人一旦触及，电击危险性会比较大。

　　所以，IT 系统在临时用电上应用也并非绝对不可以，如维护能及时到位，短期使用也是可行的，但使用时要注意了解其可能存在的危险因素，并采取有针对性的措施，如采用能断开中性线的 RCD 等。

2　隔离开关问题

　　在国家标准《建设工程施工现场供用电安全规范》GB 50194—2014 和建筑行业标准《施工现场临时用电安全技术规范》JGJ 46—2005 的相关条款中均有类似规定：电源进线应设置隔离开关。但对隔离开关应具有的功能，大家的认识却相距甚远。一种认识是：隔离开关能够接通、承载，但不能分断电流的开关电器，即隔离开关不能"带负荷操作"；另外一种认识是：隔离开关不仅能够接通、承载电流，而且在正常情况下，可以分断负荷电流，即可以"带负荷操作"。要弄清这个问题，我们需要了解现行国家低压电器制造标准《低压开关设备和控制设备 第1部分：总则》GB/T 14048.1—2012 及《低压开关设备和控制设备 第3部分：开关、隔离器、隔离开关及熔断器组合电器》GB/T 14048.3—2017 中的几个相关术语。

（1）隔离器 disconnector

在断开位置（状态）上能符合规定隔离功能要求的一种机械开关电器。

（2）（机械式）开关 switch（mechanical）

在正常的电路条件（包括过载工作条件）下能接通、承载和分断电流，也能在规定的非正常条件下（例如短路条件下）承载电流一定时间的一种机械开关电器。

注：开关可以接通短路电流，但不能分断短路电流。

（3）隔离开关 switch-disconnector

在断开位置上能满足对隔离器隔离要求的一种开关。

从以上隔离器、开关、隔离开关的术语可知，隔离开关首先是一种开关，具备开关的所有性能，而且具备隔离器的性能，也就是说隔离开关不仅可以接通、承载和分断电流，而且在断开位置上的隔离距离满足隔离器隔离的要求。

综上所述，隔离开关的完整定义应如下：

隔离开关是一种在正常电路条件下，能够接通、承载和分断电流，且在断开状态下能符合规定的隔离功能要求的机械开关电器。

所以，《建设工程施工现场供用电安全规范》GB 50194—2014 和《施工现场临时用电安全技术规范》JGJ 46—2005 要求设置的隔离开关是可以"带负荷操作"的，而不能设置"不能带负荷操作"的隔离器。

3 剩余电流动作保护器（RCD）问题

（1）剩余电流保护器（RCD）分类问题

按国家标准《剩余电流动作保护电器（RCD）的一般要求》GB/T 6829—2017，规定剩余电流动作保护器根据动作方式的分类如下：

①动作功能与电源电压无关的 RCD。

②动作功能与电源电压有关的 RCD。

A 电源电压故障时，有延时或无延时自动动作。

B 电源电压故障时不能自动动作：

a 在电源电压故障时不能自动动作，但发生剩余电流故障时能按预期要求动作；

b 在电源电压故障时不能自动动作，即使发生剩余电流故障时也不能动作。

在实际使用中常见的电磁式剩余电流保护器，即属于动作功能与电源电压无关的剩余电流保护器，而电子式剩余电流保护器属于动作功能与电源电压有关的剩余电流保护器。

（2）电子式 RCD 是否适合应用问题

电磁式 RCD 靠接地故障电流本身的能量使 RCD 动作，而与电源电压无关，在施工现场采用是可靠的；而电子式 RCD 则借助于其所在回路处的故障残压提供的能量来使 RCD 动作，如果残压过低，能量不足，RCD 可能拒动。

电子式 RCD 是否适合应用，主要应分析故障情况下，其残压是否能够满足要求。

对 TT 系统而言，如图 8-3 所示，当发生接地故障时，RCD 处的故障残压是图中 a 点和电源中性点间的电压，其值接近相电压，不会存在 RCD 因电源输入端的电压过低而拒动的问题。

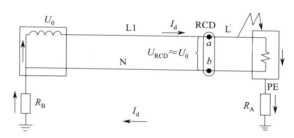

图 8-3　TT 系统内不存在故障残压过低电子式 RCD 拒动问题

对 TN 系统，如图 8-4 所示。当发生相线碰外壳接地故障时，产生故障电流 I_d，此时 RCD 处的故障残压为：$U_{RCD}=I_d(Z_{L'}+Z_{PE})$。当 RCD 距故障设备很近，$L'$ 和 PE 线比较短时，U_{RCD} 也比较小。当 U_{RCD} 小到一定值时，它提供的能量过小，RCD 将拒动。

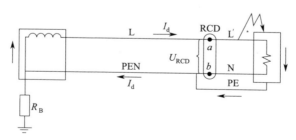

图 8-4　TN 系统内 RCD 处故障残压过低电子式 RCD 可能拒动

《剩余电流动作保护电器（RCD）的一般要求》GB/T 6829—2017 规定：对于家用和类似用途的 $I_{\Delta n} \leqslant 0.03A$ 的剩余电流保护电器，在电源电压降低到 50V（相对地电压）时，如出现大于等于额定剩余动作电流的剩余电流应能自动动作。此规定意味着，当电源电压低于 50V 时，RCD 可能拒动；而对于施工现场，电压低于 50V，仍然存在人身电击致死的危险。

但此种情况发生的可能性比较小，通常 RCD 距设备不会很近，会有一段距离；当 RCD 距离设备很近，发生接地故障时，故障电流比较大，可考虑采用具有过流保护功能的 RCD。

综上所述，当电子式 RCD 应用于 TT 系统时，不会存在 RCD 因电源输入端的电压过低而拒动的问题；当电子式 RCD 应用于 TN 系统时，当电源电压低于 50V 时，RCD 可能拒动，根据情况可考虑采用具有过流保护功能的电子式 RCD。

4 剩余电流动作保护器和具有剩余电流功能的断路器是否具有过载、短路保护功能问题

有的电气技术人员认为检测剩余电流的 RCD 对过载、短路保护是不起作用的，情况果真如此吗？应该说这种认识是不全面的。

《剩余电流动作保护电器（RCD）的一般要求》GB/T 6829—2017 第 4.4 节的规定，根据过电流保护装置情况，RCD 分为如下四种类型：

①不带过流保护的剩余电流保护电器；

②带过流保护的剩余电流保护电器；

③仅带过载保护的剩余电流保护电器；

④仅带短路保护的剩余电流保护电器。

从以上分类可以看出，剩余电流保护器（RCD）有不带过流保护的，也有带过流保护的，而过流保护包括过载保护和短路保护。

另外，根据《低压开关设备和控制设备 第 2 部分：断路器》GB/T 14048.2—2020，其附录 B 规定了"具有剩余电流保护的断路器（CBR），它包括了同时执行剩余电流检测，将测量值与预期值进行比较，当该值超出预期值时使被保护电路断开的装置的要求"。明确了附录 B 适用于：

——具有剩余电流功能的作为一整体特性且符合本部分的断路器（CBR）；

——由剩余电流装置和符合本部分的断路器组装而成的 CBR。

该附录 B 还给出了"具有剩余电流保护的断路器（CBR）"的定义：在规定条件下，当剩余点电流达到给定值时，用来使触头断开的断路器。

可以看出"具有剩余电流保护的断路器（CBR）"首先是一种断路器，同时具有剩余电流保护功能，而断路器通常均具有过载和短路保护功能。

综合以上情况，剩余电流保护器和具有剩余电流功能的断路器并非都不具备过载、短路保护功能，在实际工程中我们应注意其铭牌上依据的制造标准，如有疑问，可请厂家提供相应的技术资料，以确定其具有的实际功能。

5 电动机保护用断路器选择问题

在施工现场由于施工的需要，有大量的电动机类负荷，例如：塔式起重机、施工升降机、各类水泵等。在使用过程中经常出现断路器跳闸的现象，后发现用来保护电动机采用的是一般配电型断路器，而没有采用电动机型断路器。

使用断路器来保护电动机，必须注意电动机的两个特点：一是它具有一定的过载能力；二是它的启动电流通常是额定电流的几倍到十几倍。例如三相笼型异步电动机直接启动电流一般为 $(5\sim7)I_n$，可逆或反接制动时甚至可达 $(12\sim18)I_n$；绕线式异步电动机的直接启动电流亦可达 $(3\sim6)I_n$。所以，为了充分利用电动机的过载能力并保证它能顺利启动和安全运行，在选择断路器时应遵循以下原则：

（1）按电动机的额定电流来确定断路器的长延时过电流脱扣器的动作电流整定值。

（2）断路器的 6 倍长延时过电流脱扣器的动作电流整定值的可返回时间要长于电动机的实际启动时间。

（3）断路器的瞬时过电流脱扣器的动作电流整定值：笼型电动机应为 8～15 倍脱扣器额定电流；绕线型电动机应为 3～6 倍脱扣器额定电流。保证断路器的瞬时脱扣电流能够躲过电动机启动冲击电流。

6 临时用电系统采用链式配电是否符合要求问题

在施工现场由于有的用电设备与配电箱相距较远，临时用电系统中经常出现采用链式配电的情况，即将供电线路分为若干段，前后段电缆均接在配电箱进线断路器的上口端子处，依此至最后一级配电箱，如图 8-5 所示。这种方式是否适合施工现场的要求呢？

在现行国家标准《供配电系统设计规范》GB 50052—2009 第 7.0.4 条规定：当部分用电设备距离供电点较远，而彼此相距很近、容量很小的次要用电设备，可采用链式配电，但每一回路环链设备不宜超过 5 台，其总容量不宜超过 10kW。由此可见，采用链式配电在一定的前提条件下是可以采用的，但对容量较大、较重要的负荷是不宜采用的。因为链式配电的缺点是：任一链接点发生故障，其所有负荷均可能受到影响；而且当链接线路发生短路等故障，将导致此供电系统切

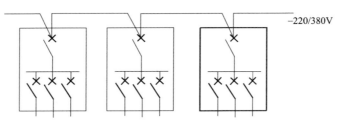

图 8-5　链式配电示意图

断电源，影响面比较大。因此链式配电的可靠性比较差。在施工现场的用电负荷是比较复杂的，有的负荷非常重要，一旦供电系统出现突然断电，可能带来意想不到的安全问题。所以，一般情况下尽量不采用链式配电系统。

7　交流电焊机防触电保护装置的问题

在施工现场施焊作业时，大量采用交流电焊机。交流电焊机在施焊时一般只有 30V 左右，但还是经常发生电击事故。其原因是：交流电焊机在空载时，二次侧电压高达 60～70V，当电焊工操作不慎时就可能发生电击事故，而且电焊工的操作位置经常移动，焊把线容易受损，使电焊工接触高电压的可能性大大增加，这也就增加了电击的可能性。

在《施工现场临时用电安全技术规范》JGJ 46—2005 第 9.5.3 条规定：交流电焊机械应配装防二次侧触电保护器。其条文说明是这样解释的：交流电焊机械除应在开关箱内装设一次侧漏电保护器以外，还应在二次侧装设触电保护器，是为了防止电焊机二次空载电压可能对人体构成的触电伤害。国家标准《弧焊电源防触电装置》GB 10235—2012（注：自 2017 年 3 月 23 日起，本标准转为推荐性标准，编号改为 GB/T 10235—2012）第 7.5 条对防触电装置的低空载电压提出了规定：

7.5　低空载电压

装置和弧焊电源均为额定输入条件下，降低的空载电压应不大于铭牌标称值和 GB 15579.1 中触电危险性较大的环境中使用的额定空载电压规定值。

第 7.5 节中的 GB 15579.1 现行版本为《弧焊设备 第 1 部分：焊接电源》GB 15579.1—2013（注：自 2017 年 3 月 23 日起，本标准转为推荐性标准，编号改为 GB/T 15579.1—2013）。

该标准第 13 章"防触电装置"对"触电危险较大的环境使用的额定空载电压规定值"为：

a）直流 113V 峰值；

b）交流 68V 峰值和 48V 有效值。

现行标准《弧焊电源 防触电装置》GB/T 10235—2012 及《弧焊设备 第 1 部分：焊接电源》GB/T 15579.1—2013 对低空载电压（交流）的规定为"68V 峰值和 48V 有效值"。比原标准《弧焊变压器防触电装置》GB 10235—2000（已作废）的规定还是放松了。原标准第 7.5 节对防触电装置提出的要求是：

低空载电压不应大于 24V。

当装置的输入电压为额定值的 110％时，其低空载电压也不应超过 30V。

现行标准将原标准的"24V"提高到了"48V"，可能是将电焊机、防触电装置及施焊位置按干燥场所来考虑的。

现场使用的交流电焊机在空载时，其二次侧的电压通常为 60V～70V，在干燥场所，安全电压交流应不大于 50V，而施工现场一般界定为潮湿场所，其安全电压交流应不大于 25V。在使用二次侧防触电保护器以前，发生过交流电焊机未施焊而二次电压电击伤人的事件。因此，为避免交流电焊机二次电压电击伤人的事件，需将二次空载电压降至安全电压，即降至 25V 以下更为可靠。

在防触电保护器使用过程中，还是有一些违反规定的做法出现，最为突出的是：有的操作人员，为了施焊方便，将防触电保护器甩开，或将防触电保护器的进、出线直接接在一起，使其失去防触电保护作用。为保证人身安全，这种情况应避免。

在防触电保护器使用前，还应注意应采用 500V 兆欧表对其绝缘电阻进行测量，与输入（出）电压相连的带电部件各极之间、各极连接在一起与外壳之间的绝缘电阻不应低于 2.5MΩ。否则，应进行处理。绝缘电阻不低于 2.5MΩ 是《弧焊电源 防触电装置》GB/T 10235—2012 第 7.13 条的规定。

8 装用 30mA 剩余电流动作保护器是否可以确保人身安全的问题

施工现场末级配电箱，一般均设置额定动作电流不大于 30mA 的剩余电流动作保护器（简称 30mA RCD）。应该说 30mA RCD 对保证人身安全具有重要作用，但有一些人员认为装设了 30mA RCD 就可确保人身安全，从而忽略其他防电击的措施。其实，虽然 30mA RCD 具有重要作用，但其应是其他防范措施的后备措施。而电气设备、线路绝缘的完好及其他防护、围挡措施才是防电击的主要措施；这是因为如果这些措施完全到位，一般可以避免发生电击事故，当这些措施万一失效，作为后备措施的 30mA RCD 将起到重要作用。所以 30mA RCD 不能代替其他的主要防范措施，因为它不能绝对确保人身安全。

当人体同时触及同一回路的带电导体，如触及同一回路的相线和中性线，虽然该回路装设了 30mA RCD，人体仍将遭受电击，因为故障电流在 RCD 电流互感器磁回路内产生的磁场方向相反而相互抵消，RCD 将无法动作，如图 8-6 所示。

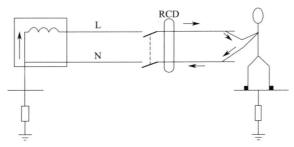

图 8-6 人体同时触及同一回路相线和中性线仍遭电击示意图

另外，RCD 还可能由于某种原因动作迟缓，人体仍然有遭受电击致死的危险，因此用 RCD 防直接接触电击并非绝对可靠。所以，在采用装设 RCD 这一重要后备措施的情况下，其他主要防范措施仍应到位，这样才能最大程度地确保人身安全。

9 是否需要测量剩余电流动作保护器的动作电流问题

剩余电流动作保护器安装后，为检验其性能是否达到设计要求，需要用专用仪表进行测试。关于测试内容，北京市地标《建筑工程资料管理规程》DB11/T 695—2017 给出的测试表格要求的内容，如表 8-1 所示。

漏电开关模拟试验记录表　　　　　　　　　　　　　表 8-1

漏电开关模拟试验记录表 C 6-42		资料编号			
工程名称					
施工单位		监理单位			
试验器具		试验日期		年　月　日	
安装部位	型号	设计要求		实际测试	
		动作电流(mA)	动作时间(ms)	动作电流(mA)	动作时间(ms)

试验结论：

签字栏	专业监理工程师	专业质检员	专业工长
制表日期	年　月　日		

从表中可以看出，需要的测试内容有 2 项：动作电流和动作时间。

现行国家标准《剩余电流动作保护装置安装和运行》GB/T 13955—2017 第 7 章 "RCD 的运行和管理" 规定：

为检验剩余电流装置在运行中的动作特性及其变化，运行管理单位应配置专用测试仪器，并应定期进行动作特性试验。

动作特性试验项目：

a）测试剩余动作电流值；

b）测试分断时间；

c）测试极限不驱动时间。

从以上规定看出，测试内容多了一项：测试极限不分断时间。但在实际工作当中一般不进行此项测试，只在产品出厂时进行测试。

在剩余电流动作保护器实际应用中，设计（或规范）对动作时间和动作电流均会提出明确要求，如：动作电流不大于 30mA，动作时间不大于 0.1s。按照设计（或规范）选定剩余电流保护器时，动作电流此时一般是一个定值（如：30mA），动作时间要求不大于一个最大值（如：不大于 0.1s）。所以，测试时可将测试仪表的动作电流值设定为定值（如：30mA），然后测试动作时间，动作时间不大于最大值，一般应视为合格。

如按表 8-1 要求测量实际动作电流值，将测试仪表的动作时间固定在最大值（如：0.1s），然后测出动作电流值。需要探讨的问题是：这样测量的意义何在？笔者认为没有意义。因为当选定某一确定参数的剩余电流动作保护器时，在实际应用中，设备发生漏电，在漏电电流达到动作电流额定值时，使剩余电流动作保护器在规定的时间内跳闸，应该说剩余电流动作保护器起到了应有的作用，而不必再测量动作电流值。在有的工程实际测量中甚至出现了动作电流值无法测量的问题。例如：某临电工程其中的剩余电流动作保护器的额定动作电流值为 50mA，动作时间为不大于 0.2s。以额定动作电流值来测量动作时间为 50ms，小于 0.2s（200ms），应该说是合格的。但当动作时间设定为 0.2s，来测量动作电流时测量仪器却出现错误显示，无法测出动作电流值，不能判断此剩余电流动作保护器不合格。在剩余电流动作保护器实际运行中，如所带设备或线路出现漏电，且漏电电流远大于额定值时，剩余电流动作保护器应更快跳闸，这是其应具有的性能。这可从其制造标准《剩余电流动作保护电器（RCD）的一般要求》GB/T 6829—2017 中可以看出。第 5.4.12.1 条规定：无延时型 RCD 的最大分断时间标准值在下表（表 8-2）中规定。

$I_{\Delta n}/A$	最大分段时间标准值/s			
	$I_{\Delta n}$	$2I_{\Delta n}$	$5I_{\Delta n}$ [a]	$>5I_{\Delta n}$ [b]
任何值	0.3	0.15	0.04	0.04

[a] 对于 $I_{\Delta n} \leqslant 0.030A$ 的 RCD,可用 0.25A 代替 $5I_{\Delta n}$。

[b] 在相关的产品标准中规定。

从表 8-2 可明显看出,当漏电电流为 $I_{\Delta n}$ 时,最大动作时间为 0.3s;当漏电电流为 $2I_{\Delta n}$ 时,最大动作时间为 0.15s;当漏电电流为 $5I_{\Delta n}$ 时,最大动作时间为 0.04s。所以漏电电流越大,一般动作时间越短。

10　如何选用"三极四线 RCD"与"四极 RCD"问题

在建筑工程施工现场经常见到两种 RCD,即"三极四线 RCD"与"四极 RCD"。所谓"三极四线 RCD",即 N 线虽然进入 RCD,但在 RCD 动作时,只将三个相线断开,而 N 线不断开;而"四极 RCD",在其动作时,N 线与三个相线是一起断开的。我们在临电工程中应如何进行选用呢? 以下引用王厚余先生著的《低压电气装置的设计安装和检验》(第三版)中内容,来说明"三极四线 RCD"与"四极 RCD"的选用与临电工程所采用的系统有密切关系。

(1) 当采用 TT 系统时,应选用"四极 RCD"。

RCD 的电源侧发生相线接大地故障,如图 8-7 所示,其故障电流 $I_d = U_0/(R_B + R_E)$,它在变电所接地电阻 R_B 上产生故障电压 U_f。由于 TT 系统的 I_d 不大,电源端的过电流防护电器不能切断电源,使中性线持续带故障电压 U_f。但由于中性线是绝缘的,所以这个 U_f 并不立即导致电气事故,而是作为第一次故障的隐患而持续潜伏下来。当回路发生第二次故障,如图 8-7 所示的相线碰外壳故障时,RCD 因此动作而切断电源。如果中性线未装设刀闸,则第一次故障产生的故障电压 U_f 将如图中虚线所示,沿中性线经设备内绕组以及相线碰外壳的故障点而呈现在设备外壳上,这时虽然 RCD 有效和正常动作,却无法避免电击事故的发生。如果中性线绝缘损坏碰外壳,后果也是同样的。假如 RCD 在中性线上也设有刀闸并和相线及时切断电路,则 U_f 传导的路径被切断,这类事故就可以避免发生。

(2) 当采用 TN-S 系统时,如能确保中性线为地电位,可选用"三极四线 RCD"。

在国家标准《低压配电设计规范》GB 50054—2011 第 3.1.11 条规定:除在 TN-S 系统中,当中性导体为可靠地电位时可不断开外,RCD 应能断开所保护回路的所有带电导体。笔者理解:当能确保中性线为地电位时,对接触中性线的人员不会造成电击伤害。

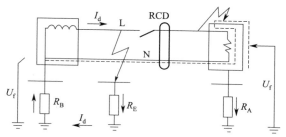

图 8-7　TT 系统内 RCD 不断中性线，设备外壳可能带危险电压

在 TN-S 系统中，N 线和 PE 线在电源处是接在一起的，此处的 N 线与 PE 线是同一电位，但线路配出后，尤其是较远的线路是否还能保证 N 线和 PE 线是同一电位呢？笔者通过几个临电工程的实际测量，发现有的 N 线和 PE 线之间还是存在一定的电位差，一般是在 5～10V。这样的电位差，并不存在人身电击的危险，但是当电位差达到 25V 及以上时，人身是有电击危险的。

由以上情况可以看出，一般情况下 N 线与 PE 线之间是存在电位差的，因为通常情况下三相是不平衡的，N 线上必然有电流，不平衡度越大，电流越大，而 N 线本身存在一定的电阻，离电源接地点越远，电阻就越大，相应的电压也就越大。当离电源接地点很近，如：总配电箱处的 N 线与 PE 线之间可能检测不到电压。

综合以上情况，应该说完全满足《低压配电设计规范》GB 50054—2011 第 3.1.11 条所规定的"中性导体为可靠地电位"时，才能采用"三极四线 RCD"，在实际临电工程中很难达到。这样会限制"三极四线 RCD"的使用，取而代之的是将大量采用"四极 RCD"，这样又会带来"断零"（即断 N 线）的隐患，这也是我们不愿意看到的。在实际临电工程中，我们应如何进行权衡呢？笔者的意见是：在线路安全有可靠保证的前提下，N 线与 PE 线之间的电位差不大（理论上不超过 25V，在实际中应越低越好），可采用"三极四线 RCD"，因为即使相线全部断开，虽然 N 线带电压，但不会危及人身安全。

当然，在有些特殊情况，如：发生接地故障时，N 线也会带危险电压。

（1）低压供电网络内发生一相接地故障，故障电流在变电所接地极 R_B 上产生电压降，使中性点和中性线对地带危险电压，如图 8-8 所示。

建筑物由低压架空线路供电，因相线落入水塘而发生接地故障。受图 8-8 中变电所接地电阻 R_B 和故障点接地电阻 R_E 的限制，接地故障电流不大，假设为 20A，它不足以使变电所出现过电流防护电器切断电源。设 $R_B=4\Omega$，则 R_B 上的持续电压降，即 PEN 线以及与其连接的 PE 线、中性线上的持续故障电压 $U_f=I_dR_B=20\times4=80V$。当此 U_f 沿 PE 线传导到建筑物内所有外露导电部分上时，由于总等电位连接的作用，建筑内电气装置外露导电部分和装置外导电部分都处

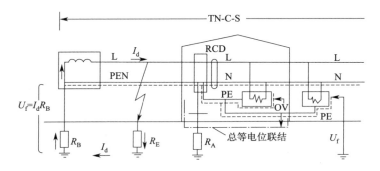

图 8-8 沿 TN 系统线路导来的故障电压可在无总等
电位联结作用的户外引起电击事故

于同一电位水平上。虽然整个建筑物对地电位升高至 $U_f=80V$，建筑内却不出现电位差，不发生电气事故。但该电气装置的户外部分并不具备等电位连接作用，图 8-8 中户外的一台设备因 PE 线传导电位而使户外设备具有了 $U_f=80V$ 的故障电压，人站立的地面的电位却仍为 0V，接触此设备的人员不可避免地将遭受电击。此时的 N 线对地同样带 80V 的危险电压。

（2）保护接地和低压侧系统接地共用接地装置的变电所内高压侧发生接地故障，其故障电压同样也在 R_B 上产生电压降，通过 PEN 线，最终引起中性线带危险电压，如图 8-9 所示。

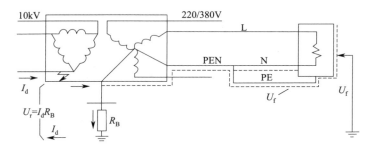

图 8-9 10kV 经小电阻接地系统内 TN 系统的电击危险

当小电阻接地系统 10/0.4kV 变电所内高压侧（包括高压开关柜、高压线路、10/0.4kV 变压器等）发生接地故障时，如低压侧为 TN 系统，则如图 8-9 所示，由于共用接地极 R_B 低压侧中性点以及 PEN 线、PE 线对地电位也同时升高 $U_f=I_dR_B$ 值，此时 N 线同样带危险电压 U_f。关于人在建筑物内和建筑物外是否遭受电击的分析与上面相同，不再赘述。需要说明的是：如 10kV 电网如图 8-9 所示的经小电阻接地系统，则人体承受的接触电压高达几百以至上千伏，人体电击致死的危险很大。问题还在于一旦发生电击事故,事故的原因和罪魁祸首却很难查清。因变电所 10kV 侧接地故障电流 I_d 大,事故发生后 10kV 故障回路的继电保护迅速动作,电击部位不再呈现 U_f 电压,无法查明事故的确切起因。

11 额定动作电流相同的三相 RCD 与单相 RCD 的动作问题

选用额定动作电流同为 30mA 的三相 RCD 与单相 RCD 进行分析,并假设 RCD 功能完好。

对于单相 RCD,当实际剩余电流为 30mA 时,RCD 应能动作。但对于三相 RCD,当其中一相剩余电流为 30mA,RCD 是否动作?当两相剩余电流均为 30mA 呢?三相剩余电流均为 30mA 呢?在分析这些问题之前,我们应该明确:三相 RCD 检测的是三相剩余电流的矢量和,当三相剩余电流的矢量和达到 30mA 时,RCD 应动作。

当其中一相剩余电流为 30mA,而其他两相无剩余电流时,其矢量和为 30mA,RCD 应能动作。当其中两相剩余电流为 30mA,第三相无剩余电流,其矢量和为 30mA,RCD 也应能动作。当三相剩余电流均为 30mA,其矢量和为 0,RCD 不会动作。

通过以上分析,应该说三相 RCD 与单相 RCD 的动作有很大的不同。当三相 RCD 的三相均出现危险剩余电流,有的相剩余电流大于 30mA,而三相剩余电流矢量和却达不到 30mA,三相 RCD 可能并不跳闸。此时三相 RCD 是有保护缺陷的,也可以说有保护死区的。所以装设 RCD 并不能保证任何危险情况下都能起到保护作用,因此为减少 RCD 保护死区的影响,应保证线路的绝缘良好、施工规范。

12 如何保证多级 RCD 选择性要求问题

当施工现场临时用电工程设置多级 RCD 时,应尽量满足其选择性。当配电系统中一路出现剩余电流时,应仅使该支路的 RCD 脱扣,而不使其上端的 RCD 脱扣,除非故障持续超过了某一设定时间。《正确使用家用和类似用途剩余电流动作保护电器(RCD)的指南》GB/Z 22721—2008/IEC/TR 62350:2006 第 7.2.2 条提出了确保选择性必须满足的两个条件:

(1) 上端 RCD 的最小不驱动时间应大于安装在下端 RCD 的最大分断时间;

(2) 上端 RCD 的额定剩余动作电流应至少是安装在下端 RCD 的额定剩余动作电流的 3 倍。

结合以上两个条件及剩余电流优选值的规定,当最末一级开关箱设置

"30mA，≤0.1s"的RCD，则分配电箱应设置"100mA，额定动作时间为$t_分$且最小不驱动时间＞0.1s"的RCD，总配电箱应设置"300mA或500mA，额定动作时间$t_总$且最小不驱动时间＞$t_分$"的RCD。目前，有的施工现场中将三级RCD设置为"30mA，≤0.1s""50mA或75mA，≤0.1s""100mA或150mA，≤0.2s"时，其选择性是难以保证的。为满足多级RCD选择性要求，应充分了解拟选用产品的性能参数，尽量使用同一生产厂家的不同型号，以确保以上两个条件的实现。

13 "30mA·s"的规定因何而来问题

现行行业标准《施工现场临时用电安全技术规范》JGJ 46—2005 第8.2.11条规定：总配电箱中漏电保护器的额定漏电动作电流应大于30mA，额定漏电动作时间应大于0.1s，但其额定漏电动作电流与额定漏电动作时间的乘积不应大于30mA·s。

由于第8.2.11条是强制性条文，因此在施工现场临时用电工程中必须执行，剩余电流保护器"30mA·s"的规定不可逾越。实际施工现场临时用电工程总配电箱的剩余电流保护器的额定动作电流和额定动作时间通常设为"150mA，≤0.2s"或"100mA，≤0.3s"，以满足第8.2.11条的规定。

"30mA·s"的规定在第8.2.11条的条文说明中作出了解释：安全界限值30mA·s的确定来源于国家标准GB/T 13870.1—92（已作废）图"15～100Hz正弦交流电的时间/电流效应区域的划分"，如图8-10所示。

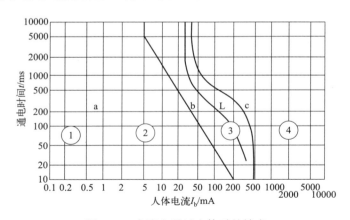

图8-10 交流电通过人体时的效应

通常认为在图8-10中曲线L作为人体是否安全的界限，也就是说在曲线L左侧的区域人体是安全的，"30mA·s"的规定也正是由此而来。

14 "30mA·s" 是否真正能够保证人身安全问题

"30mA·s" 的规定是从图 8-10 得来的，但这是理论上的推导。当剩余电流保护器的额定动作电流和额定动作时间设为 "150mA，≤0.2s"，如人体通过 150mA 的电流，剩余电流保护器在小于等于 0.2s 的时间内动作，人体应该是安全。但是我们不能忽略剩余电流保护器的动作特性。根据《剩余电流动作保护电器（RCD）的一般要求》GB/T 6829—2017 第 8.3.1.1 条规定，$0.5I_{\Delta n}$ 为额定不动作电流值，如表 8-3 所示。

交流剩余电流脱扣电流限值   表 8-3

RCD 的型式	电流形式	脱扣电流	
		下限	上限
AC，A，F，B	交流	$0.5I_{\Delta n}$	$I_{\Delta n}$

注：对于给定的电流形式，下限值对应于额定剩余不动作电流，上限值对应于额定剩余动作电流。

根据表 8-3 交流剩余电流脱扣电流限值的规定，"150mA，≤0.2s" RCD 的额定剩余不动作电流为 75mA。当人体通过 75mA 电流，无论多长时间此剩余电流保护器是不动作的。从图 8-10 可以看出，当时间超过 400ms，人体已经不安全了。因此，在我们国家电气设计标准及 IEC 标准均将防电击的剩余电流保护器的额定动作电流值取为 30mA。

15 "150mA，≤0.2s" 的 RCD 能否满足额定漏电动作时间应大于 0.1s 的要求问题

当为满足《施工现场临时用电安全技术规范》JGJ 46—2005 第 8.2.11 条规定，在总配电箱中设置了 "150mA，≤0.2s" 的 RCD，同时设置的 RCD 额定漏电动作时间还应大于 0.1s。在一个偶然的机会，北京某施工企业的电气技术人员提供了一个信息，RCD 的生产厂家技术人员说 "150mA，≤0.2s" 的 RCD，目前不能保证其在 $0.1s < t \leq 0.2s$ 的范围之内动作，而是在 $0s < t \leq 0.2s$ 的范围之内均可能动作，要想满足额定漏电动作时间大于 0.1s 的要求，需要选择动作时间为 0.3s 的产品。初听感觉诧异，细想是符合相关标准规定的。《剩余电流动作保护电器（RCD）的一般要求》GB/T 6829—2017 第 5.4.12.1 条规定了 RCD 最大分断时间，如表 8-4 所示。

无延时型 RCD 对于交流剩余电流的最大分断时间标准值   表 8-4

$I_{\Delta n}$(A)	最大分断时间标准值(s)			
	$I_{\Delta n}$	$2I_{\Delta n}$	$5I_{\Delta n}$	$>5I_{\Delta n}$
任何值	0.3	0.15	0.04	0.04

从表 8-4 可以看出，对于无延时型 RCD 只规定了最大分断时间，没有规定不驱动时间。

所以，选择"150mA，≤0.2s"的 RCD，虽然满足了"30mA·s"的规定，但不一定能同时满足《施工现场临时用电安全技术规范》JGJ 46—2005 第 8.2.11 条规定的额定漏电动作时间应大于 0.1s 的要求。

16 大于 30mA 的 RCD 能否作为防电击措施问题

如果人与带电导体发生直接接触，电流会流过人体，如不迅速切断电源，该电流可能致人死亡。当供电回路安装额定剩余电流不超过 30mA 的 RCD 则可以为人身安全提供保护。

如果带电导体由于绝缘故障等原因与外露可导电部分碰壳，使外露可导电部分带危险电压，触摸到这个带危险电压的人可能被电击致死。这种情况下可以采用中等灵敏度的 RCD 进行保护，如采用额定动作电流 100mA 或更大一些的 RCD。当施工现场临时用电工程设置多级剩余电流保护时，最末一级开关箱设置 "30mA，≤0.1s"的 RCD 作为直接接触电击的防护措施，其上级的剩余电流保护可设置大于 30mA 的 RCD 作为故障防护，也就是间接接触电击的防护措施。另外，配电回路设置不超过 300mA 或 500mA 的 RCD 还可用于接地故障引起的火灾防护。

17 剩余电流动作保护器测试数值虚假问题

临时用电系统设置的剩余电流动作保护器（RCD）是保护人身及财产安全的重要装置，按北京市地方标准《建设工程施工现场安全防护、场容卫生及消防保卫标准 第一部分：通则》DB11/T 945.1—2023 第 3.10.5 条规定"采用逐级漏电保护系统"，即每一级配电系统均要设置剩余电流动作保护器（RCD）。国家标准《建设工程施工现场供用电安全规范》GB 50194—2014、建筑行业标准《施工现场临时用电安全技术规范》JGJ 46—2005、北京市地方标准《建筑工程施工现场安全资料管理规程》DB11/T 383—2023 均要求对剩余电流动作保护器（RCD）的动作特性进行测试。从很多项目的剩余电流动作保护器（RCD）测试记录来看，数值貌似合理，但结合测试仪器的测试原理来看，很多数值是不可能出现的，存在数值虚假问题。通过以上问题可以反映出，有些项目并没有对剩余电流动作保护器（RCD）进行测试，也就无法保证其功能有效。

剩余电流动作保护器（RCD）测试通常有两种方法：

（1）测试仪器施加额定剩余电流（$I_{\Delta n}$）的情况下，测试动作时间。

以额定动作电流 30mA、动作时间≤0.1s(30mA，0.1s) 的 RCD 为例：测试仪器触发电流档位设定为 30mA，操作测试按钮，测试仪器将显示实际动作时间，小于等于 0.1s 为合格。

（2）采用测试仪器的自动测试档"AUTO RAMP"进行测试，测试完成后测试仪器将显示"动作电流"和"动作时间"。"AUTO RAMP"测试的触发电流范围为测试设定档位电流的 20%～110%，而且增长步长为 10% 的设定档位电流。

以额定动作电流 30mA、动作时间≤0.1s(30mA，0.1s) 的 RCD 为例：采用测试仪器的自动测试档"AUTO RAMP"进行测试，设定档位为 30mA，RCD 动作时可能出现的动作电流合格数值为 18mA、21mA、24mA、27mA、30mA，动作时间应小于等于 0.1s。

以额定动作电流 50mA、动作时间≤0.1s(50mA，0.1s) 的 RCD 为例：采用测试仪器的自动测试档"AUTO RAMP"进行测试，设定档位为 100mA，RCD 动作时可能出现的动作电流合格数值为 30mA、40mA、50mA，动作时间应小于等于 0.1s。

所以，当测试记录出现不符合以上仪表测试规则的数值时，电气技术人员应到场监督测试人员进行复测，杜绝测试记录中出现虚假数值。

需要说明的是，现在市场上出现了一种新型剩余电流测试仪，其触发电流是连续的（增长步长为 1mA）。例如：额定动作电流 30mA、动作时间≤0.1s(30mA，0.1s) 的 RCD，当采用这种新型剩余电流测试仪进行测试时，合格的实际动作电流有可能是 16mA、17mA、18mA、19mA、20mA、21mA、22mA、23mA、24mA、25mA、26mA、27mA、28mA、29mA、30mA。

18 临电配电箱、柜内的导线和铜排最小截面积问题

在施工现场对临电配电箱、柜进行检查时，有人提出其内部配置的导线和铜排截面积偏小。如何确定临电配电箱、柜内的导线和铜排的最小截面积问题呢？

临电配电箱、柜应遵循的制造标准是《低压成套开关设备和控制设备 第 4 部分：对建筑工地用成套设备（ACS）的特殊要求》GB/T 7251.4—2017/IEC 61439-4：2012 及《低压成套开关设备和控制设备 第 1 部分：总则》GB/T 7251.1—2023/IEC 61439-1：2020。

GB 7251.1—2023/IEC 61439-1：2020 第 8.6.3 条有如下规定：

8.6.3 裸导体和绝缘导线

正常的温升、绝缘材料的老化和正常工作时所产生的振动不应造成载流部件的连接有异常变化。宜考虑到不同金属材料的热膨胀和电解作用以及所达到的温

度引起的老化的影响。

载流部件之间的连接应保证有足够和持久的接触压力。

如果是基于试验（见10.10.2）进行温升验证，成套设备内部导体及其截面积的选择应由初始制造商负责。如果是依据10.10.4的规则进行温升验证，导体应符合 GB/T 16895.6—2014 规定的最小截面。如何使本文件用于成套设备内的状态的举例在表 H.1 和表 H.2 给出。

GB/T 7251.1—2023/IEC 61439-1：2020 附录 H 的表 H.1，如表 8-5 所示。

允许导体温度 70℃ 的单芯铜电缆的工作电流和功率损耗

（成套设备内部环境温度 55℃）   表 8-5

导线布局		穿在电缆管道中的单芯电缆,挂在墙上水平走向,6根电缆(2个三相电路)有持续负载		单芯电缆,在空气中不接触或在一个有散热孔的桥架上,6根电缆(2个三相电路)有持续负载		最少有一个电缆直径的间隙 单芯电缆水平间隔放置在空气中	
导体截面积	20℃时的导体电阻 R_{20}	最大工作电流 I_{max}	单位导体的功率损耗 P_w	最大工作电流 I_{max}	单位导体的功率损耗 P_w	最大工作电流 I_{max}	单位导体的功率损耗 P_w
mm²	mΩ/m	A	W/m	A	W/m	A	W/m
1.5	12.1	8	0.8	9	1.3	15	3.2
2.5	7.41	10	0.9	13	1.5	21	3.7
4	4.61	14	1.0	18	1.7	28	4.2
6	3.08	18	1.1	23	2.0	36	4.7
10	1.83	24	1.3	32	2.3	50	5.4
16	1.15	33	1.5	44	2.7	67	6.2
25	0.727	43	1.6	59	3.0	89	6.9
35	0.524	54	1.8	74	3.4	110	7.7
50	0.387	65	2.0	90	3.7	134	8.3
70	0.268	83	2.2	116	4.3	171	9.4
95	0.193	101	2.4	142	4.7	208	10.0
120	0.153	117	2.5	165	5.0	242	10.7
150	0.124			191	5.4	278	11.5
185	0.0991			220	5.7	318	12.0
240	0.0754			260	6.1	375	12.7

从表 8-5 可以看出，导线布局列出了 3 种形式。一般不会采用第 1 种布局形式，通常会采用第 2、3 种布局形式。以 2.5mm² 导线为例，采用第 2、3 种布局形式，导线的最大工作电流为 13A、21A。导线的最大工作电流应不小于线路保护电器的额定电流。所以，应根据配电箱、柜内保护电器（如断路器）的额定电流及表 8-5 给出的导线最大工作电流来确定导线最小截面积。

铜排的工作电流见 GB/T 7251.1—2023/IEC 61439-1：2020 附录 K 的表 K.1，如表 8-6 所示。

矩形截面裸铜排的工作电流和功率损耗，水平走向，最大面垂直排列，频率 50Hz～60Hz（成套设备内的环境温度为 55℃，导体温度为 70℃） 表 8-6

母排规格（高度×厚度）	裸铜母排截面积	每相一根母排			每相两根母排（间距等于母排厚度）		
		k_3	工作电流	单位相导体功率损耗 P_w	k_3	工作电流	单位相导体的功率损耗 P_w
mm×mm	mm²		A	W/m		A	W/m
12×2	23.5	1.00	70	4.5	1.01	118	6.4
15×2	29.5	1.00	83	5.0	1.01	138	7.0
15×3	44.5	1.01	105	5.4	1.02	183	8.3
20×2	39.5	1.01	105	6.1	1.01	172	8.1
20×3	59.5	1.01	133	6.4	1.02	226	9.4
20×5	99.1	1.02	178	7.0	1.04	325	11.9
20×10	199	1.03	278	8.5	1.07	536	16.6
25×5	124	1.02	213	8.0	1.05	381	13.2
30×5	149	1.03	246	9.0	1.06	437	14.5
30×10	299	1.05	372	10.4	1.11	689	18.9
40×5	199	1.03	313	10.9	1.07	543	17.0
40×10	399	1.07	465	12.4	1.15	839	21.7
50×5	249	1.04	379	12.9	1.09	646	19.6
50×10	499	1.08	554	14.2	1.18	982	24.4
60×5	299	1.05	447	15.0	1.10	748	22.0
60×10	599	1.10	640	16.1	1.21	1118	27.1
80×5	399	1.07	575	19.0	1.13	943	27.0
80×10	799	1.13	806	19.7	1.27	1372	32.0
100×5	499	1.10	702	23.3	1.17	1125	31.8
100×10	999	1.17	969	23.5	1.33	1612	37.1
120×10	1200	1.21	1131	27.6	1.41	1859	43.5

临电配电箱、柜内铜排最小截面积的选择与导线最小截面积的选择原则

相同。

特别说明：《低压成套开关设备和控制设备 第1部分：总则》因为 GB/T 7251.1—2023/IEC 61439-1：2020 也是建筑电气工程所用的配电箱、柜的制造标准，所以建筑电气工程所用的配电箱、柜内的导线和铜排均应符合以上规定。

19　临电配电箱（柜）门内工作面防护等级问题

临电配电箱（柜）是临时用电工程的重要组成部分，包括总配电箱、分配电箱、末级配电箱（开关箱）。

临电配电箱（柜）遵循的国家制造标准是《低压成套开关设备和控制设备 第4部分：对建筑工地用成套设备（ACS）的特殊要求》GB/T 7251.4—2017。此标准的第8.2.2条应特别关注：

8.2.2　防止触及带电部分以及外来固体和水的进入

ACS 的防护等级应至少为 IP44……

假设所有使用条件下门可以关闭，门内工作面的防护等级不应低于 IP21。当门不能关闭时，工作面的防护等级应为至少 IP44。

根据以上规定，临电配电箱（柜）做成图 8-11 形式，是符合标准要求的，能够满足人员操作时的人身安全；而做成图 8-12 形式，是不符合标准要求的。

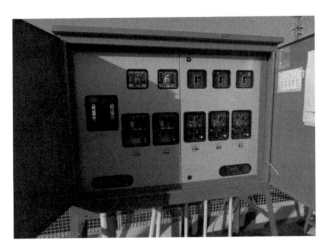

图 8-11　设置二层门且工作面防护等级达到 IP21

图 8-12　未设置二层门且工作面防护等级未达到 IP44

目前，建设主管部门组织的临时用电安全检查越来越多，要求也越来越严格。不少项目的临电配电箱（柜）门内工作面的防护等级已能达到 IP21，但还有部分项目不能达到 IP21。因此，临电工程开始前临电技术管理人员应注意此要求。

另外还应注意，按国家认监委文件要求，临电配电箱（柜）属于自愿认证（CQC）的产品范畴。在相同条件下，建议采用通过自愿认证（CQC）的产品，如图 8-13 铭牌所示。

图 8-13　通过自愿认证（CQC）的配电箱铭牌

20 临电配电箱四周的金属围栏是否需要接地或等电位联结问题

在建筑工程基坑或主体施工阶段，通常会根据需要在其四周设置若干台固定安装的临电配电箱。在临电配电箱的四周再做金属围栏，并将金属围栏通过临电配电箱 PE 排或接地扁钢上引出的接地线实现接地并设置接地符号，如图 8-14、图 8-15 所示。

自PE排引出的接地线与金属围栏连接

图 8-14　金属围栏通过临电配电箱内 PE 排引出的接地线接地

图 8-15　金属围栏设置接地标识

很多项目涉及临电安全检查时，检查人员发现金属围栏未接地的也都要求必须设置，但金属围栏的接地是否能够达到安全的目的呢？我们需要对此进行探讨。

有一种观点认为：金属围栏通过临电配电箱 PE 排或接地扁钢上引出的接地线实现接地，相当于金属围栏与临电配电箱外壳做了等电位。当由于某种原因，发生电气故障，致使配电箱带危险电位，如电气操作人员同时触及配电箱和金属栏杆，由于配电箱与金属围栏处于同一电位，没有被电击致死的危险，从而保护了电气操作人员的人身安全。

从电气操作人员角度来看这个问题，这种观点是有道理的。但是，如果从非电气操作人员，如其他施工人员角度来看，会存在更大的风险。

当由于某种原因致使配电箱带危险电位时，由于等电位的作用，配电箱四周的金属围栏也就带了危险电位。如普通施工人员从此路过，无意触碰到金属围栏，将可能发生电击事故。电气操作人员会有较强的电气安全意识，在进行作业时按规定穿戴安全防护用品，将能有效避免电击事故发生。但对缺少电气安全意识的普通施工人员而言，不可能穿戴电气安全防护用品，所以危险性会更大。

配电箱四周的金属围栏应该属于电击防护中的基本防护，这一措施是为了阻隔普通施工人员触及带电部分或故障情况下的带电部分，即防止触及配电箱，也就不会发生电击事故。如果将临电配电箱 PE 排（或与 PE 排连接的接地扁钢）与金属围栏连接，一旦发生电气事故，可能适得其反。

通过以上分析，临电配电箱与其四周的金属围栏不做任何的电气连接是更为合理和安全的。

第九章 建筑电气工程其他常见问题

1 电气工程中的电化学腐蚀问题

在电气工程中经常涉及电化学腐蚀问题，例如最常见的铜铝连接问题，还有在幕墙防雷工程中镀锌扁钢与铝合金龙骨连接问题。

发生电化学腐蚀有 3 个必不可少的条件：阳极、阴极、电解液。不同的金属具有不同的电极电位，所以当两种不同金属搭接在一起时，由于两者之间存在电位差，就会产生电流。因电流的通过（从阴极流向阳极——相当于电池内部），使较低电位金属发生阳极消融腐蚀。电位差越大，产生的电流愈强，腐蚀损耗率就愈大。伽凡尼电位序位（CalVanic Potential Series）可以说明在不同环境下，各种金属阳极性或阴极性的趋势。在海水、淡水溶液或其他工业环境中，伽凡尼电位序位也可能会有差异，以海水中的伽凡尼电位序位而言，金属电位（活性）由高到低顺序为：钾（K）、钠（Na）、镁（Mg）、铝（Al）、锌（Zn）、铬（Cr）、镉（Cd）、铁（Fe）、钴（Co）、镍（Ni）、锡（Sn）、铅（Pb）、铜（Cu）、银（Ag）、铂（Pt）、金（Au）。

上述电位序位中，电位序位在前面的金属对电位序位在其后面的金属将形成阳极；电位序位在后面的金属对于电位序位在前面的金属形成阴极。这些金属例如：金、铂、银等具有化学惰性，不易与其他金属产生反应；而从另一方面来看，由于电位序位在前面的金属相对于电位序位在后面的金属将形成阳极，由于腐蚀发生于阳极，因此就可以保护其后位金属避免腐蚀。标准电极如表 9-1 所示。

标准电极 表 9-1

电极	Mg/Mg^{2+}	Al/Al^{3+}	Mn/Mn^{2+}	Zn/Zn^{2+}	Fe/Fe^{2+}	Ni/Ni^{2+}
电极电位/V	-2.370	-1.660	-1.180	-0.763	-0.440	-0.250
电极	Sn/Sn^{2+}	Pb/Pb^{2+}	Cu/Cu^{2+}	Ag/Ag^{+}	Au/Au^{+}	
电极电位/V	-0.136	-0.126	$+0.337$	$+0.799$	$+1.700$	

2 供电方案的"高基""低基"问题

一般建筑工程，当地供电管理部门均会根据工程性质、用电容量出具供电方案。我们还有一些电气人员不太了解供电方案的"高基""低基"问题，其实"高基""低基"均是指变电所，"高基"即是高基变电所，"低基"即是低基变电所。

（1）高基变电所：即自管变电所（俗称高压自管户），是业主自己建设和自行管理的变电所。如向大型商业建筑、办公建筑、宾馆建筑等供电以及向住宅小区内配套的商业、学校等公共设施供电的变电所就属于高基变电所。其变压器容量一般为160kVA～2500kVA。高基变电所一般设高压计量。

（2）低基变电所：即公管变电所或局管变电所，其设计与管理均由供电部门负责。如住宅小区内向住宅楼供电的变电所就属于低基变电所。变电所内一般安装两台容量均不超过1000kVA的变压器。低基变电所通常不设计量，一般在低压用户处设计量。

3 高压电缆分界小室预留配电箱等条件问题

一般公共建筑，如写字楼、宾馆等在建筑物高压进线处均需要设置高压电缆分界小室，此电缆分界小室的产权及管理通常归当地供电管理部门。有的工程电气设计人员不了解当地供电管理部门的规定，没有按照要求对高压电缆分界小室进行专项电气设计，而只是将其按照一个普通场所进行设计，以至于在工程发电前不能够通过供电管理部门对高压电缆分界小室的专项验收，不得不进行相应的改造工作。

供电管理部门（以北京为例）对高压电缆分界小室的电气通常有以下几方面的要求：

（1）在分界小室设置专用的配电箱，且采用双电源供电。

（2）分界小室的照明、插座由专用配电箱供电；夹层的照明需采用低压供电。

（3）分界小室须设置排风装置，且在小室可以对其进行控制。

图9-1为某项目高压电缆分界小室专用配电箱系统图。

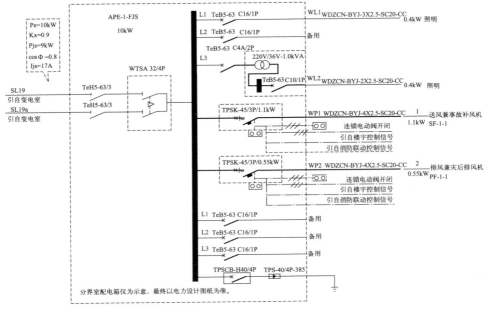

图 9-1 某项目高压电缆分界小室专用配电箱系统图

4 变压器噪声问题

有的变电室内，变压器运行时噪声过大，使人产生不适感。有关文献介绍，变压器的噪声是由变压器本体振动及冷却装置振动而产生的一种连续性噪声。变压器噪声的大小与变压器的容量、硅钢片材质及铁芯磁通密度等因素有关。国内外的研究结果表明，变压器本体振动的根源在于硅钢片的磁致伸缩引起的铁芯振动。

变压器的噪声是变压器极为重要的技术参数。变压器本体噪声的高低，也是衡量制造厂设计能力和生产水平的重要指标之一。因此，变压器本体噪声应控制在国家标准规定的限值之内。机械行业标准《6kV～1000kV级电力变压器声级》JB/T 10088—2016 第 6.8 条规定：容量为 30kVA～6300kVA，电压等级为 6kV 和 10kV 的干式电力变压器的声功率级应不超过表 9-2 的规定值。

容量为 30kVA～6300kVA，电压等级为 6kV 和 10kV 的干式电力变压器的声功率级

表 9-2

等值容量 （kVA）	声功率级 $L_{WA,SN}$ DB（A） 自冷（AN）
30	60

等值容量 （kVA）	声功率级 $L_{WA,SN}$ DB(A) 自冷（AN）
50	
63	60
80	
100	61
125	
160	62
200	
250	63
315	
400	65
500	
630	67
800	
1000	68
1250	
1600	70
2000	
2500	72
3150	
4000	
5000	75
6300	

5　电容补偿问题

在低压配电系统中，为提高系统功率因数，一般采用电容器进行补偿。电容器的作用是向感性负荷提供无功电流。感性设备，如电机在运行中必须有无功励磁电流，这部分电流如果从电容器提供，就不需要从市电再提供，同时可以减少这部分电流在线路中的损耗。

电容器最理想的是装在感性负载处，这样可以减小配电导线的截面积和线路损耗。例如荧光灯电路中通常用并联电容来提高功率因数。一般电气设计还在总电源处装设电容器进行集中补偿。集中补偿完全可以提高功率因数，但是功率因数低的负载线路上，将通过很大一部分无功电流，使该线路上线路损耗增加，同时导线截面积也要比前者大。

如何计算并联电容器集中补偿容量？如果补偿前的最大有功负荷为 P（kW）时功率因数为 $\cos\Phi_1$，现要求经过补偿提高到 $\cos\Phi_2$，则每千瓦有功负荷所需的无功补偿容量 $Q_c = P\left(\sqrt{1/\cos^2\Phi_1 - 1} - \sqrt{1/\cos^2\Phi_2 - 1}\right)$（kvar），代入不同的 $\cos\Phi_1$ 和 $\cos\Phi_2$，计算结果如表 9-3 所示。

无功补偿容量计算系数表（kvar/kW）　　　　　　表 9-3

补偿前功率因数 $\cos\Phi_1$	补偿后功率因数 $\cos\Phi_2$			
	0.85	0.90	0.92	0.95
0.56	0.860	0.995	1.053	1.151
0.58	0.785	0.920	0.979	1.076
0.60	0.713	0.849	0.907	1.004
0.62	0.646	0.782	0.839	0.937
0.64	0.581	0.717	0.775	0.872
0.66	0.518	0.654	0.712	0.809
0.68	0.458	0.594	0.652	0.749
0.70	0.400	0.536	0.594	0.691
0.72	0.344	0.480	0.538	0.635
0.74	0.289	0.425	0.483	0.580
0.76	0.235	0.371	0.429	0.526
0.78	0.182	0.318	0.376	0.473
0.80	0.130	0.266	0.324	0.421
0.82	0.078	0.214	0.272	0.369
0.84	0.026	0.162	0.220	0.317
0.86	—	0.109	0.167	0.264
0.88	—	0.056	0.114	0.211
0.90	—	—	0.058	0.155

通过查表（或计算）得到每千瓦有功负荷所需的无功补偿容量后，再乘以最大有功负荷 P（kW），便可得到需要增加的无功补偿总容量。例如：补偿前的功率因数 $\cos\Phi_1$ 为 0.78，补偿后的功率因数 $\cos\Phi_2$ 为 0.95，通过查表 9-3 可知，每千瓦无功补偿的容量为 0.473kvar。设变压器容量为 S，若变压器负载率为 80% 时，则有功功率为 $P = \cos\Phi_1 \times 80\% \times S = 0.78 \times 80\% \times S = 0.624S$，所以 $Q_c = 0.473 \times P = 0.473 \times 0.624S = 0.295S$。同样的方法，基本可得出：当变压器负载率在 80%，补偿后的功率因数 $\cos\Phi_2$ 为 0.95 时，电容补偿容量约为变压器容

量的 30%。因此，在计算变电所电容补偿容量时，一般可按变压器容量的 30% 进行估算。

6 电线电缆型式试验报告的时效性和覆盖性问题

很多项目在电线电缆进场时，由于生产厂家提供的型式试验报告是多年前（如：5 年前）做的或厂家没有该项目采用的相应规格型号的电线电缆的型式试验报告。针对这个问题，相关方产生了很大分歧，甚至影响了工程进度。

国家电线电缆质量监督检验中心的国缆文字〔2017〕0009 号对这个问题进行了明确说明，全文如下：

关于电线电缆型式试验报告时效性和覆盖性的说明

相关单位：

近期，有单位向我中心咨询电线电缆型式试验报告的时效性和覆盖性，现综合电线电缆产品标准、《电线电缆产品生产许可证实施细则》的规定说明如下：

（1）许多电线电缆产品标准给出了"型式试验"的定义，如 GB/T 5023.1—2008《额定电压 450/750V 及以下聚氯乙烯绝缘电缆 第 1 部分：一般要求》、GB/T 9330.1—2008《塑料绝缘控制电缆 第 1 部分：一般规定》（编者注：该标准已更新为 GB/T 9330—2020）、GB/T 12706.1—2008《额定电压 1kV（$U_m=$ 1.2kV）到 35kV（$U_m=40.5kV$）挤包绝缘电力电缆及附件 第 1 部分：额定电压 1kV（$U_m=1.2kV$）和 3kV（$U_m=3.6kV$）电缆》（编者注：该标准已更新为 GB 12706.1—2020）等。虽然不同标准给出的"型式试验"定义略有差异，但基本概念是一致的：型式试验是在供货前进行的试验，以证明电线电缆产品具有满足使用条件的性能。型式试验的本质是一旦进行这些试验后，不必重复进行，如果改变电缆材料、制造工艺或设计等会影响电缆的性能时，则必须重复进行型式试验。

（2）绝大多数电线电缆产品标准没有规定型式试验报告的覆盖性，但有些产品标准规定了覆盖性，如 GB/T 11017.1—2014《额定电压 110kV（$U_m=$ 126kV）交联聚乙烯绝缘电力电缆及附件 第 1 部分：试验方法和要求》规定：对具有特定截面以及相同额定电压和结构的一种或一种以上电缆的型式试验通过后，如果满足规定的所有条件，则该型式试验认可对本标准范围内其他导体截面、额定电压和结构的电缆亦应认可有效。规定的条件包括电压等级不高于已试电缆的电压等级、导体截面积不大于已试电缆的导体截面积等，详细规定参见 GB/T 11017.1—2014 标准。

（3）《电线电缆产品生产许可证实施细则》（2013-05-01 实施）（编者注：该细则最新版本已于 2018-12-01 实施，下同）的 5.6 条对不同产品单元规定了不同的代表样品，主要抽样原则是"技术含量高的、材料复杂的可以覆盖技术含量低的、材料简单的"。如控制电缆代表样品的要求为结构复杂的可代表结构简单的，芯数多的可代表芯数少的，铠装结构可覆盖非铠装结构，屏蔽结构可覆盖非屏蔽结构，铠装结构与屏蔽结构不能相互替代。阻燃型产品可以覆盖非阻燃型产品，高等级阻燃型产品可以覆盖低等级阻燃型产品，无卤低烟阻燃型产品可以覆盖阻燃型产品等；电力电缆代表样品的要求为芯数至少一组为最多芯数，截面积至少一组接近最大申请截面，结构复杂的可代表结构简单的，电压等级高的可代表电压等级低的，铠装结构可覆盖非铠装结构等，对内护层材料未作规定；架空绝缘电缆代表样品的要求为结构复杂的可代表结构简单的，交联聚乙烯绝缘材料可覆盖聚乙烯、聚氯乙烯绝缘材料，铝合金导体可覆盖铝导体等，详细规定参见《电线电缆产品生产许可证实施细则》(2013-05-01 实施)。

（4）《电线电缆产品生产许可证实施细则》(2016-10-30 实施) 的第 15 条规定了架空绞线、塑料绝缘控制电缆、挤包绝缘低压电力电缆、挤包绝缘中压电力电缆、架空绝缘电缆五个发证产品单元的代表样品抽样原则："技术含量高的覆盖技术含量低的，高电压等级覆盖低电压等级，大规格覆盖小规格"。每个产品单元按覆盖原则只需抽取 1 件代表样品，就能覆盖申请的产品范围。细则表 4 规定了代表样品的抽取方法，例如：挤包绝缘中、低压电力电缆代表样品的要求为电压等级为申请的最高电压等级，标称截面积比申请的最大标称截面积最多降低 2 个规格档，样品依据绝缘材料类型［聚氯乙烯绝缘、交联聚乙烯绝缘、乙丙橡胶/硬乙丙橡胶绝缘、交联聚乙烯绝缘（无卤低烟阻燃型电缆）］从后往前覆盖，对导体材料、内护层材料和电缆芯数未作规定，如挤包绝缘中压电力电缆 YJV$_{22}$ 和 YJY$_{22}$，两者内护层材料不一样，可任意抽取一种；架空绝缘电缆代表样品的要求为标称截面积比申请的最大标称截面积最多降低 2 个规格档，样品依据电压等级 1 kV、10kV 从后往前覆盖，对导体材料、内外护层材料和电缆芯数未作规定，如铜芯导体和铝芯导体的架空绝缘导线，可任意抽取一种。详细规定参见《电线电缆产品生产许可证实施细则》(2016-10-30 实施)。

型式试验报告的时效性和覆盖性是否满足要求，相关单位可对照以上说明检查。

7 电线电缆现场抽样检测与见证取样检验问题

2017 年被通报的西安地铁 3 号线"问题电缆"引起社会普遍关注，总计 4000 多万元的电缆，有四分之三不合格。据介绍是电缆厂以次充好，将 70mm² 的电缆用 95mm² 型号进行包装提供给施工方，给地铁运行留下安全隐患。如何杜绝不合格的电缆在工程上使用是电气技术人员必须关注的问题，做好电线电缆现场抽样检测和见证取样送检是非常重要的工作。

（1）现场抽样检测

①核查资料

核查到场的电线、电缆的合格证、检验报告，其标称截面积应符合设计要求，其导体电阻应符合现行国家标准《电缆的导体》GB/T 3956 的有关规定。

②采用直流低电阻测试仪进行抽测，并与现行国家标准《电缆的导体》GB/T 3956 规定的最大值进行对比。

（2）见证取样送检

对到场的电线、电缆的导体电阻进行见证取样检验。数量一般按《建筑节能工程施工质量验收标准》GB 50411—2019 第 12.2.3 规定的执行：同厂家各种规格总数的 10%，且不少于 2 个规格。

见证取样检验应在国家认可的检测机构实验室进行，由检测机构出具检验报告。

（3）当对电线、电缆质量有异议时，应送国家认可的检测机构进行检测。依据《建筑电气工程施工质量验收规范》GB 50303—2015 第 3.2.5 条规定，以下三种情况可视为对质量有异议。

① 现场检测到场的 6mm² 及以下的电线、电缆直径，其值小于封样产品的直径最小值或高于 GB/T 3956—2008 规定的最大值。

【据专业人士介绍，当实测电线、电缆直径小于通过其标称截面计算出的直径的 96% 时，通常电阻值难以满足要求】

②现场检测到场的 10mm² 及以上的电线、电缆直径，其值低于 GB/T 3956—2008 规定最小值或高于最大值。

③采用直流低电阻测试仪测得的电阻值超出《电缆的导体》GB/T 3956—2008 规定的最大值较多。

当现场检测数值符合以上情况，送国家认可的检测机构进行检测之前，应要求施工单位或厂家再次进行检测，仍不能达成一致意见时，应送国家认可的检测机构进行检测。

（4）现场抽样检测和见证取样检验均合格的电线、电缆才能在工程上使用。

8　照明灯具见证取样复验技术参数问题

《建筑节能与可再生能源利用通用规范》GB 55015—2021 第 6.3.2 条对照明光源、照明灯具及其附属装置进场复验作出了规定，具体如下：

6.3.2　配电与照明节能工程采用的材料、构件和设备施工进场复验应包括下列内容：

1 照明光源初始光效；

2 照明灯具镇流器能效值；

3 照明灯具效率或灯具能效；

4 照明设备功率、功率因数和谐波含量值；

5 电线、电缆导体电阻值。

在《建筑节能与可再生能源利用通用规范》GB 55015—2021 实施前，《建筑节能工程施工质量验收标准》GB 50411—2019 也要求对照明光源、照明灯具及其附属装置进场复验，具体如下：

12.2.2　配电与照明节能工程使用的照明光源、照明灯具及其附属装置等进场时，应对其下列性能进行复验，复验应为见证取样检验：

1 照明光源初始光效；

2 照明灯具镇流器能效值；

3 照明灯具效率；

4 照明设备功率、功率因数和谐波含量值。

在《建筑节能与可再生能源利用通用规范》GB 55015—2021 第 6.3.2 条的条文说明中提到：本条对传统灯具进场复验技术指标参数进行了规定。

按照《建筑节能工程施工质量验收规范》GB 50411—2019 第 12.2.2 条的条文说明指出：传统灯具不包括 LED 灯具。LED 灯的检验项目为灯具效能、功率、功率因数、色度参数（含色温、显色指数）。

经咨询《建筑节能与可再生能源利用通用规范》GB 55015—2021 参编人员，LED 灯也在复验范围之内，所有灯具的复验技术参数均按正文执行。

灯具光源初始光效、镇流器能效值、灯具能效、灯具谐波含量值等技术参数可参考第十章中的相应内容。

9　接地故障回路阻抗包括哪些部分的问题

《建筑电气工程施工质量验收规范》GB 50303—2015 第 5.1.8 条规定：低压成套配电柜和配电箱（盘）内末端用电回路中，所设过电流保护电器兼作故障防护时，应在回路末端测量接地故障回路阻抗……

接地故障回路阻抗都应包括哪些部分？《低压配电设计规范》GB 50054—2011 第 5.2.8 条的条文说明中明确指出：接地故障回路的阻抗包括电源、电源至故障点之间的带电导体以及故障点至电源之间的保护导体的阻抗在内的阻抗，通常是指变压器阻抗和自变压器至接地故障处相导体和保护导体或保护接地中性导体的阻抗。因 TN 系统故障电流大，故障点一般被熔焊，故障点阻抗可忽略不计。

所以，当从末级配电箱的配电回路末端进行测试时，所测得的回路阻抗不仅是配电箱至回路末端的阻抗，还包括此配电箱至变压器之间的配电干线和变压器二次绕组的阻抗。

10 对接地故障回路阻抗的要求是否也属于防电击措施问题

《低压配电设计规范》GB 50054—2011 对接地故障回路阻抗的标准提出了要求，其第 5.2 节 "间接接触防护的自动切断电源的防护措施" 第 5.2.8 条规定：TN 系统中配电线路的间接接触防护电器的动作特性，应符合式（9-1）的要求。

$$Z_s \cdot I_a \leqslant U_0 \tag{9-1}$$

式中　Z_s——接地故障回路的阻抗，Ω；

　　　I_a——保证间接接触保护电器在规定时间内切断故障回路的动作电流，A；

　　　U_0——相导体对地标称电压，V。

将式（9-1）进行转换即为接地故障回路阻抗理论上应满足的标准：

$$Z_s \leqslant U_0 / I_a \tag{9-2}$$

接地故障回路阻抗应满足式（9-2）的要求，理应属于防电击措施。接地故障示意如图 9-2 所示。

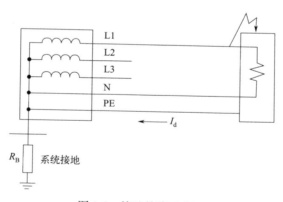

图 9-2　接地故障示意图

当发生如图 9-2 所示的相线碰设备外壳接地故障时，故障电流 I_d 将从相线 L1 通过接地故障点、设备外壳、PE 线返回电源。当接地回路阻抗较大，不能满足式（9-2）的要求时，回路的过电流保护电器不能或不能及时跳闸时，设备外壳将可能存在危险电位。当相线 L1 与 PE 线截面相等时，两者将均分 220V 电压，使设备外壳呈现约 110V 电压。如果此时人触及设备外壳，将可能遭受电击伤害。因此 GB 50054—2011 第 5.2.8 条所提出的对接地故障回路阻抗的要求也是防电击措施。

11　关于 I_a 的取值问题

《建筑电气工程施工质量验收规范》GB 50303—2015 第 5.1.8 条规定：低压成套配电柜和配电箱（盘）内末端用电回路中，所设过电流保护电器兼作故障防护时，应在回路末端测量接地故障回路阻抗，且回路阻抗应满足式(9-3)要求：

$$Z_s(m) \leqslant \frac{2}{3} \times \frac{U_0}{I_a} \qquad (9-3)$$

I_a 的含义：保护电器在规定时间内切断故障回路的动作电流。也就是说 I_a 是发生接地故障时，回路中产生的使保护电器动作的最小电流。以断路器为例，I_a 应为瞬动电流，不应为额定电流 I_n，瞬动电流一般取 $10I_n$。当断路器额定电流 I_n 为 16A，则瞬动电流 I_a 为 160A。但瞬动电流 I_a 与额定电流 I_n 之间的比例关系应依据具体配电回路所带负荷的性质进行确定。国家标准《电气附件 家用及类似场所用过电流保护断路器 第 1 部分：用于交流的断路器》GB/T 10963.1—2020/IEC 60898-1：2015 按脱扣形式给出了瞬动脱扣范围，明确了瞬动电流 I_a 与额定电流 I_n 的关系，如表 9-4 所示。

瞬动脱扣范围　　　　　　　　　　　　　　　　　表 9-4

脱扣形式	脱扣范围
B	$>3I_n \sim 5I_n$（含 $5I_n$）
C	$>5I_n \sim 10I_n$（含 $10I_n$）
D	$>10I_n \sim 20I_n$（含 $20I_n$，对特定场合也可使用至 $50I_n$ 的值）

12　实测接地故障回路阻抗应满足的要求问题

由 GB 50054—2011 第 5.2.8 条的规定可知接地故障回路阻抗应满足 $Z_s \leqslant U_0/I_a$ 的要求。所以，理论上讲，只要接地故障回路阻抗不大于 U_0/I_a 就是符合要求的。但为了保证发生接地故障时防护电器的灵敏度，《低压配电设计规范》GB 50054—2011 第 6.2.4 条规定：当短路保护电器为断路器时，被保护线路末端的短路电流不应小于断路器瞬时或短延时过电流脱扣器整定值的 1.3 倍。条文说明中的解释：按照《低压开关设备和控制设备 第 2 部分：断路器》GB/T 14048.2—2020 的规定，断路器的制造误差为 ±20%，再加上计算误差、电网电压偏差等因素，故规定被保护线路末端的短路电流不应小于断路器瞬时或短延时过电流脱扣器整定电流的 1.3 倍。按前述此时接地故障回路阻抗应满足：

$$Z_s \leqslant U_0 / 1.3 I_a \leqslant 0.769 U_0 / I_a \tag{9-4}$$

《低压电气装置 第 6 部分：检验》GB/T 16895.23—2020/IEC 60364-6：2016 第 6.4.3.7.3 条规定：所测得的故障回路阻抗值 Z_s（m）应满足下式要求：

$$Z_s(m) \leqslant \frac{2}{3} \times \frac{U_0}{I_a} \leqslant 0.667 U_0 / I_a \tag{9-5}$$

式（9-5）中考虑了 2/3 系数的原因是：由于测量是在室温下采用小电流进行，而故障时电流很大，导体温度大幅上升，故障回路电阻随温度的升高而增大。因此，检测时的合格值应适当减小，《低压电气装置 第 6 部分：检验》GB/T 16895.23—2020/IEC 60364-6：2016 取了 2/3 的降低系数。

由此可见，为了保证发生接地故障时防护电器的灵敏度，式（9-4）和式（9-5）对接地故障回路阻抗都考虑了降低系数，但考虑的因素完全不一样，一个是更多地从产品制造误差上考虑，一个是从发生接地故障时大电流致使电阻增大的角度考虑。由于式（9-5）考虑了更小的降低系数，且《低压电气装置 第 6 部分：检验》GB/T 16895.23—2020/IEC 60364-6：2016 又是专项的检测标准，因此执行式（9-5）更可靠一些。

13 接地故障回路阻抗实测值不满足要求如何处理问题

如果接地故障回路阻抗实测值大于按式 $Z_s(m) \leqslant \frac{2}{3} \times \frac{U_0}{I_a}$ 计算所得值 Z_s（m）时，应采取相应的措施。根据国家标准的规定，通常有两种处理方式。

（1）设置辅助等电位联结

《低压电气装置 第 6 部分：检验》GB/T 16895.23—2020/IEC 60364-6：2016 第 6.4.3.7.3 条规定：如所测接地故障回路阻抗不满足要求时，应设置辅助等电位联结。《低压配电设计规范》GB 50054—2011 第 5.2.5 条规定：当电气装置或电气装置某一部分发生接地故障后间接接触防护的保护电器不能满足自动切断电源的要求时，尚应在局部范围内做局部等电位联结或辅助等电位联结。

设置辅助等电位联结，目的是降低接触电压，使人免受电击致死的伤害。

（2）采用剩余电流动作保护电器

《低压配电设计规范》GB 50054—2011 第 5.2.13 条还规定了一种处理措施：TN 系统中，配电线路采用过电流保护电器兼作间接接触防护电器时，其动作特性应符合本规范第 5.2.8 条的规定；当不符合规定时，应采用剩余电流动作保护电器。笔者认为此种措施原则上是可行的，但要考虑末级配电箱内保护电器一般均为模块化安装，由于有的剩余电流动作保护器占用空间要大于微型断路器，因此，不能直接进行替换，这是我们应该注意的。同时还必须关注，此时装设的剩余电流动作保护器应是作为基本保护和（或）故障保护失效时的附加保护措施，其原有的保护措施不能取消。

另外，笔者认为还有两种方式在某些情况下可以考虑采用，下面进行一些简单分析。

①适当降低保护电器额定电流 I_n 等级。有的照明回路的保护电器采用额定电流 I_n 为 16A 的微型断路器，而所带负荷并不大，额定电流 I_n 为 10A 的微型断路器也可以满足要求。在这种情况下，可将额定电流 I_n 为 16A 的微型断路器更换为额定电流 I_n 为 10A 的微型断路器。由式 $Z_s(\mathrm{m}) \leqslant \frac{2}{3} \times \frac{U_0}{I_a}$ 可知，将会使阻抗计算值提高到原计算值的 1.6 倍。所以，当接地故障回路阻抗实测值与式 $Z_s(\mathrm{m}) \leqslant \frac{2}{3} \times \frac{U_0}{I_a}$ 的计算值差距不大时，可采用降低微型断路器额定电流 I_n 等级的方式，而且额定电流 I_n 为 16A 的微型断路器与额定电流 I_n 为 10A 的微型断路器所占空间相同，可以直接替换。

②适当降低断路器瞬动电流整定值。一般断路器瞬动电流整定值取 $10I_n$，如果接地故障回路阻抗实测值 Z（m）大于按式 $Z_s(\mathrm{m}) \leqslant \frac{2}{3} \times \frac{U_0}{I_a}$ 计算所得值且超出不多，可考虑将断路器瞬动整定值降低，如取 $5I_n$，可提高式 $Z_s(\mathrm{m}) \leqslant \frac{2}{3} \times \frac{U_0}{I_a}$ 的计算值，从而满足要求。

14 由接地故障回路阻抗测量引出的有关问题（线路长度问题、导线接头连接电阻问题、感抗问题、照明回路均采用 C 型断路器是否适当、接地故障电流对绝缘的影响、发生 L-N 短路时 C 型断路器的灵敏度情况）

《建筑电气工程施工质量验收规范》GB 50303—2015 第 5.1.8 条规定：低压成套配电柜和配电箱（盘）内末端用电回路中，所设过电流保护电器兼作故障防护时，应在回路末端测量接地故障回路阻抗，且回路阻抗应满足式(9-6)要求：

$$Z_s(\mathrm{m}) \leqslant \frac{2}{3} \times \frac{U_0}{I_a} \tag{9-6}$$

式中 Z_s（m）——实测接地故障回路阻抗，Ω；

U_0——相导体对接地的中性导体的电压，V；

I_a——保护电器在规定时间内切断故障回路的动作电流，A。

这样规定的目的，在条文说明中已作了解释：如果 TN 系统接地故障回路阻抗过大，则会造成该回路故障电流过小，而导致过电流保护电器不能动作或不能及时动作，将可能发生电击伤害。

　　针对以上规定，某办公类群体建筑，从多个楼办公室照明回路末端进行了接地故障回路阻抗测量，将照明回路末端的 L、N、PE 与测试仪表进行连接，测试示意如图 9-3 所示。

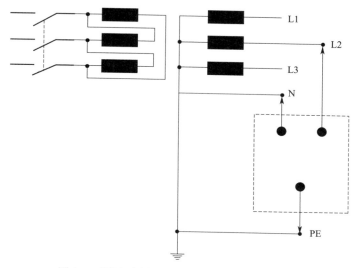

图 9-3　测试示意图（图中虚线框为测试仪表）

　　多个办公楼只在一端设有强电竖井，内设配电柜，由配电柜向各办公室送电，多数为 2～3 间办公室的照明为一个回路，均采用 2.5mm² 铜导线在金属槽盒和金属导管内敷设。接地故障阻抗等实测数据如表 9-5 所示。

接地故障阻抗等实测数据　　　　　　　　　　　　　　表 9-5

回路	楼号	层数	房间	断路器规格	I_a 值 (A)	Z_s(m)/L-PE阻抗(Ω)	L-N阻抗(Ω)	电压(V)	$\frac{2}{3}\times\frac{U_0}{I_a}$ 计算值 (Ω)	$Z_s(m) \leqslant \frac{2}{3}\times\frac{U_0}{I_a}$ 是否符合要求
1	1	F2	001	C16	160	0.76	0.51	228	0.95	符合
2	1	F2	003	C16	160	1.45	1.38	226	0.942	不符合
3	1	F2	008	C16	160	1.58	1.07	226	0.942	不符合
4	2	F2	002	C16	160	0.81	0.60	228	0.95	符合
5	2	F2	008	C16	160	1.62	1.31	225	0.940	不符合
6	2	F2	010	C16	160	1.83	1.40	225	0.940	不符合
7	3	F2	茶水间	C16	160	1.83	1.54	226	0.942	不符合

回路	楼号	层数	房间	断路器规格	I_a值(A)	Z_s(m)/L-PE阻抗(Ω)	L-N阻抗(Ω)	电压(V)	$\frac{2}{3} \times \frac{U_0}{I_a}$ 计算值(Ω)	$Z_s(m) \leqslant \frac{2}{3} \times \frac{U_0}{I_a}$ 是否符合要求
8	3	F2	001	C16	160	1.33	1.03	226	0.942	不符合
9	3	F2	010	C16	160	1.18	0.7	229	0.954	不符合
10	3	F2	025	C16	160	0.79	0.35	229	0.954	符合
11	4	F2	001	C16	160	1.78	1.42	225	0.940	不符合
12	4	F2	032	C16	160	1.69	1.33	225	0.940	不符合
13	4	F2	009	C16	160	1.89	1.08	225	0.940	不符合
14	4	F2	010	C16	160	1.51	0.95	226	0.942	不符合
15	4	F2	026	C16	160	0.55	0.49	226	0.942	符合
16	4	F2	020	C16	160	0.54	0.41	226	0.942	符合
17	4	F2	018	C16	160	0.82	0.55	226	0.942	符合
18	5	F2	030	C16	160	1.8	0.89	229	0.954	不符合
19	5	F2	037	C16	160	1.35	0.72	229	0.954	不符合
20	5	F2	043	C16	160	0.79	0.46	229	0.954	符合
21	5	F2	007	C16	160	0.57	0.30	229	0.954	符合
22	2	F2	在强电竖井配电柜内C16微型断路器下口测试,L-PE回路阻抗为0.18Ω,L-N回路阻抗为0.15Ω						

从表9-5数据可以看出,5个楼抽测的21个回路中有13个实测接地故障回路阻抗较大,不能满足规范要求。回路22是从配电柜内C16微型断路器下口进行的测试,L-PE、L-N回路阻抗分别为0.18Ω、0.15Ω,说明干线部分的阻抗很小,分支部分的阻抗占很大比例。根据以上测试情况,下面对相关问题进行探讨。

(1)线路长度问题

通常认为线路长度是对回路阻抗有重要影响的因素,表9-6是某资料提供的采用C型断路器保护的线路最大长度。

采用C型断路器保护的线路最大长度(单位:m)　　　　表9-6

断路器额定电流(A)	铜导线截面积(mm²)								
	1.5	2.5	4	6	10	16	25	35	50
6	100	167	267	400	667				
10	60	100	160	240	400	640			
16	37	62	100	150	250	400	625	875	
20	30	50	80	120	200	320	500	700	

断路器额定	铜导线截面积(mm²)								
电流(A)	1.5	2.5	4	6	10	16	25	35	50
25	24	40	64	96	160	256	400	560	760
32	18	31	50	75	125	202	313	438	594
40	15	25	40	60	100	160	250	350	475
50	12	20	32	48	80	128	200	280	380
63	9.5	16	26	38	64	102	159	222	302
80	7.5	12.5	20	30	50	80	125	175	238
100	6	10	16	24	40	64	100	140	190
125	5	8	13	19	32	51	80	112	152

从表 9-6 可以看出，采用 C16 断路器，导线为 $2.5mm^2$ 铜线时，最大长度为 62m。由于多个办公楼有的只在一端设有强电竖井，配电柜至最远的房间已超过 80m，到最末一个灯具距离更远。现场找了一个离强电竖井较近的房间，大家估算了一下线路长度也只有 20 多米，最多不超过 30m。但将此回路的 L 和 PE 在一端连接在一起，在另一端测量直流电阻，再将直流电阻值折成每米，达到了 46m。因此，线路长度较长确实是回路阻抗较大的重要因素。

（2）导线接头连接电阻问题

导线接头连接电阻过大是不是导致回路阻抗较大的因素呢？按 GB 50303—2015 要求，导线连接应采用导线连接器或缠绕涮锡方式，本工程各楼导线连接均采用缠绕涮锡方式。为验证导线接头对回路阻抗的影响，在施工现场将一段 $2.5mm^2$ 铜导线中间做了 10 个接头，10 个接头采用了导线连接器和缠绕涮锡两类连接方式，并采用了不同厂家的导线连接器和采用了 3 种不同助焊剂缠绕涮锡方式。在导线的两端测试直流电阻，如表 9-7 所示。

$2.5mm^2$ 铜导线及 10 个接头直流电阻测试值　　表 9-7

序号	连接方式	助焊剂	长度(m)	实测直流电阻(mΩ)	折成每米直流电阻值(mΩ/m)	最大直流值(20℃)(mΩ/m)	最大直流电阻值与实测直流电阻之差(mΩ/m)	每个接头电阻值(mΩ)
1	导线连接器 1	—	2.86	23.77	8.31	7.41	0.9	0.09
2	导线连接器 2	—	2.86	24.30	8.49	7.41	1.08	0.108
3	缠绕涮锡	氧化锌	0.8	7.69	9.95	7.41	2.54	0.254
4	缠绕涮锡	焊锡膏	1.85	14.66	7.92	7.41	0.51	0.051
5	缠绕涮锡	松香液	1.52	12.95	8.51	7.41	1.1	0.011

注：导线连接器 1 和导线连接器 2 为不同公司产品；7.41mΩ 是导线现行制造标准《电缆的导体》GB/T 3956—2008/IEC 60228：2004 中表 2 单芯和多芯电缆第 1 种实心导体的规定。

从表 9-7 最后一列可以看出，每个 $2.5mm^2$ 铜导线接头的电阻值分别为

0.09mΩ、0.108mΩ、0.254mΩ、0.051mΩ、0.011mΩ。《低压电气装置 第6部分：检验》GB/T 16895.23—2020/IEC 60364-6：2016 附录 D/D.6.4.2 检查/D.6.4.2.3/k）规定：

这项检验的目的是核查导体连接采取的夹紧措施是否适当，以及连接是否正确。

在有疑虑时，建议测量一下连接的电阻，这个电阻不宜大于长为 1m，截面积等于所连接的最小导体截面积的导体电阻值。

从表 9-7 第 6 列可以看出，20℃时，2.5mm² 铜导线最大直流值为 7.41mΩ/m，也就是说每个导线接头电阻不大于 7.41mΩ 即是符合要求的。从上面每个 2.5mm² 铜导线接头的电阻值来说，均远小于 7.41mΩ。因此，接头无论采用导线连接器还是缠绕涮锡方式，其连接电阻值均是很小的，也就是说对回路阻抗的影响很小，可忽略。

（3）感抗问题

回路阻抗较大，也应有感抗的因素。当相线与 N 线、PE 线在金属线槽和金属导管内相对位置在一起，回路感抗应很小。但在配电柜内相线与 N 线、PE 线分开，相对位置距离较大，感抗也会大一些。另外，照明回路进入房间后，相线与 N 线、PE 线分开，相线要先接到开关再接到灯具，相线长度相对于 N 线、PE 线增加了，而且由于相对位置的原因，回路的感抗同样会增加。

以上两个客观存在的情况产生的感抗，均会使回路的阻抗增加，而且从测试数据看，有很多回路的阻抗比根据长度估算值大很多，极有可能就是感抗造成的。

在王厚余编著的《建筑物电气装置 600 问》中介绍，国外曾做过这样的试验：在单相三芯电缆外 300mm 处敷设一材质、截面积和长度均相同的第二根保护接地线，人为模拟碰外壳接地故障，用仪表测量接地故障电流，发现大于 90% 的故障电流通过电缆内的 PE 线，只有不到 10% 的故障电流通过相距 300mm 的第二根保护接地线。以上试验可以说明，相线与 PE 线在一起敷设感抗很小，而拉开距离后感抗将会增大，拉开的距离越大，感抗增加越多。

（4）照明回路均采用 C 型断路器是否适当

目前，电气设计图纸一般照明回路多采用 2.5mm² 铜导线，并设置 C16 微型断路器进行保护。当发生相线碰外壳接地故障时，需要 C16 断路器瞬动切断电源。根据制造标准《电气附件 家用及类似场所用过电流保护断路器 第 1 部分：用于交流的断路器》GB/T 10963.1—2020/IEC 60898-1：2015 的规定，按脱扣形式给出了瞬动脱扣范围，明确了瞬动电流 I_a 与额定电流 I_n 的关系，如表 9-4 所示。

从表 9-4 可以看出，要想使 C16 断路器可靠瞬动，接地故障回路电流需达到 160A（$10I_n$）及以上。依据《建筑电气工程施工质量验收规范》GB 50303—2015 式(5.1.8) 计算，当电压为 220V 时，回路阻抗不能大于 0.92Ω。从表 9-5 可知，不符合要求的回路阻抗有的远大于 0.92Ω。

如果选择 B 型断路器，如 B16，则要想使 B16 断路器可靠瞬动，接地故障回路电流只需达到 80A（5In）及以上。依据 GB 50303—2015 式（5.1.8）计算，当电压为 220V 时，回路阻抗不能大于 1.83Ω，表 9-5 中的回路除第 13 回路外，回路阻抗均能符合要求。即使不满足要求的第 13 回路，回路阻抗为 1.89Ω，也很接近 1.83Ω。

选用 B 型断路器相对于 C 型断路器，瞬动灵敏度提高了一倍。建议在照明回路较长的情况下，可考虑选用 B 型断路器。当 B 型断路器灵敏度仍然不能满足要求的情况下，还可考虑降低其额定电流值（I_n）。

但有一点需要注意：当照明回路采用 LED 灯时，由于瞬时启动的最大峰值电流可为其额定电流的数倍，甚至十几倍，有可能出现回路保护开关跳闸的情况。此时，应具体情况具体分析，采取适当措施，如逐个或分组开灯。

（5）接地故障电流对绝缘的影响

当发生接地故障时，可能因回路阻抗较大，电流较小，致使断路器不能及时跳闸。《电气附件 家用及类似场所用途过电流保护断路器 第 1 部分：用于交流的断路器》GB 10963.1—2020/IEC 60898-1：2015 给出了时间-电流动作特性，如表 9-8 所示。

时间-电流动作特性 表 9-8

试验	型式	试验电流	起始状态	脱扣或不脱扣时间极限	预期结果	附注
a	B，C，D	$1.13I_n$	冷态	$T \leq 1h$（对 $I_n \leq 63A$） $T \leq 2h$（对 $I_n > 63A$）	不脱扣	
b	B，C，D	$1.45I_n$	紧接着试验	$t < 1h$（对 $I_n \leq 63A$） $t < 2h$（对 $I_n > 63A$）	脱扣	电流在 5s 内稳定地增加
c	B，C，D	$2.25I_n$	冷态	$1s < t < 60s$（对 $I_n \leq 32A$） $1s < t < 120s$（对 $I_n > 32A$）	脱扣	
d	B C D	$3I_n$ $5I_n$ $10I_n$	冷态	$T \leq 0.1s$	不脱扣	通过闭合辅助开关接通电流
e	B C D	$5I_n$ $10I_n$ $20I_n$	冷态	$t < 0.1s$	脱扣	通过闭合辅助开关接通电流

由表 9-8 可知，当选用 C 型断路器，回路故障电流在 $5I_n \sim 10I_n$，断路器不一定能及时跳闸，但此时线路已处于过载状态。线路过载会导致线芯温度升高，根据"8℃ 规则"（即温度每上升 8℃，绝缘材料的寿命就会下降一半），有资料介绍在火灾模拟试验中，当电流达到 $3I_e$（I_e 为导线载流量）时，在很短的时间内，线芯温度上升得很快，导线上的绝缘材料在温度作用下，发软、发黏、失去弹性，出现龟裂变形，继而脱落，导线绝缘强度明显下降，导致短路，而短路时

的温度可达 2000～3000℃，极易使导线、电缆周围易燃物达到燃点而燃烧，从而发生火灾。因此，对类似于照明这样的回路，尤其是线路较长的情况下，为防止接地故障、短路引发火灾，采用灵敏度更高的 B 型断路器或剩余电流保护器（RCD）应是一个较好的选择。

（6）发生 L-N 短路时 C 型断路器的灵敏度情况

《低压配电设计规范》GB 50054—2011 第 6.2.4 条规定：当短路保护电器为断路器时，被保护线路末端的短路电流不应小于断路器瞬时或短延时过电流脱扣器整定电流的 1.3 倍。由表 9-5 可知，有 13 个回路的 L-PE 阻抗过大，不能满足规范要求。从表 9-5 还可看出，这 13 个回路的 L-N 阻抗也是比较大的，并可计算出这 13 个回路的 L-N 短路电流，如表 9-9 所示。

L-N 短路电流 表 9-9

回路	L-N 阻抗（Ω）	电压（V）	L-N 短路电流（A）	C16 断路器瞬动电流/I_a 值(A)	1.3I_a 值（A）
2	1.38	226	164	160	208
3	1.07	226	211	160	208
5	1.31	225	172	160	208
6	1.40	225	161	160	208
7	1.54	226	147	160	208
8	1.03	226	219	160	208
9	0.7	229	327	160	208
11	1.42	225	158	160	208
12	1.33	225	169	160	208
13	1.08	225	208	160	208
14	0.95	226	238	160	208
18	0.89	229	257	160	208
19	0.72	229	249	160	208

注：回路号与表 9-5 中回路号一致。

从表 9-9 可看出，回路 3、8、9、13、14、18、19 的 L-N 阻抗比较小，这 7 个回路在 L-N 短路时最小电流为 208A，1.3 倍 C16 断路器瞬动电流值也为 208A，符合《低压配电设计规范》GB 50054—2011 第 6.2.4 条的规定；而其他 6 个回路（2、5、6、7、11、12）的 L-N 短路电流均小于 208A，不能满足规范规定的短路保护要求。如果将 C16 断路器改为 B16 断路器，1.3 倍 B16 断路器瞬动电流值为 104A，这 6 个回路（2、5、6、7、11、12）的 L-N 短路电流分别为 164A、172A、161A、147A、158A、169A，均能满足规范规定的短路保护要求。

通过照明回路阻抗测量，反映出一些回路阻抗过大，一旦发生接地故障或短路，断路器不能跳闸或不能及时跳闸，将可能产生电击伤人、电气火灾等危害。

从以上测量、分析可知，接地故障阻抗及 L-N 回路阻抗过大的照明回路，往往是由于线路过长造成的，还有不可忽视的感抗因素。当从图纸上估算的线路长度能够满足 C 型断路器灵敏度要求，但在施工过程中由于综合管线的排布等因素，实际线路长度与估算长度有较大差别，致使部分回路不能满足 C 型断路器灵敏度要求，而且施工后的线路也难以进行更改。因此，控制线路长度是要考虑的重要因素，而且要充分综合施工情况进行考虑。当估算长度难以满足 C 型断路器灵敏度要求时，建议考虑采用 B 型断路器或剩余电流保护器（RCD）。另外，为减少感抗对回路阻抗的影响，线路的相线要尽量与 N 线、PE 线一起敷设。

15 TN 系统给手持式和移动式设备供电的线路所安装 RCD 的动作时间是否可以大于 0.1s 的问题

《民用建筑电气设计标准》GB 51348—2019 第 7.7.6 条规定：对于交流配电系统中不超过 32A 的终端回路，其故障防护最长的切断电源时间不应大于表 7.7.6（本书表 9-10）的规定。

故障防护最长的切断电源时间

表 9-10

系统	$50V < U_0 \leqslant 120V$	$120V < U_0 \leqslant 230V$	$230V < U_0 \leqslant 400V$	$U_0 > 400V$
TN	0.8	0.4	0.2	0.1
TT	0.3	0.2	0.07	0.04

在条文说明中解释：大量民用和工矿企业的用电设备以及绝大多数的手持式电气设备，均采用额定电流为 32A 的终端回路供电。有很多民用和家庭用户一般不熟悉用电安全方面的知识，而且又不一定有熟练的电气专业人员维护和监管，因此在这些场所发生事故的概率较高，有必要提高防范的要求，当发生事故时加速切断电源。

人们日常生活、生产时，采用的手持式电气设备因经常挪动，较易发生接地故障。当发生接地故障时，人的手掌肌肉对电流的反应是不由意志地紧握不放，不能摆脱带故障电压的设备而使人体持续承受接触电压。

从条文及条文说明可以明确看出，TN 系统在接地故障情况下，规定最长切断时间是为了防止人身受到电击致死的伤害。也就是说只要满足相应最长切断时间的要求，人就不会被电击致死。以 U_0 为 220V 电压为例，接地故障情况下最长切断时间应 $\leqslant 0.4s$。

当电压为 220V 手持式电气设备发生接地故障时，有关文献介绍人体预期接触电压 U_t 约为 88V，为使人体免遭电击伤害，其防护电器切断电源的时间不应超过图 9-4 曲线 L1 和曲线 L2 的时间值。干燥环境条件下（曲线 L1），88V 所对应的时间为 0.45s，为提高安全性，故取值为 0.4s。

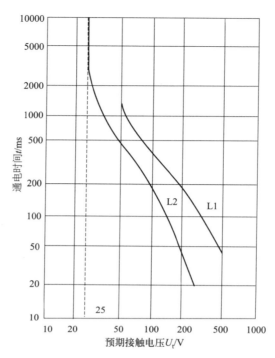

图 9-4　干燥和潮湿条件下预期接触电压 U_t 和允许最大持续
通电时间 t 间的关系曲线

目前电气设计一般给手持式电气设备供电的回路均安装 RCD，且要求动作电流≤30mA，动作时间≤0.1s。由上面的介绍可知，当电压为 220V 时，RCD 动作时间只要小于 0.4s 即符合标准要求。

当给手持式电气设备供电的回路设置动作电流为 30 mA 的 RCD 时，动作时间超过 0.1s 或更长时间人体没有被电击致死的危险。当然，作为人身遭受意外电击的后备保护措施，其快速动作是重要的，问题是是否有必要比规范允许值提高很多，以至于很多人理解成动作时间超过 0.1s 是绝对不允许的。

通过以上情况，可以看出给手持式电气设备供电的线路所安装的 RCD 的动作时间是可以大于 0.1s 的。但考虑到人身遭电击时通过人体的电流大小的不确定性，将 RCD 的动作时间定为不大于 0.1s，对防人身电击是非常有利的。

16　双回路母线槽互为备用应注意的问题

在高层建筑供电方案中常采用双母线作为供电干线，两回路母线槽每层都设有插接口，每层插接箱交互插接在不同回路母线槽上，如图 9-5 所示。

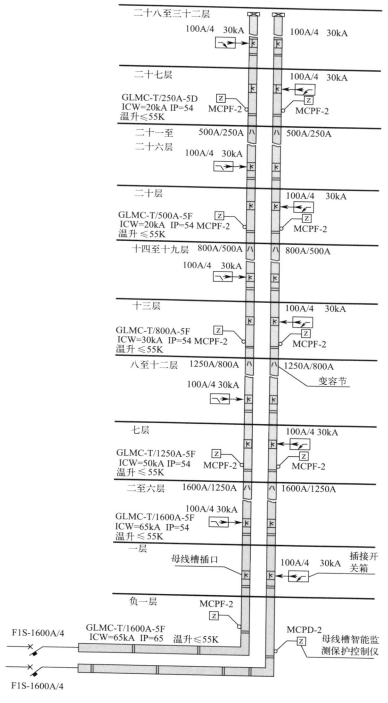

二十八至三十二层　100A/4　30kA　　100A/4　30kA

二十七层　　100A/4　30kA

GLMC-T/250A-5D
ICW=20kA IP=54　MCPF-2　MCPF-2
温升≤55K

二十一至　500A/250A　500A/250A
二十六层　100A/4　30kA

二十层　　100A/4　30kA

GLMC-T/500A-5F
ICW=20kA　IP=54 MCPF-2　MCPF-2
温升≤55K

十四至十九层　800A/500A　800A/500A
100A/4　30kA

十三层　　100A/4　30kA

GLMC-T/800A-5F
ICW=30kA IP=54 MCPF-2　MCPF-2
温升≤55K

八至十二层　1250A/800A　1250A/800A
100A/4 30kA　变容节

七层　　100A/4 30kA

GLMC-T/1250A-5F
ICW=50kA IP=54　MCPF-2　MCPF-2
温升≤55K

二至六层　1600A/1250A　1600A/1250A
100A/4 30kA

GLMC-T/1600A-5F
ICW=65kA　IP=54
温升≤55K

一层　　母线槽插口　100A/4　30kA　插接开关箱

负一层　　MCPF-2

GLMC-T/1600A-5F　　　　　　MCPD-2
ICW=65kA　IP=65　温升≤55K　　母线槽智能监测保护控制仪

F1S-1600A/4

F1S-1600A/4

图 9-5　双母线供电示意图

243

这种方案的特点是：万一一个回路出现问题，插接箱可插入另一回路母线槽的插接口中，可以保证系统及时恢复供电。应该说这样的设计理念还是很好的，但在实际工程中往往达不到设计"互为备用"的初衷。问题出在：正常情况下，自插接箱引至楼层配电箱（或配电柜）的线路已固定死，无法移动（或没有预留备用长度），此回路母线槽事故情况下，不能将插接箱插至另一回路母线上。要达到设计"互为备用"的初衷，在安装中应注意以下方面：

（1）自插接箱引至楼层配电箱的管线应采用柔性连接。这样当需要移动插接箱时，才能达到移动的目的。如采用刚性连接，无论是采用刚性导管还是槽盒，都不能达到移动的目的。

（2）采用的柔性连接应留有余量。这样当需要移动时，才能移动到相应位置。

17 母线槽变容问题

结合图 9-5，简单讨论一下母线变容问题。从图 9-5 中可以看出，两条母线槽经过了几次变容：1600A→1250A→800A→500A→250A。这种设计在实践中应用得还是比较少，通常都是母线槽从底到顶不变容。母线槽变容从理论上来讲是可以的，因为竖井内母线槽越往上所带负荷越小，如果母线槽不变容，上面的母线槽将会有较大余量，造成一定的浪费。但采用变容母线槽，也可能带来一定的问题，当上面的母线槽，甚至末端母线发生短路事故时，由于距离较远，母线槽截面积又相对较小，造成短路电流相对较小，致使装设在母线槽首端的保护电器不能迅速切断电源，使短路事故的影响进一步扩大。因此，采用变容母线槽时应慎重，必须通过计算，即使末端发生短路等事故，其首端的保护电器也应迅速起到保护作用。

18 弱电机房及相关场所防静电措施问题

（1）静电的危害

在弱电系统中，特别是弱电机房中设有大量的电子设备，大规模、超大规模集成电路应用于各类整机，如：计算机主机及终端设备、程控电话交换设备、移动通信设备、卫星通信设备、数据传输设备、自动控制设备等。因使用的微电子元器件高密度、大容量、小型化，其对静电特别敏感。静电放电可产生如下危害：可使敏感器件造成击穿或半击穿、计算机误动作或运算错误、使交换设备出现故障引起通信杂声或中断、使接收设备图像不清、使自动控制设备失控等。

（2）静电故障的特点

①静电故障与环境湿度有关。当机房环境湿度低于40%的情况下，更易产生静电并造成危害，通常出现在冬、春较干燥的季节。

②静电引起的故障偶发性多，重复性不强，一般是随机性故障，因此，难于找出其诱发原因。

③静电的产生与采用的装饰材料（如：地板）、终端设备的工作台及工作人员的服装、鞋有关。

④静电致使计算机误动作，往往是由于人体或其他绝缘体与计算机设备接触造成的。

⑤静电使交换设备出现故障主要是由于清洁检修时人体步行带电，用手触摸设备放电将电路板损伤。

⑥静电力学作用使灰尘黏附，污染电子设备，使产品质量下降，设备使用寿命降低。

（3）防静电措施

①正确选用防静电地面材料：

一个较好的防静电环境，地面显得特别重要。选择时要考虑防静电地板的系统阻值上下限，确保系统阻值在 $2.5 \times 10^4 \sim 1.0 \times 10^5 \Omega$ 范围内，既要有导静电性能，又要保证操作人员的安全。在施工前应测量地板材料的表面电阻和体积电阻，在施工完成后和使用阶段，也需定期观测。

②正确选用内装修材料：

凡有静电防护要求的机房，装修材料应是防静电的。内墙和顶棚表面应使用防静电防火墙板或喷涂环氧涂料，该涂料具有耐老化、防火、防水性能。送风管道和送风口应使用导电三聚氰胺材料，避免空气流动时产生静电积聚。

③机房家具应选用不易或不会产生静电的材料制作，窗帘布应使用防静电的阻燃织物制作。

④工作人员的着装（包括衣服、鞋子）：衣服应选用不产生静电的衣料制作，鞋子应选用低阻值的材料制作。

⑤设置良好的静电接地系统。

设置良好的静电接地系统的目的是加快静电泄漏和导流，使静电电荷得以顺利泄出和迅速导走，以免静电积聚。防静电地板的支架、横梁及所有对地绝缘的孤立导体均应与静电接地系统可靠连接。

⑥环境湿度。

环境的湿度和产生静电的关系极为密切。如在冬、春干燥季节，是静电产生的高峰期，应按国标规定将温度控制在 $18 \sim 28℃$ 范围内，湿度控制在40%～

70%范围内。通过空调系统保证机房内湿度满足要求，控制湿度是防止静电产生的重要手段。

（4）哪些设备需要做防静电接地

按《民用建筑电气设计标准》GB 51348—2019 第 12.8.3 条第 1、2 款规定：各种可燃气体、易燃液体的金属工艺设备、容器、管道及移动时可能产生静电危害的器具均应做防静电接地。

（5）防静电接地的接地线要求

按《民用建筑电气设计标准》GB 51348—2019 第 12.8.3 条第 3 款规定：防静电接地的接地线应采用绝缘铜芯导线，对移动设备应采用绝缘铜芯软导线，导线截面积应按机械强度选择，最小截面积为 6mm²。

（6）某场所出现静电"打人"现象实例及分析

①静电"打人"现象

某银行营业网点，自完工后直到交付使用经常出现人触碰金属门、垭口被"电击"的现象。人被"电击"现象出现后，对相关的电气线路进行了检查，未发现线路绝缘受损的情况。

该营业网点一层为营业厅，二层为贵宾室及贵宾休息室。一层地面铺设地砖，二层地面铺设强化复合木地板，一层通往二层的楼梯铺设的也是地砖，一层、二层门框、垭口均为拉丝不锈钢。人员在地板上走动，触碰到金属门框或垭口均出现"静电打人"现象。现场试验：人站在贵宾休息室内，手拿电笔触碰在金属门框上，刚开始电笔氖泡发亮，后马上消失。人脚与强化复合木地板摩擦，电笔氖泡持续发亮，停止摩擦后，一会儿电笔氖泡熄灭。人站在贵宾休息室外，手拿电笔触碰在金属门框上，电笔氖泡不亮。人脚与地砖摩擦，电笔氖泡也发亮，但亮度比较低。电笔氖泡的启辉电压常规是 70V，所以氖泡亮时，说明此处电压瞬间能达到 70V，使人不舒服。

②原因分析

经检测房间内湿度在正常范围之内，因此相对湿度过低的原因可以排除。人在地砖上正常走动，触碰金属门框或垭口，没有出现"静电打人"现象，而只有人在强化复合木地板上正常走动时，触碰金属门框或垭口才出现"静电打人"现象。因此，最大的可能性是由于强化复合木地板造成的。人正常走动时，鞋与强化复合木地板摩擦，产生了静电，静电在人体上大量积聚，在触碰金属门或垭口时进行了释放，所以出现了"静电打人"现象。经过进一步调查，发现施工单位用在本工程的强化复合木地板，不是该银行多个营业网使用的品牌，只是外表颜色基本一致，而以前铺设的强化复合木地板的场所没有出现如此强烈、频繁的"静电打人"现象。

③可能采取的处理措施

a. 安装静电消除器

静电消除器的作用是利用空气电离产生大量正负电荷，并用风机将正负电荷吹出。形成一股正负电荷的气流，将物体表面所带的电荷中和掉。当物体表面带有负电荷时，它会吸引气流中的正电荷，当物体表面带有正电荷时，它会吸引气流中的负电荷，从而使物体表面上的静电被中和，达到消除静电的目的。

b. 喷涂静电消除液（静电消除剂）

将静电消除液喷涂在地板表面，形成极薄的透明膜，可提供持久高效的静电耗散功能，能有效消除摩擦产生的静电积聚，防止静电干扰及灰尘黏附现象。

c. 经常使用湿布拖地，可以起到一定的作用。

d. 更换符合要求的强化复合木地板。

注：后有消息反馈，最后确认施工单位采购的强化复合木地板是劣质产品，是引起强静电的"元凶"。

第十章　电气材料、设备常用技术参数

1　常用金属材料性能

如表 10-1 所示。

常用金属材料性能　　　　　　　　　　　表 10-1

名称	密度(g/cm³)	电阻率(20℃时)(Ω·mm²/m)	熔点(℃)
铁	7.87	0.0978	1535
银	10.5	0.0165	962
铜	8.93	0.0172	1083
铝	2.7	0.0282	657
锌	7.14	0.061	439
镍	8.85	0.072	1451
锡	7.3	0.114	232
钢	7.8	0.15	1400

2　电气常用材料需测量的技术参数

（1）紧定管（JDG）管壁厚度

《套接紧定式钢导管电线管路施工及验收规程》T/CECS 120—2021 规定（表 10-2）：

紧定管（JDG）管壁厚度　　　　　　　　表 10-2

规格	φ20	φ25	φ32	φ40	φ50
壁厚(mm)	1.6	1.6	1.6	1.6	1.6
允许偏差(mm)	±0.10	±0.10	±0.10	±0.10	±0.10

（2）焊接钢管壁厚

① 《低压流体输送用焊接钢管》GB/T 3091—2015 规定（表 10-3）：

低压流体输送用焊接钢管壁厚 表 10-3

公称口径(mm)	15	20	25	32	40	50	65	80	100	125	150
壁厚(mm)	2.2	2.2	2.5	2.5	2.75	3.0	3.0	3.25	3.25	3.5	3.5
允许偏差	±10%	±10%	±10%	±10%	±10%	±10%	±10%	±10%	±10%	±10%	±10%

② 《直缝电焊钢管》GB/T 13793—2016 规定（表 10-4）：

钢管壁厚允许偏差 （mm） 表 10-4

壁厚(t)	普通精度(PT. A)	较高精度(PT. B)	高精度(PT. C)
>1.0~1.5	±10%t	±0.10	±0.06	±0.05
>1.5~2.5		±0.12	±0.06
>2.5~3.5		±0.16	±0.10
>3.5~4.5		±0.22	±0.18

（3）《线缆套管用焊接钢管》YB/T 5305—2020 规定：

钢管的公称外径（D）和公称壁厚（t）应符合《焊接钢管尺寸及单位长度重量》GB/T 21835—2008 的规定，其中公称壁厚不小于 1.5mm。壁厚允许偏差 ±10%t。

注：同一公称外径（D）涉及多个公称壁厚（t）。

（4）BS 管壁厚

《钢管和管件标准》BS 1387—1985 规定（表 10-5）：

BS 管壁厚 表 10-5

公称尺寸	15	20	25	32	40	50	65	80	100
壁厚(mm)	2.0	2.3	2.6	2.6	2.9	2.9	3.2	3.2	3.6
允许偏差	−8%	−8%	−8%	−8%	−8%	−8%	−8%	−8%	−8%

（5）绝缘导管壁厚

《建筑用绝缘电工套管及配件》JG 3050—1998 规定（表 10-6）：

绝缘导管壁厚 表 10-6

公称尺寸(mm)	16	20	25	32	40	50	63
最小壁厚(mm)	1.0	1.1	1.3	1.5	1.9	2.2	2.7

（6）电缆桥架板厚、防护层厚度

① 《电控配电用电缆桥架》JB/T 10216—2013 规定（表 10-7、表 10-8）：

托盘、梯架宽度 W	钢制桥架	玻璃钢制桥架	铝合金制桥架
W≤150	1.0	3.0	1.2
150＜W≤300	1.2	3.5	1.5
300＜W≤500	1.5	4.0	2.0
500＜W≤800	2.0	4.5	2.2
W＞800	2.2	5.0	2.5

注：1. 连接板的厚度至少按托盘、梯架同等厚度选用，也可选厚一个等级。

2. 盖板厚度可以按托盘、梯架的厚度选低一个等级。

表面防护层厚度 表 10-8

表面防护层种类	热浸镀锌	电镀锌	热固性粉末静电喷涂	VCI 双金属涂层	阳极氧化
厚度（μm）	≥65	≥12	≥60	≥30	≥8

②《钢制电缆桥架工程设计规程》T/CECS 31—2017 规定（表 10-9、表 10-10）：

允许最小板厚（普通钢制槽体） 表 10-9

托盘、梯架宽度 B（mm）	允许最小板厚（mm）
B＜300	1.2
300≤B＜500	2.0
500≤B＜800	3.0

表面防护层厚度 表 10-10

表面防护层种类	热浸镀锌	电镀锌	喷涂粉末	
			环氧树脂粉末	聚酯粉末
厚度（μm）	≥65	≥12	≥60	≥60

（7）热镀锌钢管镀锌层厚度

直接在土壤中埋设的热镀锌钢管主要执行《低压流体输送用焊接钢管》GB/T 3091—2015 和《直缝电焊钢管》GB/T 13793—2016 两个标准，最小镀锌层重量为 $300g/m^2$（双面），则管外壁镀锌层厚度最小为 $300÷2÷7.14=21$（μm）。

（8）紧定管及连接件每面镀锌层厚度

《套接紧定式钢导管电线管路施工及验收规程》T/CECS 120—2021 规定：

紧定管及连接件每面镀锌层厚度不小于 $12.5\mu m$。

（9）热浸镀锌接地钢材镀锌层厚度

《建筑电气工程施工质量验收规范》GB 50303—2015 规定：

埋入土壤中的热浸镀锌钢材，其镀锌层厚度应 $\geqslant63\mu m$。

（10）镀锌钢管专用接地卡壁厚

《建筑电气通用图集 09BD5 内线工程》的规定如表 10-11 所示。

接地卡壁厚   表 10-11

导管外径	$\phi16\sim\phi34$	$\phi38\sim\phi48$	$\phi48\sim\phi60$
接地卡厚度（mm）	0.8	1.0	1.2

《建筑长城杯工程质量评审标准》DB11/T 1075—2014 第 8.2.3 条规定：

当镀锌钢管采用专用接地卡跨接地线时，接地卡的材质厚度应不小于 1mm，宽度应不小于 10mm。

（11）接线盒盒体壁厚

《电器附件暗装用面板、调整板和安装盒》JB/T 8593—1997 规定：

金属安装盒的制造材料应用 Q255 钢板或类似材料制造，壁厚不小于 1mm。

绝缘安装盒应用耐热、耐燃的绝缘材料制成，厚度不小于 2.5mm。

注：《电器附件 暗装用面板、调整板和安装盒》JB/T 8593—1997 于 2014 年 7 月 1 日由《电器附件用面板、调整板和安装盒尺寸要求》JB/T 8593—2013 代替。该标准没有规定暗装盒的壁厚。

（12）圆钢直径，扁钢宽度、厚度

《热轧钢棒尺寸、外形、重量及允许偏差》GB/T 702—2017 的规定如表 10-12、表 10-13 所示。

圆钢直径允许偏差   10-12

圆钢直径（mm）	尺寸允许偏差（mm）
>5.5～20	±0.4
>20～30	±0.5

一般用途热轧扁钢的尺寸允许偏差   表 10-13

宽度（mm）	允许偏差（mm）	厚度（mm）	允许偏差（mm）
10～50	+0.5 −1.0	3～16	+0.3 −0.5
>50～75	+0.6 −1.3	3～16	+0.3 −0.5

宽度(mm)	允许偏差(mm)	厚度(mm)	允许偏差(mm)
>75~100	+0.9 −1.8	>16~60	+1.5%t −3.0%t

3 常用消防认证产品认证类型

如表 10-14 所示。

常用消防认证产品认证类型　　　　　　　　　　　表 10-14

证书类型	名称	证书类型	名称
CCC 证书	火灾报警控制器	自愿性产品认证证书	消防控制室图形显示装置
	火灾显示盘		消防联动控制器
	点型感烟火灾探测器		传输设备
	点型感温火灾探测器		气体灭火控制器
	独立式感烟火灾探测报警器		可燃气体报警控制器
	手动报警按钮		点型可燃气体探测器
	火焰探测器		线型感温火灾探测器
	吸气式感烟火灾探测器		输入,输出(输入/输出)模块
	图像型火灾探测器		中继模块
	点型一氧化碳火灾探测器		消防应急广播设备
	线型光束感烟火灾探测器		消防电话
	火灾声、光(声/光)警报器		防火卷帘控制器
	家用火灾报警产品		电气火灾监控设备
	消防应急照明和疏散指示产品		防火门监控器
			消防电源监控系统设备

4 干式变压器（10kV）能效等级

《电力变压器能效限定值及能效等级》GB 20052—2020 的规定如表 10-15 所示。

表 10-15

10kV 干式变压器能效等级表

额定容量 kVA	1级 电工钢带 空载损耗W	1级 电工钢带 负载损耗W B(100℃)	F(120℃)	H(145℃)	1级 非晶合金 空载损耗W	1级 非晶合金 负载损耗W B(100℃)	F(120℃)	H(145℃)	2级 电工钢带 空载损耗W	2级 电工钢带 负载损耗W B(100℃)	F(120℃)	H(145℃)	2级 非晶合金 空载损耗W	2级 非晶合金 负载损耗W B(100℃)	F(120℃)	H(145℃)	3级 电工钢带 空载损耗W	3级 电工钢带 负载损耗W B(100℃)	F(120℃)	H(145℃)	3级 非晶合金 空载损耗W	3级 非晶合金 负载损耗W B(100℃)	F(120℃)	H(145℃)	短路阻抗 %
30	105	605	640	685	50	605	640	685	130	605	640	685	60	605	640	685	150	670	710	760	70	670	710	760	4.0
50	155	845	900	965	60	845	900	965	185	845	900	965	75	845	900	965	215	940	1000	1070	90	940	1000	1070	
80	210	1160	1240	1330	85	1160	1240	1330	250	1160	1240	1330	100	1160	1240	1330	295	1290	1380	1480	120	1290	1380	1480	
100	230	1330	1415	1520	90	1330	1415	1520	270	1330	1415	1520	110	1330	1415	1520	320	1480	1570	1690	130	1480	1570	1690	
125	270	1565	1665	1780	105	1565	1665	1780	320	1565	1665	1780	130	1565	1665	1780	375	1740	1850	1980	150	1740	1850	1980	
160	310	1800	1915	2050	120	1800	1915	2050	365	1800	1915	2050	145	1800	1915	2050	430	2000	2130	2280	170	2000	2130	2280	
200	360	2135	2275	2440	140	2135	2275	2440	420	2135	2275	2440	170	2135	2275	2440	495	2370	2530	2710	200	2370	2530	2710	
250	415	2330	2485	2665	160	2330	2485	2665	490	2330	2485	2665	195	2330	2485	2665	575	2590	2760	2960	230	2590	2760	2960	
315	510	2945	3125	3355	195	2945	3125	3355	600	2945	3125	3355	235	2945	3125	3355	705	3270	3470	3730	280	3270	3470	3730	
400	570	3375	3590	3850	215	3375	3590	3850	665	3375	3590	3850	265	3375	3590	3850	785	3750	3990	4280	310	3750	3990	4280	
500	670	4130	4390	4705	250	4130	4390	4705	790	4130	4390	4705	305	4130	4390	4705	930	4590	4880	5230	360	4590	4880	5230	
630	775	4975	5290	5660	295	4975	5290	5660	910	4975	5290	5660	360	4975	5290	5660	1070	5530	5880	6290	420	5530	5880	6290	
630	750	5050	5365	5760	290	5050	5365	5760	885	5050	5365	5760	350	5050	5365	5760	1040	5610	5960	6400	410	5610	5960	6400	
800	875	5895	6265	6715	335	5895	6265	6715	1035	5895	6265	6715	410	5895	6265	6715	1215	6550	6960	7460	480	6550	6960	7460	6.0
1000	1020	6885	7315	7885	385	6885	7315	7885	1205	6885	7315	7885	470	6885	7315	7885	1415	7650	8130	8760	550	7650	8130	8760	
1250	1205	8190	8720	9335	455	8190	8720	9335	1420	8190	8720	9335	550	8190	8720	9335	1670	9100	9690	10370	650	9100	9690	10370	
1600	1415	9945	10555	11320	530	9945	10555	11320	1665	9945	10555	11320	645	9945	10555	11320	1960	11050	11730	12580	760	11050	11730	12580	
2000	1760	12240	13005	14005	700	12240	13005	14005	2075	12240	13005	14005	850	12240	13005	14005	2440	13600	14450	15560	1000	13600	14450	15560	
2500	2080	14535	15445	16605	840	14535	15445	16605	2450	14535	15445	16605	1020	14535	15445	16605	2880	16150	17170	18450	1200	16150	17170	18450	

5　电动机能效等级

《电动机能效限定值及能效等级》GB 18613—2020 的规定如表 10-16 所示。

三相异步电动机各能效等级　　　　表 10-16

额定功率 / kW	效率/%											
	1 级				2 级				3 级			
	2 极	4 极	6 极	8 极	2 极	4 极	6 极	8 极	2 极	4 极	6 极	8 极
0.12	71.4	74.3	69.8	67.4	66.5	69.8	64.9	62.3	60.8	64.8	57.7	50.7
0.18	75.2	78.7	74.6	71.9	70.8	74.7	70.1	67.2	65.9	69.9	63.9	58.7
0.20	76.2	79.6	75.7	73.0	71.9	75.8	71.4	68.4	67.2	71.1	65.4	60.6
0.25	78.3	81.5	78.7	75.2	74.3	77.9	74.1	70.8	69.7	73.5	68.6	64.1
0.37	81.7	84.3	81.6	78.4	78.1	81.1	78.0	74.3	73.8	77.3	73.5	69.3
0.40	82.3	84.8	82.2	78.9	78.9	81.7	78.7	74.9	76.6	78.0	74.4	70.1
0.55	84.6	86.7	84.2	80.6	81.5	83.9	80.9	77.0	77.8	80.8	77.2	73.0
0.75	86.3	88.2	85.7	82.0	83.5	85.7	82.7	78.4	80.7	82.5	78.9	75.0
1.1	87.8	89.5	87.2	84.0	85.2	87.2	84.5	80.8	82.7	84.1	81.0	77.7
1.5	88.9	90.4	88.4	85.5	86.5	88.2	85.9	82.6	84.2	85.3	82.5	79.7
2.2	90.2	91.4	89.7	87.2	88.0	89.5	87.4	84.5	85.9	86.7	84.3	81.9
3	91.1	92.1	90.6	86.4	89.1	90.4	88.6	85.9	87.1	87.7	85.6	83.5
4	91.8	98.2	91.4	89.4	90.0	91.1	89.5	87.1	88.1	88.6	86.8	84.8
5.5	92.6	93.4	92.2	90.4	90.9	91.9	90.5	88.3	89.2	89.6	88.0	86.2
7.5	93.3	94.0	92.9	91.3	91.7	92.6	91.3	89.3	90.1	90.4	89.1	87.3
11	94.0	94.6	93.7	92.2	92.6	93.3	92.3	90.4	91.2	91.4	90.3	88.6
15	94.5	95.1	94.3	92.9	93.3	93.3	92.9	91.2	91.9	92.1	91.2	89.6
18.5	94.9	95.3	94.6	93.3	93.7	94.2	93.4	91.7	92.4	92.5	91.7	90.1
22	95.1	95.5	94.9	93.6	94.0	94.5	93.7	92.1	92.7	93.0	92.2	90.6
30	95.5	95.9	95.3	94.1	94.5	94.9	94.2	92.7	93.3	93.5	92.9	91.3
37	95.8	96.1	95.6	94.4	94.8	95.2	94.5	93.1	93.7	93.9	93.3	91.8
45	96.0	96.3	95.8	94.7	95.0	95.4	94.8	93.4	94.0	94.2	93.7	92.2
55	96.2	96.5	96.0	94.9	95.3	95.7	95.1	93.7	94.3	94.6	94.1	92.5

| 额定功率/ kW | 效率/% | | | | | | | | | | | |
| | 1级 | | | | 2级 | | | | 3级 | | | |
	2极	4极	6极	8极	2极	4极	6极	8极	2极	4极	6极	8极
75	96.5	96.7	96.3	95.3	95.6	96.0	95.4	94.2	94.7	95.0	94.6	93.1
90	96.6	96.9	96.5	95.5	95.8	96.1	95.6	94.4	95.0	95.2	94.9	93.4
110	96.8	97.0	96.6	95.7	96.0	96.3	95.8	94.7	95.2	95.4	95.1	93.7
132	96.9	97.1	96.8	95.9	96.2	96.4	96.0	94.9	95.4	95.6	95.4	94.0
160	97.0	97.2	96.9	96.1	96.3	96.6	96.2	95.1	95.6	95.8	95.6	94.3
200	97.2	97.4	97.0	96.3	96.5	96.7	96.3	95.4	95.8	96.0	95.8	94.6
250	97.2	97.4	97.0	96.3	96.5	96.7	96.5	95.4	95.8	96.0	95.8	94.6
315～1000	97.2	97.4	97.0	96.3	96.5	96.7	96.6	95.4	95.8	96.0	95.8	94.6

6 交流接触器能效等级

《交流接触器能效限定值及能效等级》GB 21518—2022 的规定如表 10-17 所示。

接触器能效限定值及能效等级 表 10-17

| 额定工作电流(I_e)/A | 吸持功率(S_h)/(V·A) | | |
	1级	2级	3级
$6 \leqslant I_e \leqslant 12$	4.5	7.0	9.0
$12 < I_e \leqslant 22$	4.5	8.0	9.5
$22 < I_e \leqslant 32$	4.5	8.3	14.0
$32 < I_e \leqslant 40$	4.5	10.0	45.0
$40 < I_e \leqslant 63$	4.5	18.0	50.0
$63 < I_e \leqslant 100$	4.5	18.0	60.0
$100 < I_e \leqslant 160$	4.5	18.0	85.0
$160 < I_e \leqslant 250$	4.5	18.0	150.0
$250 < I_e \leqslant 400$	4.5	18.0	190.0
$400 < I_e \leqslant 630$	4.5	18.0	240.0

注：额定工作电流 I_e 指主电路额定工作电压为380V时的电流，主电路额定工作电压为400V时参考380V执行。

7 LED 光源的初始光效

《LED 室内照明应用技术要求》GB/T 31831—2015 的规定如下。

①非定向 LED 光源的初始光效不应低于表 10-18 的值。

非定向 LED 光源的光效（流明每瓦特）　　　表 10-18

额定功率/W		额定相关色温		
		2700K	3000K	3500K/4000K
≤5		65	65	70
>5	球泡灯	65	70	75
	直管型	75	80	85

②定向 LED 光源的初始光效不应低于表 10-19 的值。

定向 LED 光源的光效　　　表 10-19

名称	额定相关色温		
	2700K	3000K	3500K/4000K
PAR16	50	55	60
PAR20			
PAR30	55	60	65
PAR38			

8 高压钠灯的能效等级

《高压钠灯能效限定值及能效等级》GB 19573—2004 的规定如表 10-20 所示。

高压钠灯能效等级　　　表 10-20

额定功率(W)	最低平均初始光效值(lm/W)		
	能效等级		
	1 级	2 级	3 级
50	78	68	61
70	85	77	70
100	93	83	75
150	103	93	85
250	110	100	90

额定功率(W)	最低平均初始光效值(lm/W)		
	能效等级		
	1 级	2 级	3 级
400	120	110	100
1000	130	120	108

9　钪钠系列金属卤化物灯能效等级

《金属卤化物灯能效限定值及能效等级》GB 20054—2015 的规定如表 10-21 所示。

钪钠系列金属卤化物灯能效等级　　　　表 10-21

灯类型	标称功率(W)	初始光效(lm/W)		
		1 级	2 级	3 级
单端	50	84	66	56
	70	90	79	67
	100	96	84	72
	150	100	88	76
	175	102	90	64
	250	104	92	70
	400	107	96	76
	1000	110	99	85
	1500	127	121	87
双端	70	85	75	61
	100	95	88	72
	150	93	85	71
	250	90	82	68

10　陶瓷金属卤化物灯能效等级

《金属卤化物灯能效限定值及能效等级》GB 20054—2015 的规定如表 10-22 所示。

陶瓷金属卤化物灯能效等级 　　　　　　　　表 10-22

标称功率（W）	初始光效（lm/W）		
	1 级	2 级	3 级
20	85	82	78
25	88	84	80
35	91	86	78
70	95	91	85
100	98	95	89
150	100	96	90
250	103	101	98
400	101	98	95

11　高压钠灯用镇流器能效等级

《普通照明用气体放电灯用镇流器能效限定值及能效等级》GB 17896—2022 的规定，如表 10-23 所示。

高压钠灯用镇流器能效等级 　　　　　　　　表 10-23

配套灯的标称功率 W	效率%		
	1 级	2 级	3 级
70	90	84	79
100	90	85	81
150	91	87	83
250	93	89	86
400	95	92	88
1000	96	93	89

12　金属卤化物灯用镇流器能效等级

《金属卤化物灯用镇流器能效限定值及能效等级》GB 20053—2015 的规定如表 10-24 所示。

标称功率(W)	效率(%)		
	1 级	2 级	3 级
20	86	79	72
35	88	80	74
50	89	81	76
70	90	83	78
100	90	84	80
150	91	86	82
175	92	88	84
250	93	89	86
320	93	90	87
400	94	91	88
1000	95	93	89
1500	96	94	89

注：1. 镇流器能效限定值为表中 3 级，顶峰超前式镇流器的限定值为表中 3 级的 95%；

2. 镇流器节能评价值为表中 2 级。

13 LED 筒灯的发光效能

《LED 室内照明应用技术要求》GB/T 31831—2015 的规定如表 10-25 所示。

LED 筒灯的发光效能（最低值）　　　　表 10-25

额定相关色温(K)	2700		3000		3500/4000	
灯具出光口形式	格栅	保护罩	格栅	保护罩	格栅	保护罩
灯具效能(lm/W)	60	65	65	70	70	75

14 LED 线形灯具的发光效能

《LED 室内照明应用技术要求》GB/T 31831—2015 的规定如表 10-26 所示。

LED 线形灯具的发光效能（最低值）　　　　表 10-26

额定相关色温(K)	2700/3000	3500/4000
灯具效能(lm/W)	85	90

15 LED 平面灯具的发光效能

《LED 室内照明应用技术要求》GB/T 31831—2015 的规定如表 10-27 所示。

LED 平面灯具的发光效能（最低值）　　　　　　　　　　表 10-27

额定相关色温(K)	2700		3000		3500/4000	
出光口形式	反射式	直射式	反射式	直射式	反射式	直射式
效能(lm/W)	60	75	65	80	70	85

16 LED 高天棚灯具的发光效能

《LED 室内照明应用技术要求》GB/T 31831—2015 的规定如表 10-28 所示。

LED 高天棚灯具的发光效能（最低值）　　　　　　　　表 10-28

额定相关色温(K)	3000	3500/4000	5000
灯具效能(lm/W)	80	85	85

17 LED 筒灯的功率因数

《LED 室内照明应用技术要求》GB/T 31831—2015 的规定如表 10-29 所示。

LED 筒灯的功率因数　　　　　　　　　　　　　　表 10-29

实测功率(W)	功率因数
实测功率≤5	≥0.5
实测功率>5 *	≥0.9

* 家居用 LED 筒灯功率因数不应小于 0.7。

18 LED 线形灯具、LED 平面灯具、LED 高天棚灯具功率因数

《LED 室内照明应用技术要求》GB/T 31831—2015 的规定：LED 线形灯具、LED 平面灯具、LED 高天棚灯具实测功率因数不应小于 0.9。

19 LED模块控制装置的能效等级

《LED模块用直流或交流电子控制装置 性能规范》GB/T 24825—2022 的规定如表 10-30 所示。

控制装置的能效等级 表 10-30

能效等级	自耦式控制装置能效系数			隔离输出式控制装置能效系数		
	$P_{in} \leq 5W$	$5 < P_{in} \leq 25W$	$P_{in} > 25W$	$P_{in} \leq 5W$	$5 < P_{in} \leq 25W$	$P_{in} > 25W$
1 级	84.5%	89.0%	92.0%	78.5%	84.0%	88.0%
2 级	80.5%	85.0%	87.0%	75.0%	80.5%	85.0%
3 级	75.0%	80.0%	82.0%	67.0%	72.0%	76.0%

20 有功输入功率大于 25W 的照明设备谐波电流限值

《电磁兼容 限值 谐波电流发射限值（设备每相输入电流≤16A）》GB/T 17625.1—2012/IEC 61000-3-2：2009 的规定如表 10-31 所示。

有功输入功率大于 25W 的照明设备谐波电流限值 表 10-31

谐波次数(n)	基波频率下输入电流百分数表示的最大允许谐波电流(%)
2	2
3	$30 \cdot \lambda^a$
5	10
7	7
9	5
$11 \leq n \leq 39$ (仅有奇次谐波)	3

ªλ 是电路功率因数。

21 有功功率不大于 25W 的放电灯谐波含量限值

《电磁兼容 限值 谐波电流发射限值（设备每相输入电流≤16A）》GB/T 17625.1—2012/IEC 61000-3-2：2009 规定，应符合下列两项要求之一（表 10-32）：

（1）谐波电流不超过表中右栏所示限值。

（2）用基波电流百分数表示的 3 次谐波电流不应超过 86%，5 次谐波不超过 61%。

有功功率不大于 25W 的放电灯谐波含量限值		表 10-32
谐波次数(n)	每瓦允许的最大谐波电流(mA/W)	
3	3.4	
5	1.9	
7	1.0	
9	0.5	
11	0.35	
13≤n≤39 (仅有奇次谐波)	3.8/n	

需要说明的是，在国家标准《电磁兼容 限值 谐波电流发射限值（设备每相输入电流≤16A)》GB/T 17625.1—2012/IEC 61000-3-2：2009 中没有规定功率不大于 25W 的 LED 灯谐波含量限值要求。但是在国家标准《LED 室内照明应用技术要求》GB/T 31831—2015 的第 6.1.12 条规定：LED 灯具的谐波含量值应符合 GB 17625.1 的规定。因此，LED 灯具的谐波含量值应符合 GB 17625.1—2012 中的"7.3 C 类设备的限值"规定，也就是说功率不大于 25W 的 LED 灯的 3 次谐波电流不应超过 86％，5 次谐波不超过 61％。

22 变压器基本参数及低压配置估算表

如表 10-33 所示。

变压器基本参数及低压配置估算表					表 10-33
变压器容量 (kVA)	低压侧电流（A）	高压侧电流		低压出口断路器 壳架电流	补偿电容量 (kvar)
		6kV	10kV		
400	577	38.4	23	630	140
500	720	48.1	28.8	800	160
630	907	60.6	36.4	1000	200
800	1152	77	46.1	1250	300
1000	1443	96.2	57.7	1600	400
1250	1800	120.2	72.1	2000	440
1600	2304	154	92.3	2500	560
2000	2880	192.4	115.4	3200	600
2500	3600	240	144.3	4000	800

注：变压器电压为 10（6)/0.4kV。

23 变压器低压 0.4kV 侧短路电流值

如表 10-34 所示。

变压器高压短路容量 500MVA，低压 0.4kV 出口短路电流值（kV）　表 10-34

变压器容量(kVA)	U_k(%)						
	4	4.5	5	5.5	6	6.5	7
400	14.1	12.9					
500	17.6	15.68					
630	22	19.6	17.7	16.1	14.8		
800	27.7	24.7	22.3	20.4	18.7		
1000		30.7	27.7	25.3	23.3	21.5	
1250		37.9	34.3	31.3	28.8	26.7	
1600		47.9	43.3	39.7	36.5	33.8	31.5
2000		59.9	53.4	48.9	45.1	41.8	39
2500			65.6	60.1	55.5	51.5	48.1

24 电缆分支三相短路稳态电流

如表 10-35 所示。

电缆分支三相短路稳态电流速查表　　　　表 10-35

电缆长度(m)	铜电缆截面积(mm²)								
1.2	6		4						
1.5		6		4		2.5		1.5	
2	10		6		4		2.5		1.5
3	16		10		6		4	2.5	1.5
4	25	16		10		6	4	2.5	
15	95	70	50	35		25	16	10	
20	120	95	70	50		35	25	16	10
30		120	95	70		50	35	25	16
45		185	150	120	95	70	50	35	25

电缆长度(m)	铜电缆截面积(mm²)										
60			150	120	95			70	50	35	
80			185	150	120	95		70	50		35
120								120	95	70	50
150									120	95	70
上级故障电流(kV)	铜电缆短路电流(kV)										
10	9.9	9.7	9.6	9.3	9	8.6	7.8	7	6.4	4.85	4.47
15	14.6	14	13.7	13	12	11	9.6	9	7.3	5.2	4.75
20	19	18	17	15.6	14.4	12.8	10	9.0	7.7	5.35	4.85
25	22	21.4	20	17.6	16	13.8	11.1	9.3	7.9	5.4	4.9
30	27	24	22	19.2	17	14.6	11.5	9.5	8.0	5.45	4.95
50	39	32	27.7	22	19.2	15.8	12	9.8	8.2	5.5	5
60	43	34	29	23	19.6	16	12.2	9.9	8.25	5.5	5

注：速查举例：若低压母线短路电流为30kV，分支回路为长60m、120mm² 铜芯电缆，末端三相短路电流为17A（两表对照）。

25 热缩技术

热缩成品的基础材料是热塑性聚乙烯。它作为颗粒在挤压机中加工成软管，同时可以挤压出带有不同特性的多层结构（例如：带内壁涂有热熔胶粘剂的绝缘聚烯烃收缩管），在第二道工序中软管通过电子辐射交联。对于模制件（例如：电缆帽）是原料在压铸机中进行热塑性加工并同时进行过氧交联而形成的产品。

在加热超过结晶熔点后开始使交联模制件或软管扩展，之后使其在扩展状态下直接冷却。由此结晶区域被消除，机械应力被冻结并保持扩展状态。

安装时通过丙烷气喷灯或热吹风机的加热，使收缩产品重新加热到超过结晶熔点的温度。被冻结的机械应力被释放，产品向被收缩产品包裹的部件的形状和直径收缩。

26 冷收缩技术

由乙烯-丙烯三聚物橡胶（EPDM）或硅橡胶制成的可收缩性附件，通过支撑构件机械性地保持着扩展状态。所以在安装时它不需要加热，而仅需去掉支撑构件。被扩展的、保持着张力的零件被释放后收缩在电缆上。冷收缩技术被使用在低压和中压电缆配件上，对电缆芯线和电缆护套的密封是通过其保持的机械性压紧力而实施的。

27 额定电压0.6/1kV钢带铠装电缆终端头制作

（1）剥切铠甲层、打卡子：

①根据电缆与设备连接的具体尺寸，确定剥除长度，剥除外护套。

②剥电缆铠装钢带，用钢锯在第一道卡子向上3～5mm处，锯一环形深痕，深度为钢带厚度的2/3，不得锯透。

③用螺丝刀在锯痕尖角处将钢带挑起，用钳子将钢带撕掉，完后用钢锉将钢带毛刺去掉，使其光滑。

④将地线的焊接部位用钢锉处理，以备焊接。

⑤在打钢带卡子的同时，将接地线一端卡在卡子里。

⑥利用电缆本身钢带做卡子，卡子宽度为钢带宽的1/2。采用咬口的方法将卡子打牢，必须打两道，防止钢带松开，两道卡子的间距为15mm，如图10-1所示；也可采用铜丝缠绕的方式固定接地线。

（2）接地线焊接：接地线采用镀锡铜编织带，截面积应符合表10-36的规定，长度根据实际需要而定。将接地线焊接于两层钢带上，焊接应牢固，不应有虚焊现象。

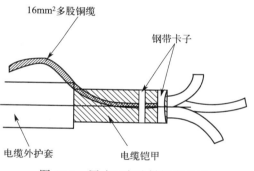

图10-1 用咬口方法做钢带卡子

电缆终端头接地线截面积（mm²） 表10-36

电缆相导体截面积	接地线截面积
≤16	与电缆相导体截面积相同
＞16且≤120	16
≥150	25

（3）套电缆分支手套：用填充胶填堵线芯根部的间隙，然后选用与电缆规格、型号相适应的热缩分支手套，套入线芯根部，均匀加热使手套收缩。

（4）压接接线端子：

①量取接线端子孔深加5mm作为剥切长度，剥去电缆芯线绝缘，将接线端子内壁和芯线表面擦拭干净，除去氧化层、半导体粉层和油渍，并在芯线上涂上

电力复合脂。

②将芯线插入接线端子内,调节接线端子孔的方向到合适位置,用压线钳压紧接线端子,压接应在两道以上。

(5)固定热缩管:

①用填充胶填满接线端子根部裸露的间隙和压坑。

②将热缩管套入电缆各芯线与接线端子的连接部位,用喷灯沿轴向加热,使热缩管均匀收缩,包紧接头,加热收缩时不应产生褶皱和裂缝。

(6)连接设备:将已制作好终端头的电缆,固定在预先做好的电缆头支架上,并将芯线分开。根据接线端子的型号选用螺栓,将电缆接线端子压接在设备上,注意应使螺栓由下向上或从内向外穿,平垫和弹簧垫应安装齐全。

28 额定电压 8.7/15kV 硅橡胶全冷缩三芯户内(外)终端头制作

(1)剥外护套、钢铠及内护套

如图 10-2 所示。

①户外终端按 730mm+端子孔深(户内终端按 670mm+端子孔深)长度剥去电缆的外护套。

②如铠装电缆则继续剥除 40mm 外护套,借用恒力弹簧固定,向上留取 30mm 钢铠,并打磨除漆,向上留取 10mm 的内护套(非铠装电缆此步骤省略)。

③铜屏蔽带端头用 PVC 胶带缠紧,以防松散,铜屏蔽带有皱褶部分需用 PVC 胶带缠绕,以防划伤冷缩管,去除电缆内填充物,将三相分开。

(2)固定接地线、缠绕填充胶、密封胶

如图 10-3 所示。

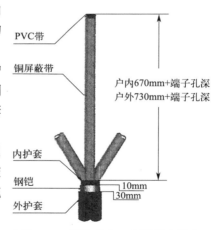

图 10-2 剥外护套、钢铠及内护套

①用恒力弹簧将接地线(细)固定在钢铠上,绕包 PVC 胶带两圈将恒力弹簧完全包覆(非铠装电缆此步骤省略)。

②将另一根接地线(粗)先在三芯铜屏蔽带根部缠绕一周后向下引出,并用恒力弹簧固定在铜屏蔽带上。绕包 PVC 胶带一周将恒力弹簧包覆(注意两根接地线不能短接)。

③绕包填充胶将恒力弹簧全部包覆住，在贴近填充胶下方绕包两层密封胶，把接地线夹在当中，防止水汽侵入。在填充胶、密封胶外面绕包 PVC 胶带将它们覆盖住。

（3）安装冷缩三指套

如图 10-4 所示。

①将冷缩三指套尽量套入电缆的三叉根部，按逆时针方向将塑料支撑条旋转抽出，使冷缩三指套颈部收缩。

②用同样方法收缩三指套指头部分。

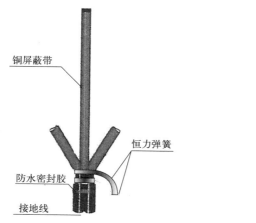

铜屏蔽带

恒力弹簧

防水密封胶

接地线

图 10-3　固定接地线、缠绕填充胶、密封胶

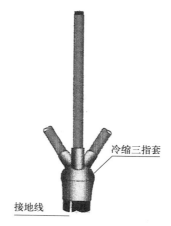

冷缩三指套

接地线

图 10-4　安装冷缩三指套

（4）安装冷缩绝缘套管及确定剥切尺寸

如图 10-5 所示。

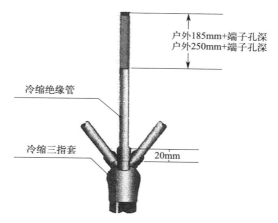

户外185mm+端子孔深
户外250mm+端子孔深

冷缩绝缘管

冷缩三指套

20mm

图 10-5　安装冷缩绝缘套管及确定剥切尺寸

①将冷缩绝缘管以抽头端朝外分别套入电缆，绝缘管下端搭接三指套20mm，按逆时针方向旋转着将支撑条全部抽出使冷缩管自然收缩。

②户外终端头按250mm＋端子孔深（户内终端头按185mm＋端子孔深），量取冷缩绝缘管剥切位置，用PVC胶带缠绕一周做标记。

③剥切多余的绝缘管，注意应环切，严禁轴向切割。

（5）剥切铜屏蔽层及外导电层

如图10-6所示。

①沿冷缩管端头依次向上量取10mm长的铜屏蔽带，15mm长的外半导电层，剩余剥除，其末端切倒角。

②在冷缩绝缘管上做好相色标识。

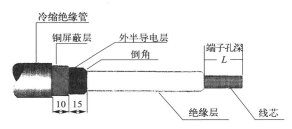

图10-6　剥切铜屏蔽及外导电层

（6）包绕半导电带，剥切线芯绝缘层

如图10-7所示。

①在铜屏蔽带上包绕两层半导电带，向半导电层端口平滑过渡，注意不要超过半导电层倒角。

②按 L ＝端子孔深的长度剥切线芯绝缘层。

③用砂纸打磨绝缘层表面，去除绝缘层表面残留的半导体杂质。用清洁巾清洗绝缘层表面。注意：应从线芯端往半导电层方向擦拭，切记不可来回擦拭。待清洗剂挥发后将硅脂均匀涂在绝缘层表面。

④从半导电层向下量取45mm做安装定位线。

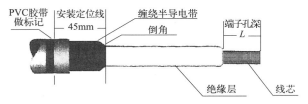

图10-7　包绕半导电带、剥切线芯绝缘层

（7）安装冷缩终端，压接端子，绕包硅橡胶相色带

如图10-8所示。

①将冷缩终端以抽头端朝外套入电缆，要求终端下端口与安装定位线对齐，按逆时针方向将塑料支撑条抽出，使终端完全收缩。

②将端子套入线芯，顶紧端子后用压线钳压接。

③在端子下端口端子孔深 1/4 处与终端头上端口之间绕包密封胶，使之密封平滑。

④在端子下端口端子孔深 1/2 处与终端头上端口 20mm 之间半重叠并拉伸10%～30%，来回绕包硅橡胶相色带。

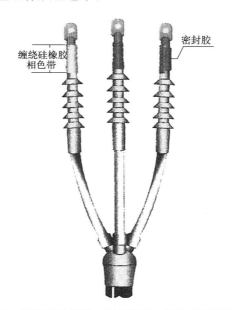

图 10-8　安装冷缩终端、压接端子、绕包硅橡胶相色带

注意事项：

①剥切电缆时不得伤及铜屏蔽带和线芯绝缘。

②安装过程中注意清洁，防止尘土、金属粉末与潮气侵入电缆附件内部。

29　电缆中间接头制作

适用于额定电压 6/10（12）kV 及 8.7/15（17.5）kV 三芯交联聚乙烯/聚丙烯绝缘电缆的冷缩式中间接头制作。

（1）按表 10-37 所示尺寸，分别去除电缆外护套、铠装、内护套、铜屏蔽网、半导电层及主绝缘（图 10-9）。其中剥离长度 $E=1/2$ 接线管深度＋5mm。

注意：①金属断口要擦拭干净，铜屏蔽端口用电工带扎紧。

②在距电缆半导电层末端 X 处用 PVC 带做安装定位标识。X 的数值参照表

10-37、表 10-38。

③需保证半导电端口平滑过渡，电缆绝缘层无刀痕、无划伤、无半导电颗粒，必要时，用 400 目砂纸打磨，打磨后按要求擦拭干净金属粉尘。

8.7/15（17.5）kV 电缆剥切尺寸 表 10-37

接头型号	导线截面积（mm²）	A	B	C	D	X
JS-A121	35～70	200	125	850	610	35
JS-A122	95～150	220	140			
JS-A123	185～240	230	162			
	300～400	230	155			
JS-A124	400～630	290	214	950	710	

6/10（12）kV 电缆剥切尺寸表 表 10-38

接头型号	导线截面积（mm²）	A	B	C	D	X
JS-A121	35～50	200	122	850	610	35
JS-A122	70～120	220	140			
JS-A123	150～185	230	162			
	240～400	230	155			
JS-A124	400～500	290	214	950	710	
	630	290	202			

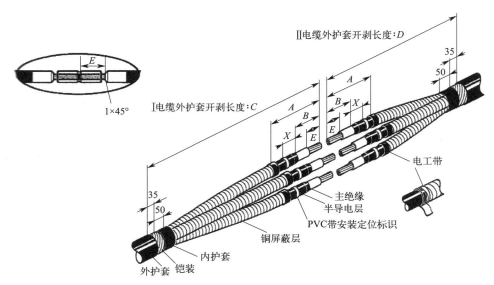

图 10-9　去除电缆外护套、铠装、内护套、铜屏蔽网、半导电层及主绝缘

（2）将冷缩中间接头套入Ⅰ电缆端，注意拉线方向朝Ⅰ电缆端；铜网套入Ⅱ电缆端，用电工带做临时固定。此两项工作必须在压接连接管之前完成（图10-10）。

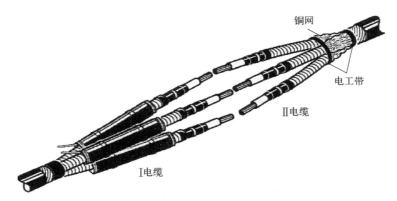

图 10-10　冷缩中间接头套入Ⅰ电缆端、铜网套入Ⅱ电缆端

（3）压接连接管（表10-39），确保压接管表面无毛刺。压接方向是由中间向两端。对于 6/10kV、8.7/15kV 50mm² 及以下必须用半导电自粘带缠绕连接管，缠绕后的直径等于电缆绝缘层直径减去 2mm，半导电带末端可靠固定，防止松脱（图10-11）。

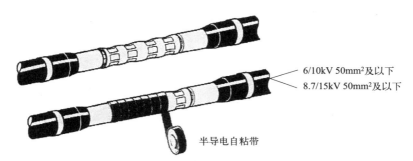

图 10-11　压接连接管、用半导电自粘带缠绕连接管

导体连接管选型　　　　　　　　　　　　　　　　　　　表 10-39

接头型号	导体连接管外径适用范围(mm)	导体连接管最大长度(mm)
JS-A121	9.9～28.0	105
JS-A122	15.9～28.0	115
JS-A123	21.8	140
JS-A124	33.7～52.0	230

（4）设定主体尺寸校验点。测量连接管压接后两电缆主绝缘尾端间的尺寸

F，确定 F 的中心点 P，然后在 Ⅱ 电缆上距 P 点 300mm 处的 Q 点用 PVC 带在铜屏蔽带上标出尺寸校验点（图 10-12）。

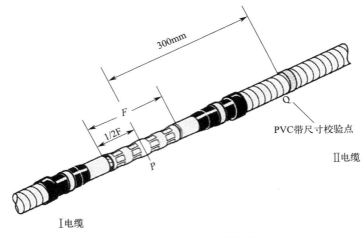

图 10-12　设定主体尺寸校验点

（5）用清洁纸清洗电缆主绝缘，方向为由绝缘至半导电方向，注意只能单方向清洗。在电缆主绝缘层上均匀涂抹专用安装硅脂，从 Ⅱ 电缆的定位标识处开始逆时针抽拉接头的支撑条。

注意：主体收缩至中心标记线时，校验 Q 至中心标记的距离是否为 300mm，如有偏差，尽快左右移动进行调整（图 10-13）。

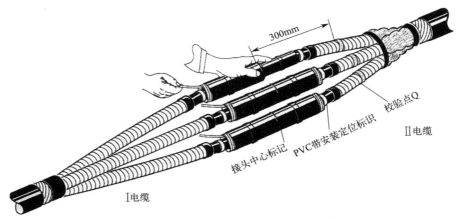

图 10-13　用清洁纸清洗电缆主绝缘

（6）清洁接头两端溢出的安装硅脂。自中间接头端部缠绕防水带至电缆半导电层形成密封（图 10-14）。

注意：①防水胶带拉伸 2 倍，1/2 搭接缠绕两层。
②防水胶带与绝缘屏蔽层及接头主体各搭接 2cm。

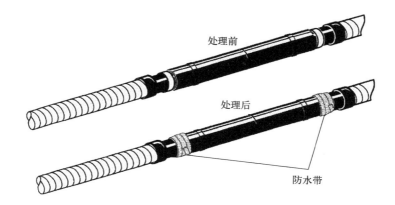

图 10-14　清洁安装硅脂、缠绕防水带

（7）恢复电缆铜屏蔽

如图 10-15 所示，去除铜网的临时固定胶带，并把铜网拉到图示位置，覆盖中间接头主体。用恒力弹簧将铜网与电缆的铜屏蔽层连接固定，并用电工带缠绕恒力弹簧及铜网末端两层。按图示，用电工带将三相中间接头主体捆紧。

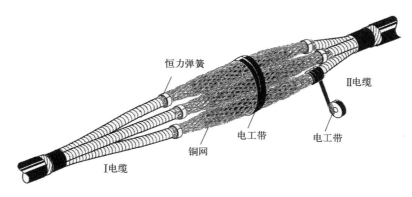

图 10-15　恢复电缆铜屏蔽

（8）用宽 PVC 胶带覆盖整个铜网区域（图 10-16）。

（9）恢复电缆内护套

打磨电缆内护套，从一端打磨的内护套处开始缠绕防水胶带直至另一端打磨的内护套处，往返一次（图 10-17）。

注意：防水胶带拉伸 2 倍，1/2 搭接缠绕。

（10）恢复电缆铠装，用大恒力弹簧将接地线的两端分别固定在电缆两端铠

图 10-16　用宽 PVC 胶带覆盖整个铜网

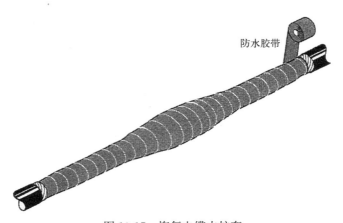

图 10-17　恢复电缆内护套

装的打磨处，再用电工带将其缠绕两层（图 10-18）。

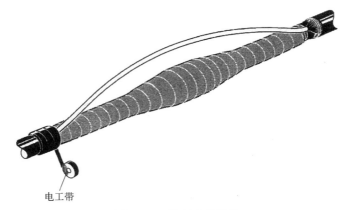

图 10-18　恢复电缆铠装

（11）恢复电缆外护套

打磨两端电缆外护套100mm，从打磨好的一段电缆外护套开始缠绕防水胶带至另一端。

注意：防水胶带拉伸2倍，1/2搭接缠绕（图10-19）。

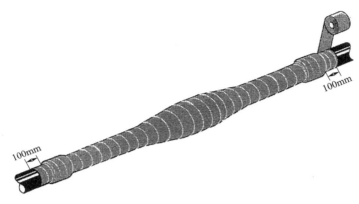

图 10-19　恢复电缆外护套

（12）包绕铠装带

戴好绝缘手套，将铠装带按照说明书要求浸水后1/2搭接包绕，完全覆盖防水胶带层。用PVC胶带固定铠装带末端（图10-20）。

注意：待铠装带凝固后方可移动电缆。

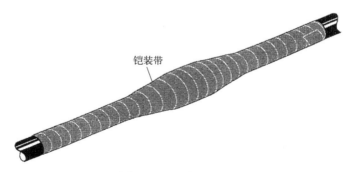

铠装带

图 10-20　包绕铠装带